商务印书馆普通高等学校“十四五”数字化建设规划教材

高等数学学习指导（上）

主　编　朱云峰　王　冠　孙丽丽
副主编　曲　如　范　姝　赵丽萍
　　　　李洪霞　姜妍丽　周柏慧
主　审　韩　玉

商务印书馆
创于1897　The Commercial Press

图书在版编目（CIP）数据

高等数学学习指导. 上 / 朱云峰，王冠，孙丽丽主编. -- 北京 ：商务印书馆，2024. -- ISBN 978-7-100-24344-5

Ⅰ. O13

中国国家版本馆 CIP 数据核字第 2024C57A18 号

高等数学学习指导（上）

朱云峰　王　冠　孙丽丽　主编

商　务　印　书　馆　出　版

（北京王府井大街36号　邮政编码100710）

商　务　印　书　馆　发　行

鸿博睿特（天津）印刷科技有限公司印刷

ISBN 978-7-100-24344-5

2024 年 8 月第 1 版　　开本 787×1092　1/16

2024 年 8 月第 1 次印刷　　印张 10.5

定价：35.80 元

前　言

根据党的二十大报告提出的"实施科教兴国战略，强化现代化建设人才支撑"的精神，大学应加强基础学科、新兴学科、交叉学科建设。高等数学主要由微积分、向量代数与空间解析几何、无穷级数、常微分方程几部分组成，内容多而广。要想牢固掌握高等数学基础知识并能融会贯通，需经过大量的思考与练习。高等数学在大学阶段的重要性是毋庸置疑的，它是为后续科学研究夯实基础的一门重要学科。学好高等数学的意义有：对概念的理解可以培养学生的理性思维；对计算能力的训练可以培养学生的探索精神；对证明问题的训练可以培养学生的逻辑推理能力；对应用问题的求解可以培养学生的实际运用能力。

要学好高等数学，必须要进行持续的学习和不断的实践。本书是我校高等数学一线教师根据多年教学经验和我校学生的特点精心编写的，希望使学生具有数学才气、终身刻苦学习的勇气、夯实数学基础的底气、突破科学困难的锐气。

本书分上、下两册，与《高等数学》同步，每一章由知识点总结、基础题与综合题组成。基础题是针对基础知识和基本计算方法的掌握而设计的，注重学生对基本概念的理解、基本计算方法的运用、所学知识的内化；综合题是针对数学思维的强化和计算能力的提高而设计的，注重学生对基本概念的深化、计算能力的提升、证明能力的训练、应用能力的拓展。

本书的特点如下：

1. 知识面覆盖广，基本概念、方法、知识点总结细致，题目设计由浅入深，可以满足不同专业和不同程度的学生的学习需求；

2. 习题讲解细致，方法独到新颖，解答问题力求通俗易懂；

3. 基础题的训练能够让学生掌握基本概念和计算方法，综合题的训练能够提升学生对复杂问题的计算能力、综合分析能力和实际应用能力。

本书的编写得到了很多同事的支持和帮助，特别是我校高等数学教研室曲如老师提出了许多建设性的修改意见，在此表示衷心的感谢！

由于编者水平有限，本书难免有许多不足之处，恳请专家和读者批评指正！

目　　录

第 1 章　函数、极限与连续 …… 1

知识点总结 …… 1
基础题 …… 6
综合题 …… 23

第 2 章　导数与微分 …… 31

知识点总结 …… 31
基础题 …… 33
综合题 …… 44

第 3 章　微分中值定理与导数的应用 …… 56

知识点总结 …… 56
基础题 …… 58
综合题 …… 71

第 4 章　不定积分 …… 85

知识点总结 …… 85
基础题 …… 89
综合题 …… 104

第 5 章　定积分 …… 112

知识点总结 …… 112
基础题 …… 114
综合题 …… 131

第 6 章　定积分的应用 …… 148

知识点总结 …… 148
基础题 …… 150
综合题 …… 157

第1章 函数、极限与连续

知识点总结

一、函数

1. 函数的定义

设数集 $D \subset \mathbb{R}$，且 $D \neq \varnothing$，如果对于每一个 $x \in D$，按照法则 f 总有唯一确定的数值 y 与之对应，则称 y 是 x 的函数，记作 $y = f(x), x \in D$.

2. 函数的几种特性

(1) 有界性：若存在 $M > 0$，对任意 $x \in X$，有 $|f(x)| \leqslant M$，则称函数 $f(x)$ 在 X 上有界.

(2) 奇偶性：设函数 $f(x)$ 的定义域 D 关于原点对称，对任意 $x \in D$，如果恒有 $f(-x) = f(x)$ 成立，则称函数 $f(x)$ 为偶函数；如果恒有 $f(-x) = -f(x)$ 成立，则称函数 $f(x)$ 为奇函数.

(3) 周期性：设函数 $f(x)$ 的定义域为 D，如果存在非零常数 T，使得对任意 $x \in D$，有 $(x \pm T) \in D$，且 $f(x \pm T) = f(x)$ 恒成立，则称函数 $f(x)$ 为周期函数.

(4) 单调性：设函数 $f(x)$ 的定义域为 D，区间 $I \subset D$. 对区间 I 上的任意两点 x_1 和 x_2，若当 $x_1 < x_2$ 时总有不等式 $f(x_1) < f(x_2)$ 成立，则称函数 $f(x)$ 在区间 I 上是单调增加的；若当 $x_1 < x_2$ 时总有不等式 $f(x_1) > f(x_2)$ 成立，则称函数 $f(x)$ 在区间 I 上是单调减少的.

二、基本初等函数

(1) 幂函数：$y = x^{\mu}$（μ 是常数）.

(2) 指数函数：$y = a^x$（a 是常数，且 $a > 0, a \neq 1$）.

(3) 对数函数：指数函数的反函数是对数函数，记为 $y = \log_a x$（a 是常数，且 $a > 0, a \neq 1$）.

(4) 三角函数：正弦函数 $y = \sin x$、余弦函数 $y = \cos x$、正切函数 $y = \tan x$、余切函数 $y = \cot x$、正割函数 $y = \sec x = \dfrac{1}{\cos x}$、余割函数 $y = \csc x = \dfrac{1}{\sin x}$.

(5) 反三角函数：反正弦函数 $y = \arcsin x$、反余弦函数 $y = \arccos x$、反正切函数 $y = \arctan x$、反余切函数 $y = \operatorname{arccot} x$.

三、初等函数

由上述五类基本初等函数与常数经过有限次四则运算和函数复合步骤构成并能用一个式子表示的函数称为**初等函数**.

四、数列的极限

1. 定义

对于任意给定的正数 ε，总存在一个正整数 N，使得当 $n>N$ 时，不等式 $|x_n-a|<\varepsilon$ 恒成立，则称常数 a 为数列 $\{x_n\}$ 的极限，或称数列 $\{x_n\}$ 收敛于 a，记为

$$\lim_{n\to\infty} x_n = a \quad 或 \quad x_n \to a(n\to\infty).$$

2. 收敛数列的性质

(1) 唯一性：任何收敛数列 $\{x_n\}$ 的极限都是唯一的.

(2) 收敛数列的有界性：如果数列 $\{x_n\}$ 收敛，则数列 $\{x_n\}$ 一定有界.

(3) 保号性：如果 $\lim\limits_{n\to\infty} x_n = a$，且 $a>0$(或 $a<0$)，则存在正整数 N，使得当 $n>N$ 时，有 $x_n>0$(或 $x_n<0$)；反之，如果 $x_n>0$(或 $x_n<0$)，且 $\lim\limits_{n\to\infty} x_n = a$，则 $a\geqslant 0$(或 $a\leqslant 0$).

(4) 收敛数列与其子列之间的关系：设数列 $\{x_n\}$ 收敛于 a，则它的任一子列 $\{x_{n_k}\}$ 也收敛，且极限也是 a.

五、函数的极限

1. $x\to\infty$ 时函数的极限

(1) $\lim\limits_{x\to\infty} f(x) = A$ 定义为：$\forall\varepsilon>0, \exists X>0$，当 $|x|>X$ 时，有 $|f(x)-A|<\varepsilon$.

(2) $\lim\limits_{x\to+\infty} f(x) = A$ 定义为：$\forall\varepsilon>0, \exists X>0$，当 $x>X$ 时，有 $|f(x)-A|<\varepsilon$.

(3) $\lim\limits_{x\to-\infty} f(x) = A$ 定义为：$\forall\varepsilon>0, \exists X>0$，当 $x<-X$ 时，有 $|f(x)-A|<\varepsilon$.

定理 1　$\lim\limits_{x\to\infty} f(x) = A$ 的充分必要条件是 $\lim\limits_{x\to+\infty} f(x) = \lim\limits_{x\to-\infty} f(x) = A$.

2. $x\to x_0$ 时函数的极限

(1) $\lim\limits_{x\to x_0} f(x) = A$ 定义为：$\forall\varepsilon>0, \exists\delta>0$，当 $0<|x-x_0|<\delta$ 时，有 $|f(x)-A|<\varepsilon$.

(2) $\lim\limits_{x\to x_0^-} f(x) = A$ 定义为：$\forall\varepsilon>0, \exists\delta>0$，当 $x_0-\delta<x<x_0$ 时，有 $|f(x)-A|<\varepsilon$.

(3) $\lim\limits_{x\to x_0^+} f(x) = A$ 定义为：$\forall\varepsilon>0, \exists\delta>0$，当 $x_0<x<x_0+\delta$ 时，有 $|f(x)-A|<\varepsilon$.

定理 2　$\lim\limits_{x\to x_0} f(x)$ 存在的充分必要条件是 $\lim\limits_{x\to x_0^-} f(x)$ 和 $\lim\limits_{x\to x_0^+} f(x)$ 都存在且相等.

3. 函数极限的性质

(1) 唯一性：若 $\lim\limits_{x\to x_0} f(x)$ 存在，则极限唯一.

(2) 极限的局部有界性：如果 $\lim\limits_{x\to x_0} f(x) = A$，则存在 $M>0$ 和 $\delta>0$，使得当 $0<|x-x_0|<\delta$ 时，有 $|f(x)|\leqslant M$.

(3) 极限的局部保号性：如果 $\lim\limits_{x\to x_0} f(x) = A$，且 $A>0$(或 $A<0$)，则存在常数 $\delta>0$，使得当 $0<|x-x_0|<\delta$ 时，有 $f(x)>0$[或 $f(x)<0$]；反之，如果 $f(x)>0$[或 $f(x)<0$]，且 $\lim\limits_{x\to x_0} f(x) = A$，则 $A\geqslant 0$(或 $A\leqslant 0$).

(4) 函数极限与数列极限的关系(海涅定理):如果极限$\lim\limits_{x\to x_0}f(x)$存在,$\{x_n\}$为函数$f(x)$的定义域内任一收敛于$x_0$的数列,且满足$x_n\neq x_0(n=1,2,3,\cdots)$,那么相应的函数值数列$\{f(x_n)\}$必收敛,且$\lim\limits_{n\to\infty}f(x_n)=\lim\limits_{x\to x_0}f(x)$.

六、无穷小与无穷大

1. 无穷小的定义

在自变量的某个变化过程中,极限为零的变量称为无穷小.

定理 1(有极限的量与无穷小的关系)　$\lim\limits_{x\to x_0}f(x)=A$的充分必要条件是$f(x)=A+\alpha(x)$,其中$\lim\limits_{x\to x_0}\alpha(x)=0$.

定理 2　在同一变化过程中:

(1) 有限个无穷小的代数和仍是无穷小;

(2) 有限个无穷小的乘积仍是无穷小;

(3) 无穷小与有界函数的乘积仍是无穷小.

2. 无穷大的定义

设函数$f(x)$在x_0的某去心邻域内有定义.如果对任意给定的$M>0$,总存在$\delta>0$,使得当$0<|x-x_0|<\delta$时,恒有$|f(x)|>M$,则称$f(x)$为当$x\to x_0$时的无穷大,记作$\lim\limits_{x\to x_0}f(x)=\infty$.

类似地,$\lim\limits_{x\to\infty}f(x)=\infty$定义为:$\forall M>0,\exists X>0$,使得当$|x|>X$时,恒有$|f(x)|>M$.

3. 无穷小与无穷大的关系

定理 3　在自变量的同一变化过程中,若$f(x)$为无穷大,则$\dfrac{1}{f(x)}$为无穷小;反之,若$f(x)$为无穷小,且$f(x)\neq 0$,则$\dfrac{1}{f(x)}$为无穷大.

七、极限运算法则

1. 极限的四则运算法则

若$\lim f(x)$与$\lim g(x)$皆存在,则$\lim[f(x)\pm g(x)]$与$\lim[f(x)\cdot g(x)]$也存在,且

(1)$\lim[f(x)\pm g(x)]=\lim f(x)\pm\lim g(x)$;

(2)$\lim[f(x)\cdot g(x)]=\lim f(x)\cdot\lim g(x)$;

若$\lim g(x)\neq 0$,则$\lim\dfrac{f(x)}{g(x)}$也存在,且

(3)$\lim\dfrac{f(x)}{g(x)}=\dfrac{\lim f(x)}{\lim g(x)}$.

2. 复合函数的极限运算法则

设函数$u=\varphi(x)$当$x\to x_0$时极限存在且等于a,即$\lim\limits_{x\to x_0}\varphi(x)=a$,但在$x_0$的某去心邻域$\mathring{U}(x_0,\delta_0)(\delta_0>0)$内$\varphi(x)\neq a$,又$\lim\limits_{u\to a}f(u)=A$,则复合函数$f[\varphi(x)]$当$x\to x_0$时极限存在,

且$\lim\limits_{x\to x_0} f[\varphi(x)] = \lim\limits_{u\to a} f(u) = A$.

3. 夹逼准则

(1) 设有数列$\{a_n\}$、$\{b_n\}$、$\{c_n\}$，且$\lim\limits_{n\to\infty} b_n = \lim\limits_{n\to\infty} c_n = a$，若存在正整数$N$，使得当$n > N$时，有$b_n \leqslant a_n \leqslant c_n$，则$\lim\limits_{n\to\infty} a_n = a$.

(2) 设有函数$f(x)$、$g(x)$、$h(x)$，且$\lim\limits_{\substack{x\to x_0\\(x\to\infty)}} g(x) = \lim\limits_{\substack{x\to x_0\\(x\to\infty)}} h(x) = A$，当$x \in \mathring{U}(x_0,\delta)$(或$|x| > X$)时，有$g(x) \leqslant f(x) \leqslant h(x)$，则$\lim\limits_{\substack{x\to x_0\\(x\to\infty)}} f(x) = A$.

4. 单调有界准则

单调有界数列必有极限.

5. 两个重要极限

(1) $\lim\limits_{x\to 0}\dfrac{\sin x}{x} = 1$，$\lim\limits_{u\to 0}\dfrac{\sin u}{u} = 1$，$\lim\limits_{u\to 0}\dfrac{u}{\sin u} = 1$.

(2) $\lim\limits_{x\to\infty}\left(1+\dfrac{1}{x}\right)^x = \mathrm{e}$，$\lim\limits_{x\to 0}(1+x)^{\frac{1}{x}} = \mathrm{e}$，$\lim\limits_{u\to 0}(1+u)^{\frac{1}{u}} = \mathrm{e}$.

八、无穷小的比较

1. 无穷小的比较

设α和β是同一个极限过程中的无穷小，即$\lim\alpha = 0$，$\lim\beta = 0$.

(1) 若$\lim\dfrac{\alpha}{\beta} = 0$，则称$\alpha$是比$\beta$高阶的无穷小，记为$\alpha = o(\beta)$；

(2) 若$\lim\dfrac{\alpha}{\beta} = C \neq 0$，则称$\alpha$与$\beta$是同阶无穷小；

特别地，若$\lim\dfrac{\alpha}{\beta} = 1$，则称$\alpha$与$\beta$是等价无穷小，记为$\alpha \sim \beta$；

(3) 若$\lim\dfrac{\alpha}{\beta^k} = C \neq 0 (k > 0)$，则称$\alpha$是$\beta$的$k$阶无穷小.

2. 常见的等价无穷小(当$x\to 0$时)

(1) $\sin x \sim x$；　(2) $\tan x \sim x$；　(3) $\arcsin x \sim x$；　(4) $\arctan x \sim x$；

(5) $1-\cos x \sim \dfrac{1}{2}x^2$；　(6) $\ln(1+x) \sim x$；

(7) $\mathrm{e}^x - 1 \sim x$，$a^x - 1 \sim x\ln a (a > 0, a \neq 1)$；

(8) $\sqrt[n]{1+x} - 1 \sim \dfrac{1}{n}x$，$(1+x)^\mu - 1 \sim \mu x (\mu \neq 0)$.

上述等价无穷小公式可推广到更一般形式.

若$\lim\limits_{x\to x_0} f(x) = 0$[或$\lim\limits_{x\to\infty} f(x) = 0$]，且$f(x) \neq 0$，则当$x\to x_0$(或$x\to\infty$)时，有

(1) $\sin f(x) \sim f(x)$；　(2) $\tan f(x) \sim f(x)$；

(3) $\arcsin f(x) \sim f(x)$；　(4) $\arctan f(x) \sim f(x)$；

(5) $1-\cos f(x) \sim \frac{1}{2}f^2(x)$；　(6) $\ln[1+f(x)] \sim f(x)$；

(7) $e^{f(x)}-1 \sim f(x), a^{f(x)}-1 \sim f(x)\ln a(a>0, a\neq 1)$；

(8) $\sqrt[n]{1+f(x)}-1 \sim \frac{f(x)}{n}, [1+f(x)]^{\mu}-1 \sim \mu f(x)(\mu \neq 0)$.

3. 等价无穷小的性质

设 α、α_1、β、β_1 和 γ 是同一个极限过程中的无穷小.

(1) $\alpha \sim \alpha$；

(2) 若 $\alpha \sim \beta$，则 $\beta \sim \alpha$；

(3) 若 $\alpha \sim \beta, \beta \sim \gamma$，则 $\alpha \sim \gamma$；

(4) 若 $\alpha \sim \beta$，则 $C\alpha \sim C\beta$；

(5) 若 $\alpha \sim \alpha_1, \beta \sim \beta_1$，则 $\alpha\beta \sim \alpha_1\beta_1$.

4. 等价无穷小代换

定理 1　若 α、α_1、β、β_1 是同一个极限过程中的无穷小，且 $\alpha \sim \alpha_1, \beta \sim \beta_1$，$\lim \frac{\alpha_1}{\beta_1} = A$(或 ∞)，则 $\lim \frac{\alpha}{\beta} = \lim \frac{\alpha_1}{\beta_1} = A$(或 ∞).

定理 2　设 α 是某个极限过程中的无穷小，则 $\alpha + o(\alpha) \sim \alpha$.

九、函数的连续性

1. 函数连续的定义

定义 1　设函数 $y=f(x)$ 在点 x_0 的某个邻域内有定义，若 $\lim\limits_{x\to x_0} f(x) = f(x_0)$，则称函数 $y=f(x)$ 在点 x_0 处连续.

定义 2　设函数 $y=f(x)$ 在点 x_0 的某个邻域内有定义，若 $\lim\limits_{\Delta x\to 0}\Delta y = \lim\limits_{\Delta x\to 0}[f(x_0+\Delta x)-f(x_0)]=0$，则称函数 $y=f(x)$ 在点 x_0 处连续.

定义 3　设函数 $y=f(x)$ 在点 x_0 的某个邻域内有定义.

(1) 若 $\lim\limits_{x\to x_0^-} f(x) = f(x_0)$，则称 $y=f(x)$ 在点 x_0 处左连续；

(2) 若 $\lim\limits_{x\to x_0^+} f(x) = f(x_0)$，则称 $y=f(x)$ 在点 x_0 处右连续.

定理　函数 $f(x)$ 在点 x_0 处连续的充分必要条件为 $f(x)$ 在点 x_0 处既左连续又右连续，即

$$\lim_{x\to x_0^-} f(x) = \lim_{x\to x_0^+} f(x) = f(x_0).$$

2. 函数的间断点及其分类

(1) 左、右极限都存在的间断点称为第一类间断点.

第一类间断点可以进一步分成两类：

① 若 $\lim\limits_{x\to x_0^-} f(x) = \lim\limits_{x\to x_0^+} f(x_0) \neq f(x_0)$[或 $f(x_0)$ 无定义]，则称 x_0 为可去间断点；

② 若 $\lim\limits_{x\to x_0^-} f(x) \neq \lim\limits_{x\to x_0^+} f(x_0)$，则称 x_0 为跳跃间断点.

(2) 左、右极限至少有一个不存在的间断点称为第二类间断点.

3. 闭区间上连续函数的性质

(1) 最值定理：若函数 $f(x)$ 在 $[a,b]$ 上连续，则 $f(x)$ 在 $[a,b]$ 上一定存在最大值 M 与最小值 m，从而 $f(x)$ 在 $[a,b]$ 上有界.

(2) 介值定理：设函数 $f(x)$ 在 $[a,b]$ 上连续，且 $f(a) \neq f(b)$，C 在 $f(a)$ 与 $f(b)$ 之间，则在 (a,b) 内至少存在一点 ξ，使得 $f(\xi) = C$.

推论 1 设函数 $f(x)$ 在 $[a,b]$ 上连续，其最大值和最小值分别为 M 和 m，则对于在 M 和 m 之间的任何实数 C，在 $[a,b]$ 内至少存在一点 ξ，使得 $f(\xi) = C$.

推论 2(零点定理或方程根的存在定理) 如果函数 $f(x)$ 在闭区间 $[a,b]$ 上连续，且 $f(a)$ 与 $f(b)$ 异号，则在 (a,b) 内至少存在一点 ξ，使得 $f(\xi) = 0$.

基 础 题

1. 设函数 $y = f(x)$ 的定义域为 $[0,2]$，求 $y = f(x+a) + f(x-a)(a > 0)$ 的定义域.

解 由题可知，函数 $y = f(x)$ 的定义域为 $[0,2]$，$a > 0$，则 $y = f(x+a) + f(x-a)$ 满足：

$$\begin{cases} 0 \leqslant x + a \leqslant 2 \\ 0 \leqslant x - a \leqslant 2 \end{cases} \Rightarrow \begin{cases} -a \leqslant x \leqslant 2 - a \\ a \leqslant x \leqslant 2 + a \end{cases},$$

当 $2 - a < a$，即 $a > 1$ 时，定义域为空集 $\varnothing$；

当 $2 - a = a$，即 $a = 1$ 时，定义域为 $\{1\}$；

当 $a < 2 - a < a + 2$，即 $0 < a < 1$ 时，定义域为 $[a, 2-a]$；

当 $-a = a$，$2 - a = 2 + a$，即 $a = 0$ 时，与 $a > 0$ 矛盾.

综上所述，当 $a > 1$ 时，定义域为空集 $\varnothing$；当 $a = 1$ 时，定义域为 $\{1\}$；当 $0 < a < 1$ 时，定义域为 $[a, 2-a]$.

2. 求函数 $y = \cos x$ 在区间 $[-\pi, 0]$ 上的反函数.

解 方法一 $[-\pi, 0]$ 不是 $y = \cos x$ 的主值区间，但 $[0,\pi]$ 是其主值区间，且 $y = \cos x = -\cos(x+\pi)$，即 $-y = \cos(x+\pi)$，取反函数 $x + \pi = \arccos(-y)$，交换 x、y 得 $y = \arccos(-x) - \pi$，$x \in [-1,1]$.

方法二 $[-\pi, 0]$ 不是 $y = \cos x$ 的主值区间，但 $[0,\pi]$ 是其主值区间，且 $y = \cos x = \cos(-x)$，即 $y = \cos(-x)$，取反函数 $-x = \arccos y$，交换 x、y 得 $y = -\arccos x$，$x \in [-1,1]$.

注：此题中两种方法所得答案虽然形式上不同，但实质上是一致的. 这是因为等式 $\arccos(-x) - \pi = -\arccos x$ 对于 $x \in [-1,1]$ 是恒成立的(可应用第 3 章的拉格朗日中值定理的推论证得).

3. 设函数 $f(x) = \begin{cases} 0, & x < 0 \\ x, & x \geqslant 0 \end{cases}$，$g(x) = x^2 - x + 1$，求 $f\{g[f(x)]\}$.

解 $g[f(x)] = f^2(x) - f(x) + 1 = \begin{cases} 1, & x < 0 \\ x^2 - x + 1, & x \geqslant 0 \end{cases}$，

则
$$f\{g[f(x)]\}=\begin{cases}0, & g[f(x)]<0\\ g[f(x)], & g[f(x)]\geqslant 0\end{cases}.$$

当 $g[f(x)]<0$ 时，有 $x\geqslant 0$，且 $g[f(x)]=x^2-x+1<0$，解为空集；

当 $g[f(x)]\geqslant 0$ 时，有 $x<0$，但 $g[f(x)]=1>0$，或有 $x\geqslant 0$，且 $g[f(x)]=x^2-x+1\geqslant 0$，即 $x\geqslant 0$；

综上所述，$f\{g[f(x)]\}=\begin{cases}1, & x<0\\ x^2-x+1, & x\geqslant 0\end{cases}.$

4. 设函数 $f\left(\sin\dfrac{x}{2}\right)=1+\cos x$，求 $f\left(\cos\dfrac{x}{2}\right)$.

解　$f\left(\sin\dfrac{x}{2}\right)=1+\cos x=2\left(1-\sin^2\dfrac{x}{2}\right)$，令 $\sin\dfrac{x}{2}=t$，则
$$f(t)=2(1-t^2),$$
于是 $f\left(\cos\dfrac{x}{2}\right)=2\left(1-\cos^2\dfrac{x}{2}\right)=2\sin^2\dfrac{x}{2}=1-\cos x$.

5. 设函数 $f(x)=\begin{cases}4-x^2, & |x|\leqslant 2\\ 0, & |x|>2\end{cases}$，求 $f[f(x)]$.

解　$f[f(x)]=\begin{cases}4-f^2(x), & |f(x)|\leqslant 2\\ 0, & |f(x)|>2\end{cases}.$

当 $|x|\leqslant 2$ 时，要使 $|f(x)|=|4-x^2|\leqslant 2$，即 $2\leqslant x^2\leqslant 6$，解出 $\sqrt{2}\leqslant |x|\leqslant 2$，此时，$f[f(x)]=4-(4-x^2)^2$；

要使 $|f(x)|=|4-x^2|>2$，即 $|x|>\sqrt{6}$ 或 $|x|<\sqrt{2}$，解出 $|x|<\sqrt{2}$，此时 $f[f(x)]=0$；

当 $|x|>2$ 时，$|f(x)|=0\leqslant 2$，$f[f(x)]=4-0=4$.

综上所述，得 $f[f(x)]=\begin{cases}0, & |x|<\sqrt{2}\\ 4-(4-x^2)^2, & \sqrt{2}\leqslant |x|\leqslant 2\\ 4, & |x|>2\end{cases}.$

6. 当 $x\to 0$ 时，$f(x)=\dfrac{1}{x}\sin\dfrac{1}{x}$ 是否为无穷大？

解　不一定，反例如下.

取 $x=\dfrac{1}{2k\pi}$（k 为正整数），当 $k\to\infty$ 时，$x\to 0$，有
$$\lim_{x\to 0}f(x)=\lim_{x\to 0}\left(\frac{1}{x}\sin\frac{1}{x}\right)=\lim_{k\to\infty}2k\pi\sin 2k\pi=0;$$

再取 $x=\dfrac{1}{2k\pi+\dfrac{\pi}{2}}$（$k$ 为正整数），当 $k\to\infty$ 时，$x\to 0$，有
$$\lim_{x\to 0}f(x)=\lim_{x\to 0}\left(\frac{1}{x}\sin\frac{1}{x}\right)=\lim_{k\to\infty}\left[\left(2k\pi+\frac{\pi}{2}\right)\sin\left(2k\pi+\frac{\pi}{2}\right)\right]=\infty.$$

故当 $x\to 0$ 时，$f(x)=\dfrac{1}{x}\sin\dfrac{1}{x}$ 不一定是无穷大.

7. 根据定义证明下列数列的极限为无穷小:

(1) $\{a_n\}=\left\{\frac{1}{n}\sin\frac{n\pi}{2}\right\}$;　　(2) $\{a_n\}=\left\{\frac{n+(-1)^n}{n^2-1}\right\}$.

证明　(1) 要证明$\{a_n\}=\left\{\frac{1}{n}\sin\frac{n\pi}{2}\right\}$是当$n\to\infty$时的无穷小,相当于证明$\lim\limits_{n\to\infty}\left(\frac{1}{n}\sin\frac{n\pi}{2}\right)=0$.

$\forall\varepsilon>0$,要使

$$|a_n-0|=\left|\frac{1}{n}\sin\frac{n\pi}{2}-0\right|<\varepsilon,$$

可使

$$\left|\frac{1}{n}\sin\frac{n\pi}{2}\right|\leqslant\frac{1}{n}<\varepsilon,$$

解得

$$n>\frac{1}{\varepsilon}.$$

故 $\forall\varepsilon>0$, $\exists N=\left[\frac{1}{\varepsilon}\right]$,当$n>N$时,有

$$|a_n-0|=\left|\frac{1}{n}\sin\frac{n\pi}{2}-0\right|<\varepsilon,$$

即$\lim\limits_{n\to\infty}\left(\frac{1}{n}\sin\frac{n\pi}{2}\right)=0$.

(2) 要证明$\{a_n\}=\left\{\frac{n+(-1)^n}{n^2-1}\right\}$是当$n\to\infty$时的无穷小,相当于证明$\lim\limits_{n\to\infty}\frac{n+(-1)^n}{n^2-1}=0$.

$\forall\varepsilon>0$,要使

$$|a_n-0|=\left|\frac{n+(-1)^n}{n^2-1}-0\right|<\varepsilon,$$

可使

$$\left|\frac{n+(-1)^n}{n^2-1}\right|\leqslant\frac{n}{n^2-1}+\frac{1}{n^2-1}=\frac{1}{n-1}<\varepsilon,$$

解得

$$n>\frac{1}{\varepsilon}+1.$$

故 $\forall\varepsilon>0$, $\exists N=\left[\frac{1}{\varepsilon}\right]+1$,当$n>N$时,有

$$|a_n-0|=\left|\frac{n+(-1)^n}{n^2-1}-0\right|<\varepsilon,$$

即$\lim\limits_{n\to\infty}\frac{n+(-1)^n}{n^2-1}=0$.

8. 根据定义证明下列数列的极限为无穷大:

(1) $\{x_n\}=\{\ln n\}$;　　(2) $\{x_n\}=\left\{\frac{n^2+1}{3n-1}\right\}$.

解　(1) 要证明$\{x_n\}=\{\ln n\}$是当$n\to\infty$时的无穷大,相当于证明$\lim\limits_{n\to\infty}\frac{1}{\ln n}=0$.

$\forall\varepsilon>0$,可使

$$\left|\frac{1}{\ln n}-0\right|<\varepsilon,$$

解得

$$n>\mathrm{e}^{\frac{1}{\varepsilon}}.$$

故 $\forall\varepsilon>0$，$\exists N=[\mathrm{e}^{\frac{1}{\varepsilon}}]$，当 $n>N$ 时，有

$$\left|\frac{1}{\ln n}-0\right|<\varepsilon,$$

即 $\lim\limits_{n\to\infty}\frac{1}{\ln n}=0$，也即 $\lim\limits_{n\to\infty}\ln n=\infty$（事实上，由保号性知 $\lim\limits_{n\to\infty}\ln n=+\infty$）.

(2) 要证明 $\{x_n\}=\left\{\frac{n^2+1}{3n-1}\right\}$ 是当 $n\to\infty$ 时的无穷大，相当于证明 $\lim\limits_{n\to\infty}\frac{3n-1}{n^2+1}=0$.

$\forall\varepsilon>0$，要使

$$\left|\frac{3n-1}{n^2+1}-0\right|<\varepsilon,$$

可使

$$\left|\frac{3n-1}{n^2+1}-0\right|<\frac{3n}{n^2}=\frac{3}{n}<\varepsilon,$$

解得

$$n>\frac{3}{\varepsilon}.$$

故 $\forall\varepsilon>0$，$\exists N=\left[\frac{3}{\varepsilon}\right]$，当 $n>N$ 时，有

$$\left|\frac{3n-1}{n^2+1}-0\right|<\varepsilon,$$

即 $\lim\limits_{n\to\infty}\frac{3n-1}{n^2+1}=0$，也即 $\lim\limits_{n\to\infty}\frac{n^2+1}{3n-1}=\infty$ $\left(\text{事实上，由保号性知}\lim\limits_{n\to\infty}\frac{n^2+1}{3n-1}=+\infty\right)$.

9. 求下列极限：

(1) $\lim\limits_{x\to3}\frac{x^2-9}{x-3}$；　(2) $\lim\limits_{x\to2}\frac{\sqrt{x^2+5}-3}{\sqrt{2x+1}-\sqrt{5}}$；

(3) $\lim\limits_{x\to+\infty}(\sqrt{x^2+1}-x)$；　(4) $\lim\limits_{x\to\infty}\frac{(4x^2-3)^3(3x-2)^4}{(6x^2+7)^5}$；

(5) $\lim\limits_{x\to\infty}\frac{x\arctan(x+1)}{3x^2+x+1}$；　(6) $\lim\limits_{x\to2}\frac{\sqrt{5x-1}-\sqrt{2x+5}}{x^2-4}$；

(7) $\lim\limits_{x\to5}\frac{\sqrt[4]{3x+1}-2}{x-5}$；　(8) $\lim\limits_{x\to-\infty}(\sqrt{4x^2-8x+5}+2x+1)$.

解　(1) 此极限为 $\frac{0}{0}$ 型未定式，分子可以进行因式分解，然后消去零因子，得

$$\lim_{x\to3}\frac{x^2-9}{x-3}=\lim_{x\to3}\frac{(x-3)(x+3)}{x-3}=\lim_{x\to3}(x+3)=6.$$

(2) 此极限为 $\frac{0}{0}$ 型未定式，分子、分母可以同时进行有理化，得

$$\lim_{x\to 2}\frac{\sqrt{x^2+5}-3}{\sqrt{2x+1}-\sqrt{5}}=\lim_{x\to 2}\frac{(\sqrt{x^2+5}-3)(\sqrt{x^2+5}+3)(\sqrt{2x+1}+\sqrt{5})}{(\sqrt{2x+1}-\sqrt{5})(\sqrt{x^2+5}+3)(\sqrt{2x+1}+\sqrt{5})}$$

$$=\lim_{x\to 2}\frac{(x^2-4)(\sqrt{2x+1}+\sqrt{5})}{(2x-4)(\sqrt{x^2+5}+3)}=\lim_{x\to 2}\frac{(x+2)(\sqrt{2x+1}+\sqrt{5})}{2(\sqrt{x^2+5}+3)}$$

$$=\frac{2\sqrt{5}}{3}.$$

(3) 此极限为 $\infty-\infty$ 型未定式,通过分子有理化,得

$$\lim_{x\to+\infty}(\sqrt{x^2+1}-x)=\lim_{x\to+\infty}\frac{(\sqrt{x^2+1}-x)(\sqrt{x^2+1}+x)}{(\sqrt{x^2+1}+x)}$$

$$=\lim_{x\to+\infty}\frac{1}{(\sqrt{x^2+1}+x)}=0.$$

(4) 此极限为有理函数$\frac{\infty}{\infty}$型未定式,比较分子、分母最高次幂函数的次数,得

$$\lim_{x\to\infty}\frac{(4x^2-3)^3(3x-2)^4}{(6x^2+7)^5}=\lim_{x\to\infty}\frac{4^3x^6\cdot 3^4x^4}{6^5x^{10}}=\frac{4^3\cdot 3^4}{6^5}=\frac{2}{3}.$$

(5) 此极限中含有因式 $\arctan(x+1)$,当 $x\to\infty$ 时极限不存在,但此函数是有界函数,且 $\frac{x}{3x^2+x+1}$ 为 $x\to\infty$ 时的无穷小,故由无穷小与有界函数的乘积仍为无穷小,得

$$\lim_{x\to\infty}\frac{x\arctan(x+1)}{3x^2+x+1}=0.$$

(6) 此极限为$\frac{0}{0}$型未定式,通过分子有理化,得

$$\lim_{x\to 2}\frac{\sqrt{5x-1}-\sqrt{2x+5}}{x^2-4}=\lim_{x\to 2}\frac{(\sqrt{5x-1}-\sqrt{2x+5})(\sqrt{5x-1}+\sqrt{2x+5})}{(x^2-4)(\sqrt{5x-1}+\sqrt{2x+5})}$$

$$=\lim_{x\to 2}\frac{3x-6}{(x^2-4)(\sqrt{5x-1}+\sqrt{2x+5})}$$

$$=\lim_{x\to 2}\frac{3}{(x+2)(\sqrt{5x-1}+\sqrt{2x+5})}=\frac{1}{8}.$$

(7) 此极限为$\frac{0}{0}$型未定式,分子有理化比较麻烦,可利用变量代换求解.

令 $\sqrt[4]{3x+1}=t, x=\frac{1}{3}(t^4-1)$,则

$$\lim_{x\to 5}\frac{\sqrt[4]{3x+1}-2}{x-5}=\lim_{t\to 2}\frac{t-2}{\frac{1}{3}(t^4-1)-5}=3\lim_{t\to 2}\frac{t-2}{t^4-16}$$

$$=3\lim_{t\to 2}\frac{t-2}{(t^2-4)(t^2+4)}$$

$$=3\lim_{t\to 2}\frac{1}{(t+2)(t^2+4)}=\frac{3}{32}.$$

(8) 此极限为$(+\infty)-(+\infty)$型未定式,通过分子有理化,得

$$\lim_{x\to-\infty}(\sqrt{4x^2-8x+5}+2x+1)=\lim_{x\to-\infty}\frac{4x^2-8x+5-4x^2-4x-1}{\sqrt{4x^2-8x+5}-2x-1}$$

$$= \lim_{x \to -\infty} \frac{-12x+4}{\sqrt{4x^2-8x+5}-2x-1},$$

分子、分母同时除以 $-x$，得

$$\text{上式} = \lim_{x \to -\infty} \frac{12-\frac{4}{x}}{\sqrt{4-\frac{8}{x}+\frac{5}{x^2}}+2+\frac{1}{x}} = \frac{12}{4} = 3.$$

10. 利用夹逼准则证明：

(1) $\lim\limits_{n \to \infty} \sqrt{1+\frac{1}{n}} = 1$；

(2) $\lim\limits_{n \to \infty} \left(\frac{1}{\sqrt{n^2+1}} + \frac{1}{\sqrt{n^2+2}} + \cdots + \frac{1}{\sqrt{n^2+2n}} \right) = 2$；

(3) $\lim\limits_{n \to \infty} \sum\limits_{k=1}^{n} \frac{k}{n^2+k} = \frac{1}{2}$.

证明　(1) 因为 $1 < \sqrt{1+\frac{1}{n}} < 1+\frac{1}{n}$，且 $\lim\limits_{n \to \infty} 1 = \lim\limits_{n \to \infty}\left(1+\frac{1}{n}\right) = 1$，由夹逼准则，得

$$\lim_{n \to \infty} \sqrt{1+\frac{1}{n}} = 1.$$

(2) 因为 $\frac{2n}{\sqrt{n^2+2n}} < \frac{1}{\sqrt{n^2+1}} + \frac{1}{\sqrt{n^2+2}} + \cdots + \frac{1}{\sqrt{n^2+2n}} < \frac{2n}{\sqrt{n^2+1}}$，且

$$\lim_{n \to \infty} \frac{2n}{\sqrt{n^2+2n}} = \lim_{n \to \infty} \frac{2}{\sqrt{1+\frac{2}{n}}} = 2 = \lim_{n \to \infty} \frac{2n}{\sqrt{n^2+1}},$$

由夹逼准则，得

$$\lim_{n \to \infty} \left(\frac{1}{\sqrt{n^2+1}} + \frac{1}{\sqrt{n^2+2}} + \cdots + \frac{1}{\sqrt{n^2+2n}} \right) = 2.$$

(3) 记 $x_n = \sum\limits_{k=1}^{n} \frac{k}{n^2+k} = \frac{1}{n^2+1} + \frac{2}{n^2+2} + \cdots + \frac{n}{n^2+n}$，因为

$$\sum_{k=1}^{n} \frac{k}{n^2+n} \leqslant x_n \leqslant \sum_{k=1}^{n} \frac{k}{n^2},$$

于是有

$$\frac{1}{n^2+n} \frac{n(n+1)}{2} < x_n < \frac{1}{n^2} \frac{n(n+1)}{2}.$$

又因为

$$\lim_{n \to \infty} \left[\frac{1}{n^2+n} \frac{n(n+1)}{2} \right] = \frac{1}{2},$$

且

$$\lim_{n \to \infty} \left[\frac{1}{n^2} \frac{n(n+1)}{2} \right] = \frac{1}{2},$$

由夹逼准则，得

$$\lim_{n \to \infty} \sum_{k=1}^{n} \frac{k}{n^2+k} = \frac{1}{2}.$$

11. 设 $x_1=\sqrt{2}, x_{n+1}=\sqrt{2x_n}, n=1,2,3,\cdots$，证明数列 $\{x_n\}$ 的极限存在，并求 $\lim\limits_{n\to\infty}x_n$.

解 先证明极限存在. 由于 $x_1=\sqrt{2}<2$，设 $x_n<2$，则

$$x_{n+1}=\sqrt{2x_n}<\sqrt{2\cdot 2}=2,$$

所以 $x_n<2$ 对一切 n 成立，即数列 $\{x_n\}$ 有上界；又 $\dfrac{x_{n+1}}{x_n}=\sqrt{\dfrac{2}{x_n}}>1$，即数列 $\{x_n\}$ 单调增加，由极限存在准则知，数列 $\{x_n\}$ 的极限存在.

不妨设 $\lim\limits_{n\to\infty}x_n=a$，则对等式 $x_{n+1}^2=2x_n$ 两边取极限得，$a^2=2a$，解得 $a=2$，所以 $\lim\limits_{n\to\infty}x_n=2$.

注：此题需先证明极限存在，才能对等式两边取极限.

12. 利用两个重要极限计算下列极限：

(1) $\lim\limits_{x\to 0}\dfrac{\sin ax}{x}$；

(2) $\lim\limits_{x\to a}\dfrac{\sin x-\sin a}{x-a}$；

(3) $\lim\limits_{x\to 1}\dfrac{x-1}{\sin 2(x-1)}$；

(4) $\lim\limits_{x\to \pi}\dfrac{\sin x}{x-\pi}$；

(5) $\lim\limits_{x\to\infty}\left(1+\dfrac{2}{x}\right)^x$；

(6) $\lim\limits_{x\to 0}(1+x)^{\frac{2}{x}}$；

(7) $\lim\limits_{x\to\infty}\left(1+\dfrac{1}{x}\right)^{x+5}$；

(8) $\lim\limits_{x\to\infty}\left(\dfrac{2x+3}{2x+1}\right)^{x+1}$.

解 (1)～(4) 题均为 $\dfrac{0}{0}$ 型未定式，可将其化为重要极限 $\lim\limits_{u\to 0}\dfrac{\sin u}{u}$ 的形式；(5)～(8) 题均为 1^∞ 型未定式，可将其化为重要极限 $\lim\limits_{u\to 0}(1+u)^{\frac{1}{u}}$ 的形式.

(1) $\lim\limits_{x\to 0}\dfrac{\sin ax}{x}=a\lim\limits_{x\to 0}\dfrac{\sin ax}{ax}=a$.

(2) $\lim\limits_{x\to a}\dfrac{\sin x-\sin a}{x-a}=\lim\limits_{x\to a}\dfrac{2\sin\dfrac{x-a}{2}\cos\dfrac{x+a}{2}}{x-a}=\lim\limits_{x\to a}\left(\dfrac{\sin\dfrac{x-a}{2}}{\dfrac{x-a}{2}}\cos\dfrac{x+a}{2}\right)=\cos a$.

(3) $\lim\limits_{x\to 1}\dfrac{x-1}{\sin 2(x-1)}=\lim\limits_{x\to 1}\left[\dfrac{1}{2}\cdot\dfrac{2(x-1)}{\sin 2(x-1)}\right]=\dfrac{1}{2}$.

(4) $\lim\limits_{x\to \pi}\dfrac{\sin x}{x-\pi}=-\lim\limits_{x\to\pi}\dfrac{\sin(x-\pi)}{x-\pi}=-1$.

(5) $\lim\limits_{x\to\infty}\left(1+\dfrac{2}{x}\right)^x=\lim\limits_{x\to\infty}\left[\left(1+\dfrac{2}{x}\right)^{\frac{x}{2}}\right]^2=\mathrm{e}^2$.

(6) $\lim\limits_{x\to 0}(1+x)^{\frac{2}{x}}=\lim\limits_{x\to 0}\left[(1+x)^{\frac{1}{x}}\right]^2=\mathrm{e}^2$.

(7) $\lim\limits_{x\to\infty}\left(1+\dfrac{1}{x}\right)^{x+5}=\lim\limits_{x\to\infty}\left[\left(1+\dfrac{1}{x}\right)^x\left(1+\dfrac{1}{x}\right)^5\right]=\mathrm{e}$.

(8) $\lim\limits_{x\to\infty}\left(\dfrac{2x+3}{2x+1}\right)^{x+1}=\lim\limits_{x\to\infty}\left(\dfrac{2x+1+2}{2x+1}\right)^{x+1}=\lim\limits_{x\to\infty}\left(1+\dfrac{2}{2x+1}\right)^{x+1}$

$$=\lim_{x\to\infty}\left[\left(1+\frac{1}{x+\frac{1}{2}}\right)^{x+\frac{1}{2}}\left(1+\frac{2}{2x+1}\right)^{\frac{1}{2}}\right]=\mathrm{e}.$$

13. 求下列极限：

(1) $\lim\limits_{x\to 1} x^{\frac{1}{1-x}}$；　　(2) $\lim\limits_{n\to\infty}\left(\sec\dfrac{\pi}{n}\right)^{n^2}$；

(3) $\lim\limits_{n\to\infty}\left[n^2\left(1-\cos\dfrac{\pi}{n}\right)\right]$；　　(4) $\lim\limits_{n\to\infty}\left(2^n\sin\dfrac{\pi}{2^{n-1}}\right)$；

(5) $\lim\limits_{x\to 0}\dfrac{\ln(1+3x)}{x}$；　　(6) $\lim\limits_{x\to 0}\dfrac{\sqrt{1+\tan x}-\sqrt{\sin x+1}}{x^3}$；

(7) $\lim\limits_{x\to 0}\dfrac{\csc x-\cot x}{x}$；　　(8) $\lim\limits_{x\to\infty}\dfrac{2x+\cos x}{3x-\sin x}$.

解　(1) 此极限为 1^∞ 型未定式，利用重要极限 $\lim\limits_{u\to 0}(1+u)^{\frac{1}{u}}=\mathrm{e}$，得

$$\lim_{x\to 1} x^{\frac{1}{1-x}}=\lim_{x\to 1}\{[1+(x-1)]^{\frac{1}{x-1}}\}^{-1}=\mathrm{e}^{-1}.$$

(2) 此极限为 1^∞ 型未定式，利用重要极限 $\lim\limits_{u\to 0}(1+u)^{\frac{1}{u}}=\mathrm{e}$，得

$$\lim_{n\to\infty}\left(\sec\frac{\pi}{n}\right)^{n^2}=\lim_{n\to\infty}\left\{\left[1+\left(\sec\frac{\pi}{n}-1\right)\right]^{\frac{1}{\sec\frac{\pi}{n}-1}}\right\}^{\left(\sec\frac{\pi}{n}-1\right)n^2}$$

$$=\mathrm{e}^{\lim\limits_{n\to\infty}\frac{1-\cos\frac{\pi}{n}}{\cos\frac{\pi}{n}\cdot\frac{1}{n^2}}}=\mathrm{e}^{\lim\limits_{n\to\infty}\frac{\pi^2/2n^2}{1/n^2}}=\mathrm{e}^{\frac{\pi^2}{2}}.$$

(3) 此极限为 $\infty\cdot 0$ 型未定式，化为 $\dfrac{0}{0}$ 型未定式，得

$$\lim_{n\to\infty}\left[n^2\left(1-\cos\frac{\pi}{n}\right)\right]=\lim_{n\to\infty}\frac{1-\cos\frac{\pi}{n}}{\frac{1}{n^2}}=\lim_{n\to\infty}\frac{\frac{1}{2}\frac{\pi^2}{n^2}}{\frac{1}{n^2}}=\frac{\pi^2}{2}.$$

(4) 此极限为 $\infty\cdot 0$ 型未定式，化为 $\dfrac{0}{0}$ 型未定式，得

$$\lim_{n\to\infty}\left(2^n\sin\frac{\pi}{2^{n-1}}\right)=\lim_{n\to\infty}\frac{\sin\frac{\pi}{2^{n-1}}}{\frac{1}{2^n}}=\lim_{n\to\infty}\frac{\frac{\pi}{2^{n-1}}}{\frac{1}{2^n}}=2\pi.$$

(5) 此极限为 $\dfrac{0}{0}$ 型未定式，利用等价无穷小代换，得

$$\lim_{x\to 0}\frac{\ln(1+3x)}{x}=\lim_{x\to 0}\frac{3x}{x}=3.$$

(6) 此极限为 $\dfrac{0}{0}$ 型未定式，通过分子有理化，得

$$\lim_{x\to 0}\frac{\sqrt{1+\tan x}-\sqrt{\sin x+1}}{x^3}=\lim_{x\to 0}\frac{(\sqrt{1+\tan x}-\sqrt{\sin x+1})(\sqrt{1+\tan x}+\sqrt{\sin x+1})}{x^3(\sqrt{1+\tan x}+\sqrt{\sin x+1})}$$

$$=\lim_{x\to 0}\frac{\tan x-\sin x}{x^3(\sqrt{1+\tan x}+\sqrt{\sin x+1})}=\frac{1}{2}\lim_{x\to 0}\frac{\tan x-\sin x}{x^3}$$

$$=\frac{1}{2}\lim_{x\to 0}\frac{\tan x(1-\cos x)}{x^3}=\frac{1}{2}\lim_{x\to 0}\frac{x\cdot\frac{1}{2}x^2}{x^3}=\frac{1}{4}.$$

(7) $\lim\limits_{x\to 0}\dfrac{\csc x-\cot x}{x}=\lim\limits_{x\to 0}\dfrac{1-\cos x}{x\sin x}=\lim\limits_{x\to 0}\dfrac{\frac{1}{2}x^2}{x^2}=\dfrac{1}{2}.$

(8) $\lim\limits_{x\to\infty}\dfrac{2x+\cos x}{3x-\sin x}=\lim\limits_{x\to\infty}\dfrac{2+\dfrac{\cos x}{x}}{3-\dfrac{\sin x}{x}}=\dfrac{2+0}{3-0}=\dfrac{2}{3}$.

14. 若$\lim\limits_{x\to\infty}\left(\dfrac{x+a}{x-a}\right)^x=9$,求 a 的值.

解 此极限为 1^∞ 型未定式,利用重要极限$\lim\limits_{u\to 0}(1+u)^{\frac{1}{u}}=\mathrm{e}$,得

$$\lim_{x\to\infty}\left(\frac{x+a}{x-a}\right)^x=\lim_{x\to\infty}\left[\left(1+\frac{x+a}{x-a}-1\right)^{\frac{x-a}{2a}}\right]^{\frac{2ax}{x-a}}=\mathrm{e}^{2a}=9,$$

则 $\ln\mathrm{e}^{2a}=\ln 9, 2a=\ln 9, a=\dfrac{1}{2}\ln 3^2=\ln 3$.

15. 求极限$\lim\limits_{n\to\infty}\left(\cos\dfrac{x}{2}\cos\dfrac{x}{2^2}\cdots\cos\dfrac{x}{2^n}\right)$.

解 将函数化简,得

$$\begin{aligned}\lim_{n\to\infty}\left(\cos\frac{x}{2}\cos\frac{x}{2^2}\cdots\cos\frac{x}{2^n}\right)&=\lim_{n\to\infty}\frac{\cos\frac{x}{2}\cos\frac{x}{2^2}\cdots\cos\frac{x}{2^n}\cdot 2\sin\frac{x}{2^n}}{2\sin\frac{x}{2^n}}\\&=\lim_{n\to\infty}\frac{\cos\frac{x}{2}\cos\frac{x}{2^2}\cdots\cos\frac{x}{2^{n-1}}\cdot 2\sin\frac{x}{2^{n-1}}}{2^2\sin\frac{x}{2^n}}\\&=\lim_{n\to\infty}\frac{\cos\frac{x}{2}\cos\frac{x}{2^2}\cdots\cos\frac{x}{2^{n-2}}\cdot 2\sin\frac{x}{2^{n-2}}}{2^3\sin\frac{x}{2^n}}\\&=\cdots\\&=\lim_{n\to\infty}\frac{\cos\frac{x}{2^{n-(n-1)}}\cdot 2\sin\frac{x}{2^{n-(n-1)}}}{2^n\sin\frac{x}{2^n}}\\&=\lim_{n\to\infty}\frac{\sin x}{2^n\cdot\frac{x}{2^n}}=\lim_{n\to\infty}\frac{\sin x}{x}=\frac{\sin x}{x}.\end{aligned}$$

16. 证明下列数列的极限存在:

(1) $\{a_n\}=\left\{\dfrac{1}{3+1}+\dfrac{1}{3^2+1}+\dfrac{1}{3^3+1}+\cdots+\dfrac{1}{3^n+1}\right\}$;

(2) $\{a_n\}=\left\{\dfrac{3}{1^2\cdot 2^2}+\dfrac{5}{2^2\cdot 3^2}+\cdots+\dfrac{2n+1}{n^2(n+1)^2}\right\}$.

证明 (1) $a_n=\dfrac{1}{3+1}+\dfrac{1}{3^2+1}+\dfrac{1}{3^3+1}+\cdots+\dfrac{1}{3^n+1}$

$$<\frac{1}{3}+\frac{1}{3^2}+\cdots+\frac{1}{3^n}=\frac{\frac{1}{3}\left(1-\frac{1}{3^n}\right)}{1-\frac{1}{3}}<\frac{1}{2},$$

即数列$\{a_n\}$有上界，又数列$\{a_n\}$单调增加，由单调有界准则知，数列$\{a_n\}$的极限存在.

(2)
$$a_n=\frac{3}{1^2\cdot 2^2}+\frac{5}{2^2\cdot 3^2}+\cdots+\frac{2n+1}{n^2(n+1)^2}$$
$$=\left(1-\frac{1}{2^2}\right)+\left(\frac{1}{2^2}-\frac{1}{3^2}\right)+\cdots+\left[\frac{1}{n^2}-\frac{1}{(n+1)^2}\right]$$
$$=1-\frac{1}{2^2}+\frac{1}{2^2}-\frac{1}{3^2}+\cdots+\frac{1}{n^2}-\frac{1}{(n+1)^2}$$
$$=1-\frac{1}{(n+1)^2}<1,$$
即数列$\{a_n\}$有上界，又数列$\{a_n\}$单调增加，由单调有界准则知，数列$\{a_n\}$的极限存在.

17. 求下列极限：

(1) $\lim\limits_{x\to-\infty}\dfrac{\sqrt{1+x^2}}{x}$；　(2) $\lim\limits_{x\to4}\dfrac{2-\sqrt{x}}{3-\sqrt{2x+1}}$；

(3) $\lim\limits_{x\to0}\dfrac{x^2\arcsin x\cdot\sin\dfrac{1}{x}}{\sin 2x}$；　(4) $\lim\limits_{x\to0^+}(\cos\sqrt{x})^{\frac{\pi}{x}}$；

(5) $\lim\limits_{x\to0}(\cos x)^{\frac{1}{\sin^2 x}}$；　(6) $\lim\limits_{n\to\infty}\left(1+\dfrac{1}{n}+\dfrac{1}{n^2}\right)^n$.

解　(1) 此极限为$\dfrac{\infty}{\infty}$型未定式，因为无穷大的倒数是无穷小，所以有以下两种计算方法.

方法一　分子、分母同除以$|x|$或$-x$，则
$$\lim_{x\to-\infty}\frac{\sqrt{1+x^2}}{x}=\lim_{x\to-\infty}\frac{\sqrt{1+\dfrac{1}{x^2}}}{-1}=-1.$$

方法二　令$-x=t$，当$x\to-\infty$时，$t\to+\infty$，则
$$\lim_{x\to-\infty}\frac{\sqrt{1+x^2}}{x}=\lim_{t\to+\infty}\frac{\sqrt{1+t^2}}{-t}=\lim_{t\to+\infty}\frac{\sqrt{\dfrac{1}{t^2}+1}}{-1}=-1.$$

(2) 此极限为$\dfrac{0}{0}$型未定式，分子、分母同时有理化，得
$$\lim_{x\to4}\frac{2-\sqrt{x}}{3-\sqrt{2x+1}}=\lim_{x\to4}\left[\frac{(2-\sqrt{x})(2+\sqrt{x})}{(3-\sqrt{2x+1})(3+\sqrt{2x+1})}\cdot\frac{3+\sqrt{2x+1}}{2+\sqrt{x}}\right]$$
$$=\lim_{x\to4}\left[\frac{4-x}{2(4-x)}\cdot\frac{3+\sqrt{2x+1}}{2+\sqrt{x}}\right]=\frac{3}{4}.$$

(3)
$$\lim_{x\to0}\frac{x^2\arcsin x\cdot\sin\dfrac{1}{x}}{\sin 2x}=\lim_{x\to0}\frac{x^2\cdot x\cdot\sin\dfrac{1}{x}}{2x}=\frac{1}{2}\lim_{x\to0}\left(x^2\cdot\sin\frac{1}{x}\right),$$
x^2是当$x\to0$时的无穷小，$\sin\dfrac{1}{x}$是有界函数，由无穷小与有界函数的乘积仍为无穷小知，上式$=0$.

(4) 此极限为1^∞型未定式，将其化为重要极限$\lim\limits_{u\to0}(1+u)^{\frac{1}{u}}$的形式，得
$$\lim_{x\to0^+}(\cos\sqrt{x})^{\frac{\pi}{x}}=\lim_{x\to0^+}\left[(1+\cos\sqrt{x}-1)^{\frac{1}{\cos\sqrt{x}-1}}\right]^{\frac{\cos\sqrt{x}-1}{x}\pi},$$

当 $x\to 0$ 时，$\cos\sqrt{x}-1\sim -\dfrac{x}{2}$，所以，$\lim\limits_{x\to 0^+}\dfrac{\cos\sqrt{x}-1}{x}\pi=\pi\lim\limits_{x\to 0^+}\dfrac{-\frac{x}{2}}{x}=-\dfrac{\pi}{2}$，故 $\lim\limits_{x\to 0^+}(\cos\sqrt{x})^{\frac{\pi}{x}}=e^{-\frac{\pi}{2}}$.

注：对于 1^∞ 型未定式，利用重要极限及复合函数的极限运算法则，将极限化为

$$\begin{aligned}\lim f(x)^{g(x)}&=\lim(\{1+[f(x)-1]\}^{\frac{1}{f(x)-1}})^{g(x)[f(x)-1]}\\&=e^{\lim\{g(x)[f(x)-1]\}},\end{aligned}$$

即 $\lim f(x)^{g(x)}=e^{\lim\{g(x)[f(x)-1]\}}$，故可用此公式计算，即

$$\lim_{x\to 0^+}(\cos\sqrt{x})^{\frac{\pi}{x}}=e^{\lim\limits_{x\to 0^+}\frac{\pi}{x}(\cos\sqrt{x}-1)}=e^{\lim\limits_{x\to 0^+}\frac{\pi\left(-\frac{1}{2}x\right)}{x}}=e^{-\frac{\pi}{2}}.$$

(5) 此极限为 1^∞ 型未定式.

方法一　将其化为重要极限 $\lim\limits_{u\to 0}(1+u)^{\frac{1}{u}}$ 的形式，得

$$\begin{aligned}\lim_{x\to 0}(\cos x)^{\frac{1}{\sin^2 x}}&=\lim_{x\to 0}(\cos^2 x)^{\frac{1}{2\sin^2 x}}\\&=\lim_{x\to 0}[(1-\sin^2 x)^{-\frac{1}{\sin^2 x}}]^{-\frac{1}{2}}=e^{-\frac{1}{2}}.\end{aligned}$$

方法二　$\lim\limits_{x\to 0}(\cos x)^{\frac{1}{\sin^2 x}}=e^{\lim\limits_{x\to 0}\frac{\cos x-1}{\sin^2 x}}$，而 $\lim\limits_{x\to 0}\dfrac{\cos x-1}{\sin^2 x}=\lim\limits_{x\to 0}\dfrac{-\frac{1}{2}x^2}{x^2}=-\dfrac{1}{2}$，故

$$\lim_{x\to 0}(\cos x)^{\frac{1}{\sin^2 x}}=e^{-\frac{1}{2}}.$$

(6) **方法一**　$\lim\limits_{n\to\infty}\left(1+\dfrac{1}{n}+\dfrac{1}{n^2}\right)^n=\lim\limits_{n\to\infty}\left[\left(1+\dfrac{n+1}{n^2}\right)^{\frac{n^2}{n+1}}\right]^{\frac{n+1}{n}}=e.$

方法二　$\lim\limits_{n\to\infty}\left(1+\dfrac{1}{n}+\dfrac{1}{n^2}\right)^n=e^{\lim\limits_{n\to\infty}\left[n\left(1+\frac{1}{n}+\frac{1}{n^2}-1\right)\right]}=e^{\lim\limits_{n\to\infty}\left(n\cdot\frac{n+1}{n^2}\right)}=e.$

18. 设函数 $f(x)=\sin x-2\sin 3x+\sin 5x$，$g(x)=Ax^n$，求 A 与 n 的值，使得当 $x\to 0$ 时，$f(x)\sim g(x)$.

解　利用和差化积公式：

$$\sin A-\sin B=2\cos\frac{A+B}{2}\sin\frac{A-B}{2},$$

$$\cos A-\cos B=-2\sin\frac{A+B}{2}\sin\frac{A-B}{2},$$

得

$$\begin{aligned}\lim_{x\to 0}\frac{\sin x-2\sin 3x+\sin 5x}{Ax^n}&=\lim_{x\to 0}\frac{(\sin x-\sin 3x)+(\sin 5x-\sin 3x)}{Ax^n}\\&=\lim_{x\to 0}\frac{2\cos 2x\sin(-x)+2\cos 4x\sin x}{Ax^n}\\&=\lim_{x\to 0}\frac{2\sin x(\cos 4x-\cos 2x)}{Ax^n}\\&=\lim_{x\to 0}\frac{2\sin x(-2\sin 3x\sin x)}{Ax^n}\\&=\lim_{x\to 0}\frac{-4x\cdot 3x\cdot x}{Ax^n}=1,\end{aligned}$$

所以 $n=3$，$A=-12$.

19. 确定 A 与 n 的值，使得当 $x\to 0$ 时，$f(x)=\ln(x+\sqrt{1+x^2})$ 与 $g(x)=Ax^n$ 是等价无穷小.

解　由题意，$\lim\limits_{x\to 0}\dfrac{\ln(x+\sqrt{1+x^2})}{Ax^n}=1$，即

$$\begin{aligned}\lim_{x\to 0}\frac{\ln(x+\sqrt{1+x^2})}{Ax^n}&=\lim_{x\to 0}\frac{\ln(1+x+\sqrt{1+x^2}-1)}{Ax^n}\\&=\lim_{x\to 0}\frac{x+\sqrt{1+x^2}-1}{Ax^n}\\&=\lim_{x\to 0}\frac{(x-1+\sqrt{1+x^2})(x-1-\sqrt{1+x^2})}{Ax^n(x-1-\sqrt{1+x^2})}\\&=\lim_{x\to 0}\frac{-2x}{Ax^n(x-1-\sqrt{1+x^2})}\\&=\lim_{x\to 0}\frac{-2}{Ax^{n-1}\cdot(-2)}=\lim_{x\to 0}\frac{1}{Ax^{n-1}}=1,\end{aligned}$$

所以 $A=1,n=1$.

20. 当 $x\to 0$ 时，确定下列无穷小对于 x 的阶数：

(1) x^3+100x^2；　　(2) $\dfrac{x(x+1)}{1+\sqrt{x}}$；

(3) $\sqrt{1+x^4}-\sqrt{1-x^4}$；　　(4) $\sqrt{1+\tan x}-\sqrt{1-\sin x}$.

解　(1) $\lim\limits_{x\to 0}\dfrac{x^3+100x^2}{x^2}=\lim\limits_{x\to 0}\dfrac{100x^2}{x^2}=100$，故 x^3+100x^2 为 x 的 2 阶无穷小.

(2) $\lim\limits_{x\to 0}\dfrac{\frac{x(x+1)}{1+\sqrt{x}}}{x}=\lim\limits_{x\to 0}\dfrac{x+1}{1+\sqrt{x}}=1$，故 $\dfrac{x(x+1)}{1+\sqrt{x}}$ 与 x 是等价无穷小.

(3)
$$\begin{aligned}\lim_{x\to 0}\frac{\sqrt{1+x^4}-\sqrt{1-x^4}}{x^4}&=\lim_{x\to 0}\frac{(\sqrt{1+x^4}-\sqrt{1-x^4})(\sqrt{1+x^4}+\sqrt{1-x^4})}{x^4(\sqrt{1+x^4}+\sqrt{1-x^4})}\\&=\lim_{x\to 0}\frac{2x^4}{x^4(\sqrt{1+x^4}+\sqrt{1-x^4})}=1,\end{aligned}$$

故 $\sqrt{1+x^4}-\sqrt{1-x^4}$ 为 x 的 4 阶无穷小.

(4)
$$\begin{aligned}&\lim_{x\to 0}\frac{\sqrt{1+\tan x}-\sqrt{1-\sin x}}{x}\\&=\lim_{x\to 0}\frac{(\sqrt{1+\tan x}-\sqrt{1-\sin x})(\sqrt{1+\tan x}+\sqrt{1-\sin x})}{x(\sqrt{1+\tan x}+\sqrt{1-\sin x})}\\&=\lim_{x\to 0}\frac{\tan x+\sin x}{x(\sqrt{1+\tan x}+\sqrt{1-\sin x})}=\frac{1}{2}\lim_{x\to 0}\frac{\tan x+\sin x}{x}\\&=\frac{1}{2}\lim_{x\to 0}\frac{\tan x}{x}+\frac{1}{2}\lim_{x\to 0}\frac{\sin x}{x}=1,\end{aligned}$$

故 $\sqrt{1+\tan x}-\sqrt{1-\sin x}$ 与 x 是等价无穷小.

21. 试证:当 $x\to 1$ 时,$1-x$ 与 $\alpha(1-\sqrt[m]{x})(\alpha\neq 0,m\in\mathbb{N})$ 是同阶无穷小.

证明 由题意,利用变量代换,令 $\sqrt[m]{x}=t,x=t^m$,当 $x\to 1$ 时,$t\to 1$,则

$$\lim_{x\to 1}\frac{\alpha(1-\sqrt[m]{x})}{1-x}=\lim_{t\to 1}\frac{\alpha(1-t)}{1-t^m}=\lim_{t\to 1}\frac{\alpha(1-t)}{(1-t)(1+t+t^2+\cdots+t^{m-1})}$$

$$=\lim_{t\to 1}\frac{\alpha}{1+t+t^2+\cdots+t^{m-1}}=\frac{\alpha}{m}\neq 0,$$

故当 $x\to 1$ 时,$1-x$ 与 $\alpha(1-\sqrt[m]{x})(\alpha\neq 0,m\in\mathbb{N})$ 是同阶无穷小.

22. 当 $n\to\infty$ 时,$\sin(2\pi\sqrt{n^2+1})$ 是 $\frac{\pi}{n}$ 的几阶无穷小?

解 $$\lim_{n\to\infty}\frac{\sin(2\pi\sqrt{n^2+1})}{\left(\frac{\pi}{n}\right)^k}=\lim_{n\to\infty}\frac{\sin(2\pi\sqrt{n^2+1}-2n\pi)}{\left(\frac{\pi}{n}\right)^k}=\lim_{n\to\infty}\frac{\sin[2\pi(\sqrt{n^2+1}-n)]}{\left(\frac{\pi}{n}\right)^k}$$

$$=\lim_{n\to\infty}\frac{\sin\left[2\pi\frac{(\sqrt{n^2+1}-n)(\sqrt{n^2+1}+n)}{\sqrt{n^2+1}+n}\right]}{\left(\frac{\pi}{n}\right)^k}$$

$$=\lim_{n\to\infty}\frac{\sin\left[2\pi\frac{1}{\sqrt{n^2+1}+n}\right]}{\left(\frac{\pi}{n}\right)^k}=\lim_{n\to\infty}\frac{2\pi\frac{1}{\sqrt{n^2+1}+n}}{\left(\frac{\pi}{n}\right)^k}$$

$$=\frac{2\pi}{\pi^k}\lim_{n\to\infty}\frac{n^k}{\sqrt{n^2+1}+n},$$

当 $k=1$ 时,上式 $=1$,故 $\sin(2\pi\sqrt{n^2+1})$ 与 $\frac{\pi}{n}$ 是等价无穷小.

23. 已知当 $x\to 0$ 时,$(1+ax^2)^{\frac{1}{3}}-1$ 与 $1-\cos x$ 是等价无穷小,求 a 的值.

解 当 $x\to 0$ 时,$\sqrt[3]{1+ax^2}-1\sim\frac{1}{3}ax^2$,$1-\cos x\sim\frac{1}{2}x^2$,因此

$$\lim_{x\to 0}\frac{(1+ax^2)^{\frac{1}{3}}-1}{1-\cos x}=\lim_{x\to 0}\frac{\frac{1}{3}ax^2}{\frac{1}{2}x^2}=\frac{2}{3}a=1,$$

可得 $a=\frac{3}{2}$.

24. 已知当 $x\to 0$ 时,$\frac{x^2}{\sqrt{a+x^2}}$ 与 $b-\cos x$ 是等价无穷小,求 a、b 的值.

解 由已知有 $\lim\limits_{x\to 0}(b-\cos x)=0$,即 $b=1$;

$$\lim_{x\to 0}\frac{\frac{x^2}{\sqrt{a+x^2}}}{1-\cos x}=\lim_{x\to 0}\frac{x^2}{\sqrt{a+x^2}\cdot\frac{1}{2}x^2}$$

$$=\lim_{x\to 0}\frac{1}{\sqrt{a+x^2}}\cdot\lim_{x\to 0}\frac{x^2}{\frac{1}{2}x^2}=\frac{2}{\sqrt{a}}=1,$$

可得 $a = 4$.

注:对于乘积因式$\dfrac{1}{\sqrt{a+x^2}}$,当 $x \to 0$ 时为非零因式,在求极限时常应用极限的乘积运算法则将其计算出来,以达到简化极限运算的目的.

25. 指出下列函数的间断点并判断其类型:

(1)$f(x) = x + \dfrac{1}{x}$;　　(2)$f(x) = \dfrac{\sin x}{|x|}$;

(3)$f(x) = \begin{cases} \dfrac{1}{x+7}, & -\infty < x < -7 \\ x, & -7 \leqslant x \leqslant 1 \\ (x-1)\sin\dfrac{1}{x-1}, & 1 < x < +\infty \end{cases}$.

解　(1) 间断点 $x = 0$,$\lim\limits_{x\to 0}\left(x + \dfrac{1}{x}\right) = \infty$,故 $x = 0$ 为第二类间断点.

(2) 间断点 $x = 0$,$\lim\limits_{x\to 0^+} f(x) = \lim\limits_{x\to 0^+}\dfrac{\sin x}{x} = 1$,$\lim\limits_{x\to 0^-} f(x) = \lim\limits_{x\to 0^-}\dfrac{\sin x}{-x} = -1$,故 $x = 0$ 为跳跃间断点.

(3) 对于 $x = -7$,$\lim\limits_{x\to -7^-} f(x) = \lim\limits_{x\to -7^-}\dfrac{1}{x+7} = -\infty$,故 $x = -7$ 为第二类间断点;对于 $x = 1$,$\lim\limits_{x\to 1^-} f(x) = \lim\limits_{x\to 1^-} x = 1$,$\lim\limits_{x\to 1^+} f(x) = \lim\limits_{x\to 1^+}\left[(x-1)\sin\dfrac{1}{x-1}\right] = 0$,故 $x = 1$ 为跳跃间断点.

26. 补充定义,使下列函数在$(-\infty, +\infty)$内连续:

(1)$f(x) = \dfrac{x^3-8}{x-2}$;　(2)$f(x) = \dfrac{1-\cos x}{x^2}$;　(3)$f(x) = x\cos\dfrac{1}{x}$.

解　(1) 由初等函数的连续性,$f(x) = \dfrac{x^3-8}{x-2}$ 在 $x = 2$ 处是不连续的,即间断点为 $x = 2$,且

$$\lim_{x\to 2}\frac{x^3-8}{x-2} = \lim_{x\to 2}\frac{(x-2)(x^2+2x+4)}{x-2} = \lim_{x\to 2}(x^2+2x+4) = 12,$$

故 $x = 2$ 为可去间断点,补充定义 $f(2) = 12$,即

$$g(x) = \begin{cases} \dfrac{x^3-8}{x-2}, & x \neq 2 \\ 12, & x = 2 \end{cases},$$

则$\lim\limits_{x\to 2} g(x) = g(2)$,即 $g(x)$ 在$(-\infty, +\infty)$内连续.

(2) 由初等函数的连续性,$f(x) = \dfrac{1-\cos x}{x^2}$ 在 $x = 0$ 处是不连续的,即间断点为 $x = 0$,且

$$\lim_{x\to 0}\frac{1-\cos x}{x^2} = \lim_{x\to 2}\frac{\frac{1}{2}x^2}{x^2} = \frac{1}{2},$$

故 $x = 0$ 为可去间断点,补充定义 $f(0) = \dfrac{1}{2}$,即

$$g(x)=\begin{cases}\dfrac{1-\cos x}{x^2}, & x\neq 0\\ \dfrac{1}{2}, & x=0\end{cases},$$

则 $\lim\limits_{x\to 0}g(x)=g(0)$,即 $g(x)$ 在 $(-\infty,+\infty)$ 内连续.

(3) 由初等函数的连续性,$f(x)=x\cos\dfrac{1}{x}$ 在 $x=0$ 处是不连续的,即间断点为 $x=0$,由无穷小与有界函数的乘积仍为无穷小,有 $\lim\limits_{x\to 0}\left(x\cos\dfrac{1}{x}\right)=0$,故 $x=0$ 为可去间断点,补充定义 $f(0)=0$,即

$$g(x)=\begin{cases}x\cos\dfrac{1}{x}, & x\neq 0\\ 0, & x=0\end{cases},$$

则 $\lim\limits_{x\to 0}g(x)=g(0)$,即 $g(x)$ 在 $(-\infty,+\infty)$ 内连续.

27. 设函数 $f(x)=\begin{cases}a+x^2, & x<0\\ 1, & x=0\\ \ln(b+x+x^2), & x>0\end{cases}$,已知 $f(x)$ 在 $x=0$ 处连续,求 a、b 的值.

解 $\lim\limits_{x\to 0^-}f(x)=\lim\limits_{x\to 0^-}(a+x^2)=a$,$\lim\limits_{x\to 0^+}f(x)=\lim\limits_{x\to 0^+}\ln(b+x+x^2)=\ln b$,$f(0)=1$,由连续性知,$a=\ln b=1$,则 $a=1$,$b=\mathrm{e}$.

28. 求下列极限:

(1) $\lim\limits_{x\to 0}\dfrac{\mathrm{e}^x\cos x+5}{1+x^2+\ln(1-x)}$;　　(2) $\lim\limits_{x\to+\infty}\left(\sqrt{x+\sqrt{x+\sqrt{x}}}-\sqrt{x}\right)$;

(3) $\lim\limits_{x\to+\infty}\dfrac{\sqrt{x+\sqrt{x+\sqrt{x}}}}{\sqrt{x+1}}$.

解 (1) $\lim\limits_{x\to 0}\dfrac{\mathrm{e}^x\cos x+5}{1+x^2+\ln(1-x)}=\dfrac{1+5}{1}=6$.

(2) $\lim\limits_{x\to+\infty}\left(\sqrt{x+\sqrt{x+\sqrt{x}}}-\sqrt{x}\right)$

$$=\lim_{x\to+\infty}\frac{\left(\sqrt{x+\sqrt{x+\sqrt{x}}}-\sqrt{x}\right)\left(\sqrt{x+\sqrt{x+\sqrt{x}}}+\sqrt{x}\right)}{\sqrt{x+\sqrt{x+\sqrt{x}}}+\sqrt{x}}$$

$$=\lim_{x\to+\infty}\frac{\sqrt{x+\sqrt{x}}}{\sqrt{x+\sqrt{x+\sqrt{x}}}+\sqrt{x}}=\lim_{x\to+\infty}\frac{\sqrt{1+\dfrac{1}{\sqrt{x}}}}{\sqrt{1+\sqrt{\dfrac{1}{x}+\dfrac{\sqrt{x}}{x^2}}}+1}=\frac{1}{2}.$$

(3) $\lim\limits_{x\to+\infty}\dfrac{\sqrt{x+\sqrt{x+\sqrt{x}}}}{\sqrt{x+1}}=\lim\limits_{x\to+\infty}\dfrac{\sqrt{1+\sqrt{\dfrac{1}{x}+\dfrac{\sqrt{x}}{x^2}}}}{\sqrt{1+\dfrac{1}{x}}}=1$.

29. 证明：曲线 $y=x^4-3x^2+7x-10$ 在 $x=1$ 与 $x=2$ 之间至少与 x 轴有一个交点.

证明　函数 $y=x^4-3x^2+7x-10$ 在 $[1,2]$ 上连续，又 $y(1)=-5<0, y(2)=8>0$，由零点定理，至少存在一点 $\xi\in(1,2)$，使得 $f(\xi)=0$，即曲线在 $x=1$ 与 $x=2$ 之间至少与 x 轴有一个交点.

30. 设函数 $f(x)$ 在 $[0,1]$ 上连续，且满足 $0<f(x)<1(0\leqslant x\leqslant 1)$，证明：存在一点 $\xi\in(0,1)$，使得 $f(\xi)=\xi$.

证明　设辅助函数 $F(x)=f(x)-x$，则 $F(x)$ 在 $[0,1]$ 上连续，且

$$F(0)=f(0)-0>0,\quad F(1)=f(1)-1<0,$$

由零点定理，至少存在一点 $\xi\in(0,1)$，使得 $F(\xi)=0$，即 $f(\xi)=\xi$.

31. 设函数 $f(x)$ 和 $g(x)$ 在 $[a,b]$ 上连续，且 $f(a)<g(a), f(b)>g(b)$，试证：在 (a,b) 内必有一点 ξ，使得 $f(\xi)=g(\xi)$.

证明　设辅助函数 $F(x)=f(x)-g(x)$，则 $F(x)$ 在 $[a,b]$ 上连续，且

$$F(a)=f(a)-g(a)<0,\quad F(b)=f(b)-g(b)>0,$$

由零点定理，至少存在一点 $\xi\in(a,b)$，使得 $F(\xi)=0$，即 $f(\xi)=g(\xi)$.

32. 证明：若函数 $f(x)$ 在 (a,b) 内连续，且 $x_1,x_2,\cdots,x_n$ 为此区间内的任意点，则在 (a,b) 内必存在点 ξ，使得 $f(\xi)=\dfrac{1}{n}[f(x_1)+f(x_2)+\cdots+f(x_n)]$.

证明　因为 $f(x)$ 在区间 (a,b) 内连续，则 $f(x)$ 在包含 $x_1,x_2,\cdots,x_n$ 的闭区间上连续，由最值定理，存在最大值 M 和最小值 m，使得 $m\leqslant f(x_i)\leqslant M, i=1,2,\cdots,n$，则有

$$nm\leqslant f(x_1)+f(x_2)+\cdots+f(x_n)\leqslant nM,$$

即 $m\leqslant\dfrac{f(x_1)+f(x_2)+\cdots+f(x_n)}{n}\leqslant M$，由介值定理，至少存在一点 $\xi\in(a,b)$，使得

$$f(\xi)=\frac{1}{n}[f(x_1)+f(x_2)+\cdots+f(x_n)].$$

33. 设函数 $f(x)$ 在 $[a,b]$ 上连续，且 $a<c<d<b$，证明：在 $[a,b]$ 上必存在点 ξ，使得

$$mf(c)+nf(d)=(m+n)f(\xi),$$

其中 m、n 为自然数.

证明　因为 $f(x)$ 在 $[a,b]$ 上连续，由最值定理，存在最大值 M 和最小值 m_1，使得 $m_1\leqslant f(x)\leqslant M$，则有

$$m_1\leqslant f(c)\leqslant M,\quad m_1\leqslant f(d)\leqslant M,$$

有

$$mm_1\leqslant mf(c)\leqslant mM,\quad nm_1\leqslant nf(d)\leqslant nM,$$

其中 m、n 为自然数. 于是

$$(m+n)m_1\leqslant mf(c)+nf(d)\leqslant(m+n)M,$$

即

$$m_1\leqslant\frac{mf(c)+nf(d)}{m+n}\leqslant M.$$

由介值定理，至少存在一点 $\xi\in(a,b)$，使得

$$f(\xi)=\frac{mf(c)+nf(d)}{m+n},$$

即

$$mf(c)+nf(d)=(m+n)f(\xi).$$

34. 确定 a、b 的值或范围,使函数 $f(x)=\begin{cases} x^a\sin\dfrac{1}{x}, & x>0 \\ e^x+b, & x\leqslant 0 \end{cases}$ 在 $x=0$ 处连续.

解 $f(x)$ 在 $x=0$ 处连续的充分必要条件是

$$\lim_{x\to 0^+}f(x)=\lim_{x\to 0^-}f(x)=f(0),$$

$$\lim_{x\to 0^-}f(x)=\lim_{x\to 0^-}(e^x+b)=1+b=f(0).$$

当 $a\leqslant 0$ 时,$\lim\limits_{x\to 0^+}f(x)$ 不存在,当 $a>0$ 时,$\lim\limits_{x\to 0^+}f(x)=\lim\limits_{x\to 0^+}\left(x^a\sin\dfrac{1}{x}\right)=0$,故

$$\lim_{x\to 0^+}f(x)=0=\lim_{x\to 0^-}f(x)=1+b=f(0),$$

所以 $a>0,b=-1$.

35. 设函数 $f(x)=\begin{cases} e^{\frac{1}{x-1}}, & x>0 \\ \ln(x+1), & -1<x<0 \end{cases}$,求 $f(x)$ 的间断点,并判断间断点的类型.

解 $x=1$ 为无定义的点,故为间断点;$x=0$ 为分段函数 $f(x)$ 的分段点,不一定为间断点,需用间断点的定义来判断.因为

$$\lim_{x\to 1^-}f(x)=\lim_{x\to 1^-}e^{\frac{1}{x-1}}=0,$$

$$\lim_{x\to 1^+}f(x)=\lim_{x\to 1^+}e^{\frac{1}{x-1}}=+\infty,$$

$$\lim_{x\to 0^-}f(x)=\lim_{x\to 0^-}\ln(x+1)=0,$$

$$\lim_{x\to 0^+}f(x)=\lim_{x\to 0^+}e^{\frac{1}{x-1}}=\frac{1}{e},$$

所以 $x=1$ 为第二类间断点,$x=0$ 为跳跃间断点.

36. 求函数 $f(x)=\dfrac{1}{1-e^{\frac{x}{1-x}}}$ 的间断点,并判断其类型.

解 因为 $x=1$ 时 $\dfrac{x}{1-x}$ 无定义,所以 $x=1$ 是 $f(x)$ 的间断点,并且

$$\lim_{x\to 1^-}f(x)=\lim_{x\to 1^-}\frac{1}{1-e^{\frac{x}{1-x}}}=0,$$

$$\lim_{x\to 1^+}f(x)=\lim_{x\to 1^+}\frac{1}{1-e^{\frac{x}{1-x}}}=1,$$

所以 $x=1$ 为跳跃间断点.

又因为当 $x=0$ 时 $\dfrac{1}{1-e^{\frac{x}{1-x}}}$ 无定义,所以 $x=0$ 也是 $f(x)$ 的间断点,并且

$$\lim_{x\to 0}f(x)=\lim_{x\to 0}\frac{1}{1-e^{\frac{x}{1-x}}}=\infty,$$

所以 $x=0$ 为第二类间断点.

37. 设函数 $f(x)$ 在区间 $[0,2]$ 上连续,且 $f(0)=f(2)$.证明:在区间 $[0,1]$ 上至少存在一点 ξ,使得 $f(\xi)=f(\xi+1)$.

分析 欲证明 $f(\xi)=f(\xi+1)$,只要证明 $f(\xi)-f(\xi+1)=0$.即 ξ 是方程 $f(x)-$

$f(x+1)=0$ 的根，也是函数 $F(x)=f(x)-f(x+1)$ 的零点.

证明　设辅助函数 $F(x)=f(x)-f(x+1)$，显然，$F(x)$ 在 $[0,1]$ 上连续，且

$$F(0)=f(0)-f(1),$$
$$F(1)=f(1)-f(2)=-[f(0)-f(1)]=-F(0).$$

当 $F(0)\neq 0$ 时，$F(0)$ 与 $F(1)$ 的符号相反，由零点定理知，至少存在一点 $\xi\in(0,1)$，使得 $F(\xi)=f(\xi)-f(\xi+1)=0$，即 $f(\xi)=f(\xi+1)$；

当 $F(0)=F(1)=0$，即 $f(0)=f(1)$ 或 $f(1)=f(2)$ 时，取 $\xi=0$ 或 $\xi=1$，有 $f(\xi)=f(\xi+1)$.

38. 证明：方程 $\ln x=x-\mathrm{e}$ 在区间 $(1,\mathrm{e}^2)$ 内必有实根.

证明　设 $f(x)=\ln x-x+\mathrm{e}$，则 $f(x)$ 在 $[1,\mathrm{e}^2]$ 上连续，且

$$f(1)=-1+\mathrm{e}>0,\quad f(\mathrm{e}^2)=2-\mathrm{e}^2+\mathrm{e}<0,$$

由零点定理知，至少存在一点 $\xi\in(1,\mathrm{e}^2)$，使得 $f(\xi)=0$，即方程 $\ln x=x-\mathrm{e}$ 在 $(1,\mathrm{e}^2)$ 内必有实根.

39. 证明：方程 $x=a\sin x+b(a>0,b>0)$ 至少有一个不超过 $a+b$ 的正实根.

证明　设 $f(x)=x-a\sin x-b$，则 $f(x)$ 在 $[0,a+b]$ 上连续，且

$$f(0)=-b<0,\quad f(a+b)=(a+b)-a\sin(a+b)-b=a-a\sin(a+b)\geqslant 0,$$

由零点定理知，至少存在一点 $\xi\in(0,a+b]$，使得 $f(\xi)=0$，即方程 $x=a\sin x+b$ 至少有一个不超过 $a+b$ 的正实根.

综　合　题

1. 求极限 $\lim\limits_{x\to 0}\left(\dfrac{2}{\pi}\arctan\dfrac{1}{x}-2[x]\right)$，其中 $[x]$ 表示 x 的取整函数.

解　因为当 $x\to 0^+$ 时，$\dfrac{1}{x}\to+\infty$，$\arctan\dfrac{1}{x}\to\dfrac{\pi}{2}$；而当 $x\to 0^-$ 时，$\dfrac{1}{x}\to-\infty$，$\arctan\dfrac{1}{x}\to-\dfrac{\pi}{2}$. 同时当 $x\to 0^+$ 时，$[x]=0$；当 $x\to 0^-$ 时，$[x]=-1$. 故此题的左、右极限需分开考虑.

左极限：$\lim\limits_{x\to 0^-}\left(\dfrac{2}{\pi}\arctan\dfrac{1}{x}-2[x]\right)=\dfrac{2}{\pi}\cdot\left(-\dfrac{\pi}{2}\right)+2=1$；

右极限：$\lim\limits_{x\to 0^+}\left(\dfrac{2}{\pi}\arctan\dfrac{1}{x}-2[x]\right)=\dfrac{2}{\pi}\cdot\dfrac{\pi}{2}+0=1$，

即左、右极限存在且相等，由极限存在的充分必要条件知，极限存在，且

$$\lim_{x\to 0}\left(\frac{2}{\pi}\arctan\frac{1}{x}-2[x]\right)=1.$$

2. 求极限 $\lim\limits_{x\to 0}\left(\dfrac{\mathrm{e}^{\frac{1}{x}}+1}{\mathrm{e}^{\frac{1}{x}}-1}\arctan\dfrac{1}{x}\right)$.

解　当 $x\to 0^+$ 时，$\dfrac{1}{x}\to+\infty$，$\arctan\dfrac{1}{x}\to\dfrac{\pi}{2}$；而当 $x\to 0^-$ 时，$\dfrac{1}{x}\to-\infty$，$\arctan\dfrac{1}{x}\to-\dfrac{\pi}{2}$. 同时当 $x\to 0^+$ 时，$\dfrac{1}{x}\to+\infty$，$\mathrm{e}^{\frac{1}{x}}\to+\infty$；当 $x\to 0^-$ 时，$\dfrac{1}{x}\to-\infty$，$\mathrm{e}^{\frac{1}{x}}\to 0$. 故此题的左、右极限

需分开考虑,

左极限:$\lim\limits_{x\to0^-}\left(\dfrac{e^{\frac{1}{x}}+1}{e^{\frac{1}{x}}-1}\arctan\dfrac{1}{x}\right)=\dfrac{0+1}{0-1}\cdot\left(-\dfrac{\pi}{2}\right)=\dfrac{\pi}{2}$;

右极限:$\lim\limits_{x\to0^+}\left(\dfrac{e^{\frac{1}{x}}+1}{e^{\frac{1}{x}}-1}\arctan\dfrac{1}{x}\right)=\lim\limits_{x\to0^+}\left(\dfrac{e^{\frac{1}{x}}+1}{e^{\frac{1}{x}}-1}\cdot\dfrac{\pi}{2}\right)=\lim\limits_{x\to0^+}\left(\dfrac{1+e^{-\frac{1}{x}}}{1-e^{-\frac{1}{x}}}\cdot\dfrac{\pi}{2}\right)=\dfrac{\pi}{2}$,

即左、右极限存在且相等,由极限存在的充分必要条件知,极限存在,且

$$\lim_{x\to0}\left(\frac{e^{\frac{1}{x}}+1}{e^{\frac{1}{x}}-1}\arctan\frac{1}{x}\right)=\frac{\pi}{2}.$$

注:一般出现$\lim\limits_{x\to0}e^{\frac{1}{x}}$、$\lim\limits_{x\to0}\arctan\dfrac{1}{x}$与$\lim\limits_{x\to0}[x]$等时,需要分别考虑左、右极限.

3. 求$\lim\limits_{x\to0}\dfrac{1-\cos x\cdot\sqrt{\cos 2x}\cdot\sqrt[3]{\cos 3x}}{x^2}$.

解 此极限为$\dfrac{0}{0}$型未定式,若要利用等价无穷小代换,需将分子分解为因式乘积的形式,这很难做到.故可考虑利用"添项法"将其分解为几项的和,即

$$\begin{aligned}&\lim_{x\to0}\frac{1-\cos x\cdot\sqrt{\cos 2x}\cdot\sqrt[3]{\cos 3x}}{x^2}\\&=\lim_{x\to0}\left\{\frac{1}{x^2}\left[(1-\cos x)+\cos x(1-\sqrt{\cos 2x})+\cos x\cdot\sqrt{\cos 2x}(1-\sqrt[3]{\cos 3x})\right]\right\}\\&=\lim_{x\to0}\left[\frac{1}{x^2}(1-\cos x)\right]+\lim_{x\to0}\left[\cos x\cdot\frac{1}{x^2}(1-\sqrt{\cos 2x})\right]\\&\quad+\lim_{x\to0}\left[\cos x\cdot\sqrt{\cos 2x}\cdot\frac{1}{x^2}(1-\sqrt[3]{\cos 3x})\right]\\&=\frac{1}{2}+\lim_{x\to0}\left[\frac{1}{x^2}(1-\sqrt{\cos 2x})\right]+\lim_{x\to0}\left[\frac{1}{x^2}(1-\sqrt[3]{\cos 3x})\right]\\&=\frac{1}{2}+\lim_{x\to0}\frac{1-\cos 2x}{x^2(1+\sqrt{\cos 2x})}+\lim_{x\to0}\frac{1-\cos 3x}{x^2\left[1+\sqrt[3]{\cos 3x}+(\sqrt[3]{\cos 3x})^2\right]}\\&=\frac{1}{2}+1+\frac{3}{2}=3.\end{aligned}$$

4. 设$\lim\limits_{x\to0}f(x)$存在,且$\lim\limits_{x\to0}\dfrac{\sqrt{1+f(x)\sin 2x}-1}{e^{3x}-1}=2$,求$\lim\limits_{x\to0}f(x)$.

解 $\lim\limits_{x\to0}\dfrac{\sqrt{1+f(x)\sin 2x}-1}{e^{3x}-1}=\lim\limits_{x\to0}\dfrac{\frac{1}{2}f(x)\cdot\sin 2x}{3x}=\dfrac{1}{3}\lim\limits_{x\to0}f(x)=2$,所以$\lim\limits_{x\to0}f(x)=6$.

5. 设$\lim\limits_{x\to0}\dfrac{\ln\left[1+\dfrac{f(x)}{\sin x}\right]}{a^x-1}=A(a>0,a\neq1)$,求$\lim\limits_{x\to0}\dfrac{f(x)}{x^2}$.

解 因为$\lim\limits_{x\to0}\dfrac{\ln\left[1+\dfrac{f(x)}{\sin x}\right]}{a^x-1}=A(a>0,a\neq1)$,且分母的极限$\lim\limits_{x\to0}(a^x-1)=0$,所以此极限必为$\dfrac{0}{0}$型未定式,则必有分子极限$\lim\limits_{x\to0}\ln\left[1+\dfrac{f(x)}{\sin x}\right]=0$,由等价无穷小知

$$\ln\left[1+\frac{f(x)}{\sin x}\right]\sim\frac{f(x)}{\sin x},\quad a^x-1\sim x\ln a,$$

所以 $A=\lim\limits_{x\to 0}\dfrac{\ln\left[1+\dfrac{f(x)}{\sin x}\right]}{a^x-1}=\lim\limits_{x\to 0}\dfrac{\dfrac{f(x)}{\sin x}}{x\ln a}=\lim\limits_{x\to 0}\left[\dfrac{1}{\ln a}\cdot\dfrac{f(x)}{x^2}\right]$,故

$$\lim_{x\to 0}\frac{f(x)}{x^2}=A\ln a.$$

6. 极限 $\lim\limits_{x\to\infty}\dfrac{e^{\sin\frac{1}{x}}-1}{\left(1+\dfrac{1}{x}\right)^{\alpha}-\left(1+\dfrac{1}{x}\right)}=A\neq 0$ 的充分必要条件是(　　).

(A)$\alpha>1$　　(B)$\alpha\neq 1$　　(C)$\alpha>0$　　(D) 与 α 无关

解　令 $\dfrac{1}{x}=t$,则

$$\lim_{t\to 0}\frac{e^{\sin t}-1}{(1+t)^{\alpha}-(1+t)}=\lim_{t\to 0}\frac{\sin t}{(1+t)[(1+t)^{\alpha-1}-1]}$$

$$=\lim_{t\to 0}\frac{t}{(\alpha-1)t}=\frac{1}{\alpha-1}=A\neq 0,$$

得 $\alpha\neq 1$. 故选(B).

7. 求极限 $\lim\limits_{x\to 0}\left(\dfrac{a^x+b^x+c^x}{3}\right)^{\frac{1}{x}}$(其中 a、b、c 为正常数).

解　当 $x\to 0$ 时,$\lim\limits_{x\to 0}\dfrac{a^x+b^x+c^x}{3}=1$,此极限为 1^{∞} 型未定式.

方法一　将其化为重要极限 $\lim\limits_{u\to 0}(1+u)^{\frac{1}{u}}$ 的形式,即

$$\lim_{x\to 0}\left(\frac{a^x+b^x+c^x}{3}\right)^{\frac{1}{x}}=\lim_{x\to 0}\left(1+\frac{a^x+b^x+c^x-3}{3}\right)^{\frac{1}{x}}$$

$$=\lim_{x\to 0}\left[\left(1+\frac{a^x+b^x+c^x-3}{3}\right)^{\frac{3}{a^x+b^x+c^x-3}}\right]^{\frac{a^x+b^x+c^x-3}{3x}}$$

$$=e^{\lim\limits_{x\to 0}\frac{a^x+b^x+c^x-3}{3x}}=e^{\lim\limits_{x\to 0}\left[\frac{1}{3}\left(\frac{a^x-1}{x}+\frac{b^x-1}{x}+\frac{c^x-1}{x}\right)\right]}$$

$$=e^{\frac{1}{3}(\ln a+\ln b+\ln c)}=e^{\frac{1}{3}\ln abc}=(abc)^{\frac{1}{3}}.$$

方法二　利用重要极限及复合函数的极限运算法则,将极限化为 $\lim f(x)^{g(x)}=e^{\lim\{g(x)[f(x)-1]\}}$ 的形式,即

$$\lim_{x\to 0}\left(\frac{a^x+b^x+c^x}{3}\right)^{\frac{1}{x}}=e^{\lim\limits_{x\to 0}\frac{a^x+b^x+c^x-3}{3x}}=e^{\lim\limits_{x\to 0}\left[\frac{1}{3}\left(\frac{a^x-1}{x}+\frac{b^x-1}{x}+\frac{c^x-1}{x}\right)\right]}$$

$$=e^{\frac{1}{3}(\ln a+\ln b+\ln c)}=e^{\frac{1}{3}\ln abc}=(abc)^{\frac{1}{3}}.$$

8. 设函数 $f(x)$ 在 $[a,b]$ 上连续,$x_1,x_2,\cdots,x_n,\cdots$ 是 $[a,b]$ 上的一个点列,求 $\lim\limits_{n\to\infty}\sqrt[n]{\dfrac{1}{n}\sum\limits_{k=1}^{n}e^{f(x_k)}}$.

解　因为函数 $f(x)$ 在 $[a,b]$ 上连续,所以存在最小值 m 和最大值 M,使得 $m\leqslant f(x)\leqslant M$,有

$$e^m\leqslant e^{f(x)}\leqslant e^M,$$

$$0 < e^m \leqslant \frac{1}{n}\sum_{k=1}^{n} e^{f(x_k)} \leqslant e^M,$$

则
$$\sqrt[n]{e^m} \leqslant \sqrt[n]{\frac{1}{n}\sum_{k=1}^{n} e^{f(x_k)}} \leqslant \sqrt[n]{e^M},$$

又$\lim\limits_{n\to\infty}\sqrt[n]{e^m} = \lim\limits_{n\to\infty}\sqrt[n]{e^M} = 1$,由夹逼准则,$\lim\limits_{n\to\infty}\sqrt[n]{\frac{1}{n}\sum\limits_{k=1}^{n} e^{f(x_k)}} = 1$.

9. 设数列$\{a_n\}$单调减少,数列$\{b_n\}$单调增加,且$\lim\limits_{n\to\infty}(a_n - b_n) = 0$,则(　　).

(A) $\{a_n\}$收敛,$\{b_n\}$不收敛

(B) $\{a_n\}$不收敛,$\{b_n\}$收敛

(C) $\{a_n\}$、$\{b_n\}$均收敛,但$\lim\limits_{n\to\infty} a_n \neq \lim\limits_{n\to\infty} b_n$

(D) $\{a_n\}$、$\{b_n\}$均收敛,且$\lim\limits_{n\to\infty} a_n = \lim\limits_{n\to\infty} b_n$

解　由$\lim\limits_{n\to\infty}(a_n - b_n) = 0$知,数列$\{a_n - b_n\}$有界,即存在$M > 0$,使得

$$|a_n - b_n| \leqslant M \quad \Rightarrow \quad -M \leqslant a_n - b_n \leqslant M.$$

因为数列$\{a_n\}$单调减少,数列$\{b_n\}$单调增加,则有

$$a_n \geqslant b_n - M \geqslant b_1 - M \quad 与 \quad b_n \leqslant a_n + M \leqslant a_1 + M,$$

即$\{a_n\}$有下界,$\{b_n\}$有上界,所以$\{a_n\}$、$\{b_n\}$均收敛,且$\lim\limits_{n\to\infty} a_n = \lim\limits_{n\to\infty} b_n$. 故选(D).

10. 设数列$\{a_n\}$满足$\lim\limits_{n\to\infty}\frac{a_{n+1}}{a_n} = 1$,则(　　).

(A) $\{a_n\}$有界　　(B) $\{a_n\}$不存在极限

(C) $\{a_n\}$自某项起同号　　(D) $\{a_n\}$自某项起单调

解　因为$\lim\limits_{n\to\infty}\frac{a_{n+1}}{a_n} = 1 > 0$,由极限的保号性,存在$N$,当$n > N$时,有$\frac{a_{n+1}}{a_n} > 0$,即$\{a_n\}$自某项起同号. 故选(C).

其他选项的反例如下:

取$a_n = n$,满足$\lim\limits_{n\to\infty}\frac{a_{n+1}}{a_n} = 1$,但$\{a_n\}$无界;

取$a_n = 1$,满足$\lim\limits_{n\to\infty}\frac{a_{n+1}}{a_n} = 1$,但$\{a_n\}$极限存在;

取$a_n = n - (-1)^n$,满足$\lim\limits_{n\to\infty}\frac{a_{n+1}}{a_n} = 1$,但$\{a_n\}$不单调.

11. 设数列$\{x_n\}$满足$x_n > 0$,且$\lim\limits_{n\to\infty}\frac{x_{n+1}}{x_n} = \frac{1}{2}$,则(　　).

(A) $\lim\limits_{n\to\infty} x_n = 0$　　(B) $\lim\limits_{n\to\infty} x_n$存在,但不为零

(C) $\lim\limits_{n\to\infty} x_n$不存在　　(D) $\lim\limits_{n\to\infty} x_n$可能存在,也可能不存在

解　由极限的保号性,因为$x_n > 0$,且$\lim\limits_{n\to\infty}\frac{x_{n+1}}{x_n} = \frac{1}{2}$,则有

$$0 < \frac{x_{n+1}}{x_n} = \frac{1}{2} < 1 \quad \rightarrow \quad 0 < x_{n+1} < x_n,$$

即$\{x_n\}$单调减少,又有$x_n > 0$,即$\{x_n\}$有下界,由单调有界准则,$\lim\limits_{n\to\infty} x_n$存在. 设$\lim\limits_{n\to\infty} x_n = a$,若

$a \neq 0$，则由$\lim\limits_{n\to\infty}\dfrac{x_{n+1}}{x_n}=\dfrac{1}{2}\Rightarrow\dfrac{a}{a}=\dfrac{1}{2}$，矛盾，所以 $a=0$，即$\lim\limits_{n\to\infty}x_n=0$. 故选(A).

12. 设数列$\{x_n\}$收敛，则(　　).

(A) 当$\lim\limits_{n\to\infty}\sin x_n=0$ 时，$\lim\limits_{n\to\infty}x_n=0$

(B) 当$\lim\limits_{n\to\infty}(x_n+\sqrt{|x_n|})=0$ 时，$\lim\limits_{n\to\infty}x_n=0$

(C) 当$\lim\limits_{n\to\infty}(x_n+x_n^2)=0$ 时，$\lim\limits_{n\to\infty}x_n=0$

(D) 当$\lim\limits_{n\to\infty}(x_n+\sin x_n)=0$ 时，$\lim\limits_{n\to\infty}x_n=0$

解　因为数列$\{x_n\}$收敛，设$\lim\limits_{n\to\infty}x_n=a$，由复合函数的极限运算法则，$\lim\limits_{n\to\infty}\sin x_n=\sin a=0\Rightarrow a=k\pi$，排除(A)；

$\lim\limits_{n\to\infty}(x_n+\sqrt{|x_n|})=0\Rightarrow a+|a|=0\Rightarrow a=0$ 或 $a=-1$，排除(B)；

$\lim\limits_{n\to\infty}(x_n+x_n^2)=0\Rightarrow a+a^2=0\Rightarrow a=0$ 或 $a=-1$，排除(C)；

$\lim\limits_{n\to\infty}(x_n+\sin x_n)=0\Rightarrow a+\sin a=0\Rightarrow a=0$，故选(D).

13. 已知数列$\{a_n\}$单调，下列结论中正确的是(　　).

(A) $\lim\limits_{n\to\infty}(e^{a_n}-1)$存在　　(B) $\lim\limits_{n\to\infty}\dfrac{1}{1+a_n^2}$ 存在

(C) $\lim\limits_{n\to\infty}\sin a_n$ 存在　　(D) $\lim\limits_{n\to\infty}\dfrac{1}{1-a_n^2}$ 存在

解　已知$\{a_n\}$单调，则$\left\{\dfrac{1}{1+a_n^2}\right\}$单调，且$0<\dfrac{1}{1+a_n^2}<1$，$\left\{\dfrac{1}{1+a_n^2}\right\}$有界，所以$\lim\limits_{n\to\infty}\dfrac{1}{1+a_n^2}$存在. 故选(B).

其他选项的反例如下：

取 $a_n=n$，$\lim\limits_{n\to\infty}(e^{a_n}-1)$与$\lim\limits_{n\to\infty}\sin a_n$ 不存在；

取 $a_n=1-\dfrac{1}{n+1}$，$\lim\limits_{n\to\infty}\dfrac{1}{1-a_n^2}$ 不存在.

14. 若$\lim\limits_{x\to+\infty}\left[\sqrt{3x^2+4x+7}-(ax+b)\right]=0$，则 $a=$ ________，$b=$ ________.

解　已知极限是存在的，当 $x\to+\infty$ 时，第一项 $\sqrt{3x^2+4x+7}\to+\infty$，故此极限必为$(+\infty)-(+\infty)$ 型未定式，所以 $a>0$，分子有理化，得

$$\text{原式}=\lim_{x\to+\infty}\frac{3x^2+4x+7-a^2x^2-b^2-2abx}{\sqrt{3x^2+4x+7}+(ax+b)}=0,$$

整理得

$$\lim_{x\to+\infty}\frac{(3-a^2)x^2+(4-2ab)x+7-b^2}{\sqrt{3x^2+4x+7}+(ax+b)}=0,$$

则 $a=\sqrt{3}$($-\sqrt{3}$ 舍去)，代入上式，得

$$\lim_{x\to+\infty}\frac{(4-2\sqrt{3}b)x+7-b^2}{\sqrt{3x^2+4x+7}+(\sqrt{3}x+b)}=0,$$

分子、分母同时除以 x，得

$$\lim_{x\to+\infty}\frac{(4-2\sqrt{3}b)+\dfrac{7}{x}-\dfrac{b^2}{x}}{\sqrt{3+\dfrac{4}{x}+\dfrac{7}{x^2}}+\left(\sqrt{3}+\dfrac{b}{x}\right)}=0,$$

有 $4-2\sqrt{3}b=0$,故 $b=\dfrac{2\sqrt{3}}{3}$.

15. 求极限 $\lim\limits_{x\to0}\left(\dfrac{e^x+e^{2x}+\cdots+e^{nx}}{n}\right)^{\frac{e}{x}}$.

解 $$\lim_{x\to0}\left(\frac{e^x+e^{2x}+\cdots+e^{nx}}{n}\right)^{\frac{e}{x}}=e^{\lim\limits_{x\to0}\left[\frac{e}{x}\left(\frac{e^x+e^{2x}+\cdots+e^{nx}}{n}-1\right)\right]}$$

$$=e^{\lim\limits_{x\to0}\left(\frac{e}{x}\cdot\frac{e^x+e^{2x}+\cdots+e^{nx}-n}{n}\right)}=e^{\lim\limits_{x\to0}\left(\frac{e}{n}\cdot\frac{e^x+e^{2x}+\cdots+e^{nx}-n}{x}\right)}$$

$$=e^{\lim\limits_{x\to0}\left[\frac{e}{n}\left(\frac{e^x-1}{x}+\frac{e^{2x}-1}{x}+\cdots+\frac{e^{nx}-1}{x}\right)\right]}=e^{\frac{e}{n}(1+2+\cdots+n)}$$

$$=e^{\frac{e}{n}\cdot\frac{n(n+1)}{2}}=e^{\frac{e(n+1)}{2}}.$$

16. 设函数 $f(x)=\begin{cases}x\sin\dfrac{1}{x}, & -\infty<x<0\\ \sin\dfrac{1}{x}, & 0<x<+\infty\end{cases}$,求 $f(x)$ 当 $x\to0$ 时的左极限,并说明 $f(x)$ 当 $x\to0$ 时的右极限是否存在.

解 由无穷小与有界函数的乘积仍为无穷小,得左极限 $\lim\limits_{x\to0^-}\left(x\sin\dfrac{1}{x}\right)=0$.

当 $x\to0^+$ 时,由于当 $n\to\infty$ 时,

$$x_n=\frac{1}{2n\pi+\dfrac{\pi}{2}}\to0,\quad y_n=\frac{1}{n\pi}\to0,$$

而 $\lim\limits_{n\to\infty}\sin\dfrac{1}{x_n}=1$,$\lim\limits_{n\to\infty}\sin\dfrac{1}{y_n}=0$,即 $f(x)$ 的两个子列极限不相等,所以,当 $x\to0$ 时,$f(x)$ 的右极限不存在.

17. 设函数 $g(x;t)=\left(\dfrac{x-1}{t-1}\right)^{\frac{t}{x-t}}$[其中 $(x-1)(t-1)>0,x\neq t$],函数 $f(x)$ 由表达式 $f(x)=\lim\limits_{t\to x}g(x;t)$ 确定,求 $f(x)$ 的间断点,并判定间断点的类型.

解 $f(x)=\lim\limits_{t\to x}g(x;t)=\lim\limits_{t\to x}\left(\dfrac{x-1}{t-1}\right)^{\frac{t}{x-t}}=e^{\lim\limits_{t\to x}\left[\frac{t}{x-t}\left(\frac{x-1}{t-1}-1\right)\right]}=e^{\lim\limits_{t\to x}\frac{t}{t-1}}=e^{\frac{x}{x-1}}$.

间断点 $x=1$,因为 $\lim\limits_{x\to1^-}f(x)=\lim\limits_{x\to1^-}e^{\frac{x}{x-1}}=0$,$\lim\limits_{x\to1^+}f(x)=\lim\limits_{x\to1^+}e^{\frac{x}{x-1}}=+\infty$,所以 $x=1$ 为第二类间断点.

18. 设函数 $f(x)=\lim\limits_{n\to\infty}\dfrac{x^{n+2}-x^{-n}}{x^n+x^{-n}}$,求 $f(x)$ 的表达式,并判断其间断点的类型.

解 此极限中 n 是变量,x 相对于 n 是常数,当 $n\to\infty$ 时,x 的取值不同,极限就会不同,讨论如下:

当 $0<|x|<1$ 时,$f(x)=\lim\limits_{n\to\infty}\dfrac{x^{2n+2}-1}{x^{2n}+1}=-1$;

当 $|x|=1$ 时，$f(x)=\dfrac{1-1}{1+1}=0$；

当 $|x|>1$ 时，$f(x)=\lim\limits_{n\to\infty}\dfrac{x^2-x^{-2n}}{1+x^{-2n}}=x^2$.

综上所述，$f(x)=\begin{cases}-1, & 0<|x|<1\\ 0, & |x|=1\\ x^2, & |x|>1\end{cases}$.

因为 $\lim\limits_{x\to 0^-}f(x)=\lim\limits_{x\to 0^+}f(x)=-1$，所以 $x=0$ 为可去间断点；

因为 $\lim\limits_{x\to -1^+}f(x)=\lim\limits_{x\to -1^+}(-1)=-1$，$\lim\limits_{x\to -1^-}f(x)=\lim\limits_{x\to -1^-}x^2=1$，$\lim\limits_{x\to -1^+}f(x)\neq\lim\limits_{x\to -1^-}f(x)$，所以 $x=-1$ 为跳跃间断点；

因为 $\lim\limits_{x\to 1^+}f(x)=\lim\limits_{x\to 1^+}x^2=1$，$\lim\limits_{x\to 1^-}f(x)=\lim\limits_{x\to 1^-}(-1)=-1$，$\lim\limits_{x\to 1^+}f(x)\neq\lim\limits_{x\to 1^-}f(x)$，所以 $x=1$ 为跳跃间断点.

19. 设 $f(x)=\lim\limits_{n\to\infty}\dfrac{x^{2n-1}+ax^2+bx}{x^{2n}+1}$ 为连续函数，试确定 a 和 b 的值.

解　当 $|x|<1$ 时，$f(x)=ax^2+bx$；

当 $|x|>1$ 时，$f(x)=\lim\limits_{n\to\infty}\dfrac{\dfrac{1}{x}+\dfrac{a}{x^{2n-2}}+\dfrac{b}{x^{2n-1}}}{1+\dfrac{a}{x^{2n}}}=\dfrac{1}{x}$；

当 $x=1$ 时，$f(x)=\dfrac{1+a+b}{2}$；

当 $x=-1$ 时，$f(x)=\dfrac{-1+a-b}{2}$.

所以

$$f(x)=\begin{cases}ax^2+bx, & |x|<1\\ \dfrac{1}{x}, & |x|>1\\ \dfrac{1+a+b}{2}, & x=1\\ \dfrac{-1+a-b}{2}, & x=-1\end{cases},$$

即 $f(x)$ 为分段函数，$x=\pm 1$ 为分段点.

因为 $\lim\limits_{x\to 1^+}f(x)=\lim\limits_{x\to 1^+}\dfrac{1}{x}=1$，$\lim\limits_{x\to 1^-}f(x)=\lim\limits_{x\to 1^-}(ax^2+bx)=a+b$，要使 $f(x)$ 在 $x=1$ 处连续，需满足

$$1=a+b=\frac{1+a+b}{2}.$$

又因为 $\lim\limits_{x\to -1^+}f(x)=\lim\limits_{x\to -1^+}(ax^2+bx)=a-b$，$\lim\limits_{x\to -1^-}f(x)=\lim\limits_{x\to -1^-}\dfrac{1}{x}=-1$，要使 $f(x)$ 在 $x=-1$ 处连续，需满足

$$-1=a-b=\frac{-1+a-b}{2}.$$

由上述两式解得 $a=0,b=1$.

20. 求函数 $f(x)=\lim\limits_{n\to\infty}\dfrac{x^{2n+1}+1}{x^{2n+1}-x^{n+1}+x}(-\infty<x<+\infty)$ 的间断点,并判断间断点的类型.

解 先将 $f(x)$ 化简为分段函数:

$$f(x)=\lim_{n\to\infty}\frac{x^{2n+1}+1}{x^{2n+1}-x^{n+1}+x}=\begin{cases}1, & |x|>1\\ \dfrac{1}{x}, & |x|<1\\ 2, & x=1\\ 0, & x=-1\end{cases}.$$

因为 $\lim\limits_{x\to 0}f(x)=\lim\limits_{x\to 0}\dfrac{1}{x}=\infty$,极限不存在,所以 $x=0$ 为第二类间断点;

因为 $\lim\limits_{x\to 1^+}1=1,\lim\limits_{x\to 1^-}\dfrac{1}{x}=1,\lim\limits_{x\to 1^+}f(x)=\lim\limits_{x\to 1^-}f(x)\neq f(1)=2$,所以 $x=1$ 为可去间断点;

因为 $\lim\limits_{x\to -1^+}\dfrac{1}{x}=-1,\lim\limits_{x\to -1^-}1=1,\lim\limits_{x\to -1^+}f(x)\neq\lim\limits_{x\to -1^-}f(x)$,所以 $x=-1$ 为跳跃间断点.

21. 设函数 $f(x)$ 在 $[0,1]$ 上连续,且 $f(0)=f(1)$,证明:存在点 $x_0\in\left(0,\dfrac{1}{2}\right)$,使得 $f(x_0)=f\left(x_0+\dfrac{1}{2}\right)$.

证明 令 $F(x)=f(x)-f\left(x+\dfrac{1}{2}\right)$,则 $F(x)$ 在 $\left[0,\dfrac{1}{2}\right]$ 上连续,又

$$F(0)=f(0)-f\left(\frac{1}{2}\right),\quad F\left(\frac{1}{2}\right)=f\left(\frac{1}{2}\right)-f(1)=-\left[f(0)-f\left(\frac{1}{2}\right)\right],$$

则 $F(0)\cdot F\left(\dfrac{1}{2}\right)<0$,所以由零点定理知,至少存在一点 $x_0\in\left(0,\dfrac{1}{2}\right)$,使得

$$f(x_0)=f\left(x_0+\frac{1}{2}\right).$$

第 2 章 导数与微分

知识点总结

一、导数的定义

1. 函数 $f(x)$ 在点 x_0 处的导数的定义

(1) $f'(x_0)=\lim\limits_{\Delta x\to 0}\dfrac{f(x_0+\Delta x)-f(x_0)}{\Delta x}$；

(2) $f'(x_0)=\lim\limits_{h\to 0}\dfrac{f(x_0+h)-f(x_0)}{h}$；

(3) $f'(x_0)=\lim\limits_{x\to x_0}\dfrac{f(x)-f(x_0)}{x-x_0}$.

2. 函数 $f(x)$ 的导函数的定义

(1) $f'(x)=\lim\limits_{\Delta x\to 0}\dfrac{f(x+\Delta x)-f(x)}{\Delta x}$；

(2) $f'(x)=\lim\limits_{h\to 0}\dfrac{f(x+h)-f(x)}{h}$.

注：$f'(x_0)=f'(x)\big|_{x=x_0}$.

3. 函数 $f(x)$ 在点 x_0 处的左、右导数

(1) 左导数：

$$f'_-(x_0)=\lim_{\Delta x\to 0^-}\frac{f(x_0+\Delta x)-f(x_0)}{\Delta x}=\lim_{h\to 0^-}\frac{f(x_0+h)-f(x_0)}{h}=\lim_{x\to x_0^-}\frac{f(x)-f(x_0)}{x-x_0};$$

(2) 右导数：

$$f'_+(x_0)=\lim_{\Delta x\to 0^+}\frac{f(x_0+\Delta x)-f(x_0)}{\Delta x}=\lim_{h\to 0^+}\frac{f(x_0+h)-f(x_0)}{h}=\lim_{x\to x_0^+}\frac{f(x)-f(x_0)}{x-x_0}.$$

注：函数 $f(x)$ 在点 x_0 处可导 $\Leftrightarrow$ 其在该点处左、右导数都存在且相等.

4. 高阶导数

二阶导数：$y''=\dfrac{\mathrm{d}^2y}{\mathrm{d}x^2}=(y')'$；

三阶导数：$y'''=\dfrac{\mathrm{d}^3y}{\mathrm{d}x^3}=(y'')'$；

……

n 阶导数：$y^{(n)}=\dfrac{\mathrm{d}^n y}{\mathrm{d}x^n}=[y^{(n-1)}]'$.

5. 函数的微分

若函数 $f(x)$ 的增量 Δy 可表示为 $\Delta y=A\Delta x+o(\Delta x)$，其中 A 是不依赖于 Δx 的常数，$o(\Delta x)$ 是比 Δx 高阶的无穷小，则称 $A\Delta x$ 为函数 $f(x)$ 在点 x 处的微分，记为 $\mathrm{d}y$，即 $\mathrm{d}y=A\Delta x$.

注：函数 $f(x)$ 可微 $\Leftrightarrow$ 可导，且 $\mathrm{d}y=f'(x)\mathrm{d}x\Rightarrow$ 函数 $f(x)$ 连续.

二、求导(微分)法则

1. 基本求导公式

(1) $(C)'=0$（C 为常数）；
(2) $(x^\mu)'=\mu x^{\mu-1}$（μ 为常数）；
(3) $(\sin x)'=\cos x$；
(4) $(\cos x)'=-\sin x$；
(5) $(\tan x)'=\sec^2 x$；
(6) $(\cot x)'=-\csc^2 x$；
(7) $(\sec x)'=\sec x\tan x$；
(8) $(\csc x)'=-\csc x\cot x$；
(9) $(a^x)'=a^x\ln a$；
(10) $(\mathrm{e}^x)'=\mathrm{e}^x$；
(11) $(\log_a x)'=\dfrac{1}{x\ln a}$；
(12) $(\ln x)'=\dfrac{1}{x}$；
(13) $(\arcsin x)'=\dfrac{1}{\sqrt{1-x^2}}$；
(14) $(\arccos x)'=-\dfrac{1}{\sqrt{1-x^2}}$；
(15) $(\arctan x)'=\dfrac{1}{1+x^2}$；
(16) $(\operatorname{arccot} x)'=-\dfrac{1}{1+x^2}$.

2. 导数的四则运算法则

(1) $[u(x)\pm v(x)]'=u'(x)\pm v'(x)$；

(2) $[u(x)\cdot v(x)]'=u'(x)\cdot v(x)+u(x)\cdot v'(x)$；

(3) $\left[\dfrac{u(x)}{v(x)}\right]'=\dfrac{u'(x)\cdot v(x)-u(x)\cdot v'(x)}{v^2(x)}\,[v(x)\neq 0]$.

注：(1) $[u+v+w]'=u'+v'+w'$；(2) $[Cu(x)]=Cu'(x)$；(3) $[uvw]'=u'vw+uv'w+uvw'$.

3. 复合函数求导法则

复合函数 $y=f[\varphi(x)]$ 的导数为 $\dfrac{\mathrm{d}y}{\mathrm{d}x}=f'[\varphi(x)]\varphi'(x)$.

4. 反函数求导法则

$$f'(x)=\frac{1}{\varphi'(y)},$$

其中 $x=\varphi(y)$ 是 $y=f(x)$ 的反函数.

5. 隐函数求导法则

设函数 $y=f(x)$ 由方程 $F(x,y)=0$ 确定，方程 $F(x,y)=0$ 两边对 x 求导，再解出 $\dfrac{\mathrm{d}y}{\mathrm{d}x}$.

6. 由参数方程确定的函数的导数

设函数 $y=f(x)$ 由方程 $\begin{cases}x=\varphi(t)\\ y=\psi(t)\end{cases}$（$t$ 为参数）确定，则

$$\frac{\mathrm{d}y}{\mathrm{d}x}=\frac{\frac{\mathrm{d}y}{\mathrm{d}t}}{\frac{\mathrm{d}x}{\mathrm{d}t}}=\frac{\frac{\mathrm{d}\psi}{\mathrm{d}t}}{\frac{\mathrm{d}\varphi}{\mathrm{d}t}}=\frac{\psi'(t)}{\varphi'(t)}.$$

7. 微分形式不变性

对于 $y=f(u)$，无论变量 u 是自变量，还是中间变量，其微分总可以写成 $\mathrm{d}y=f'(u)\mathrm{d}u$.

8. 高阶导数运算法则

(1) $[u(x)\pm v(x)]^{(n)}=u^{(n)}(x)\pm v^{(n)}(x)$；

(2) $[Cu(x)]^{(n)}=Cu^{(n)}(x)$；

(3) 莱布尼茨公式：

$$[u(x)v(x)]^{(n)}=\sum_{k=0}^{n}\mathrm{C}_n^k u^{(n-k)}(x)v^{(k)}(x),$$

其中 $\mathrm{C}_n^k=\frac{n(n-1)\cdots(n-k+1)}{k!}=\frac{n!}{k!(n-k)!}$.

三、导数的应用

1. 导数的几何意义

$f'(x_0)$ 的几何意义是曲线 $y=f(x)$ 在点 $M_0(x_0,f(x_0))$ 处切线的斜率.

曲线在点 M_0 处的切线方程为 $y-f(x_0)=f'(x_0)(x-x_0)$，法线方程为 $y-f(x_0)=-\frac{1}{f'(x_0)}(x-x_0)[f'(x_0)\neq 0]$.

2. 相关变化率

研究两个变化率之间的关系，以便由其中一个变化率求出另一个变化率.

基　础　题

1. 求函数 $f(x)=(x-1)(x-2)(x-3)\cdots(x-10)$ 在 $x=1$ 处的导数.

解　利用导数的定义求解更简单，即

$$\begin{aligned}f'(1)&=\lim_{x\to 1}\frac{f(x)-f(1)}{x-1}\\&=\lim_{x\to 1}\frac{(x-1)(x-2)(x-3)\cdots(x-10)-0}{x-1}\\&=\lim_{x\to 1}[(x-2)(x-3)\cdots(x-10)]=-9!.\end{aligned}$$

2. 求函数 $f(x)=\begin{cases}\ln(1+x), & x\geqslant 0\\ x, & x<0\end{cases}$ 在 $x=0$ 处的导数.

解　求分段函数在分界点处的导数时必须利用定义，且当分界点两边函数表达式不同时，需分别考虑左、右导数. 由于

$$f'_+(0)=\lim_{x\to 0^+}\frac{f(x)-f(0)}{x}=\lim_{x\to 0^+}\frac{\ln(1+x)}{x}=1,$$

$$f'_-(0)=\lim_{x\to 0^-}\frac{f(x)-f(0)}{x}=\lim_{x\to 0^-}\frac{x}{x}=1,$$

故 $f'(0)=f'_+(0)=f'_-(0)-1$.

3.设函数 $f(x)$ 在 $x=2$ 处连续,且$\lim\limits_{x\to 2}\dfrac{f(x)}{x-2}=5$,求 $f'(2)$.

解 由$\lim\limits_{x\to 2}\dfrac{f(x)}{x-2}=5$,可得

$$\lim_{x\to 2}f(x)=\lim_{x\to 2}\left[(x-2)\cdot\frac{f(x)}{x-2}\right]=0\times 5=0.$$

因为 $f(x)$ 在 $x=2$ 处连续,所以 $f(2)=\lim\limits_{x\to 2}f(x)=0$,则

$$f'(2)=\lim_{x\to 2}\frac{f(x)-f(2)}{x-2}=\lim_{x\to 2}\frac{f(x)}{x-2}=5.$$

4.设函数 $f(x)=(x-a)\varphi(x)$,且 $\varphi(x)$ 在 $x=a$ 处连续,求 $f'(a)$.

解 此题中没有给出抽象函数 $f(x)$ 是否可导,此类问题需利用定义求导,即

$$\begin{aligned}f'(a)&=\lim_{x\to a}\frac{f(x)-f(a)}{x-a}\\&=\lim_{x\to a}\frac{(x-a)\varphi(x)}{x-a}\\&=\lim_{x\to a}\varphi(x)=\varphi(a)\quad[\text{因为 }\varphi(x)\text{ 在 }x=a\text{ 处连续}].\end{aligned}$$

5.求 a、b 的值,使函数 $f(x)=\begin{cases}e^x-1, & x\geqslant 0\\ a\sqrt{1-x}+b, & x<0\end{cases}$ 在 $x=0$ 处可导.

解 利用左、右导数的定义,有

$$f'_+(0)=\lim_{x\to 0^+}\frac{f(x)-f(0)}{x}=\lim_{x\to 0^+}\frac{e^x-1}{x}=1,$$

$$f'_-(0)=\lim_{x\to 0^-}\frac{f(x)-f(0)}{x}=\lim_{x\to 0^-}\frac{a\sqrt{1-x}+b}{x},$$

若函数 $f(x)$ 在 $x=0$ 处可导,则 $f'_+(0)=f'_-(0)=1$,即

$$\lim_{x\to 0^-}\frac{a\sqrt{1-x}+b}{x}=1.$$

于是

$$\lim_{x\to 0^-}(a\sqrt{1-x}+b)=\lim_{x\to 0^-}\frac{a\sqrt{1-x}+b}{x}\cdot\lim_{x\to 0^-}x=0,$$

即 $a+b=0$,$b=-a$,从而

$$f'_-(0)=\lim_{x\to 0^-}\frac{a\sqrt{1-x}+b}{x}=a\lim_{x\to 0^-}\frac{\sqrt{1-x}-1}{x}=-\frac{a}{2},$$

由 $f'_-(0)=f'_+(0)=1$,有 $-\dfrac{a}{2}=1$,故 $a=-2$,$b=2$.

6. 讨论函数 $f(x)=\begin{cases}\dfrac{x}{1+e^{\frac{1}{x}}}, & x\neq 0\\ 0, & x=0\end{cases}$ 在 $x=0$ 处的连续性与可导性.

解　讨论分段函数在分界点处的连续性和可导性时均需利用定义. 因为

$$\lim_{x\to 0}f(x)=\lim_{x\to 0}\frac{x}{1+e^{\frac{1}{x}}}=0=f(0),$$

所以 $f(x)$ 在 $x=0$ 处连续；又因为

$$f'_-(0)=\lim_{x\to 0^-}\frac{f(x)-f(0)}{x-0}=\lim_{x\to 0^-}\frac{\dfrac{x}{1+e^{\frac{1}{x}}}-0}{x}=\lim_{x\to 0^-}\frac{1}{1+e^{\frac{1}{x}}}=1,$$

$$f'_+(0)=\lim_{x\to 0^+}\frac{f(x)-f(0)}{x-0}=\lim_{x\to 0^+}\frac{\dfrac{x}{1+e^{\frac{1}{x}}}-0}{x}=\lim_{x\to 0^+}\frac{1}{1+e^{\frac{1}{x}}}=0,$$

即 $f'_-(0)\neq f'_+(0)$，所以 $f(x)$ 在 $x=0$ 处不可导.

7. 讨论函数 $y=|\sin x|$ 在 $x=0$ 处的连续性与可导性.

解　因为 $\lim\limits_{x\to 0}f(x)=\lim\limits_{x\to 0}|\sin x|=0=f(0)$，所以 $f(x)$ 在 $x=0$ 处连续；又因为

$$f'_-(0)=\lim_{x\to 0^-}\frac{f(x)-f(0)}{x-0}=\lim_{x\to 0^-}\frac{-\sin x-0}{x}=-\lim_{x\to 0^-}\frac{\sin x}{x}=-1,$$

$$f'_+(0)=\lim_{x\to 0^+}\frac{f(x)-f(0)}{x-0}=\lim_{x\to 0^+}\frac{\sin x-0}{x}=\lim_{x\to 0^+}\frac{\sin x}{x}=1,$$

即 $f'_-(0)\neq f'_+(0)$，所以 $f(x)$ 在 $x=0$ 处不可导.

8. 讨论函数 $g(x)=|(x-1)^2(x-2)|$ 在 $x_1=1$ 与 $x_2=2$ 处的可导性.

解　方法一　因为

$$g'(1)=\lim_{x\to 1}\frac{g(x)-g(1)}{x-1}=\lim_{x\to 1}\frac{|(x-1)^2(x-2)|}{x-1}=0,$$

所以 $g(x)$ 在 $x_1=1$ 处可导；又因为

$$g'_-(2)=\lim_{x\to 2^-}\frac{g(x)-g(2)}{x-2}=\lim_{x\to 2^-}\frac{(x-1)^2|x-2|}{x-2}=\lim_{x\to 2^-}[-(x-1)^2]=-1,$$

$$g'_+(2)=\lim_{x\to 2^+}\frac{g(x)-g(2)}{x-2}=\lim_{x\to 2^+}\frac{(x-1)^2|x-2|}{x-2}=\lim_{x\to 2^+}(x-1)^2=1,$$

即 $g'_-(2)\neq g'_+(2)$，所以 $g(x)$ 在 $x_2=2$ 处不可导.

方法二　函数 $g(x)$ 可化为分段函数：

$$g(x)=\begin{cases}(x-1)^2(x-2), & x\geqslant 2\\ (x-1)^2(2-x), & x<2\end{cases}.$$

当 $x<2$ 时,因为 $g'(x)=[(x-1)^2(2-x)]'=2(x-1)(2-x)-(x-1)^2$,有 $g'(1)=0$,所以 $g(x)$ 在 $x_1=1$ 处可导;又因为

$$g'_-(2)=\lim_{x\to 2^-}\frac{g(x)-g(2)}{x-2}=\lim_{x\to 2^-}\frac{(x-1)^2(2-x)}{x-2}=-1,$$

$$g'_+(2)=\lim_{x\to 2^+}\frac{g(x)-g(2)}{x-2}=\lim_{x\to 2^+}\frac{(x-1)^2(x-2)}{x-2}=1,$$

即 $g'_-(2)\neq g'_+(2)$,所以 $g(x)$ 在 $x_2=2$ 处不可导.

9. 设函数 $f(x)=\sqrt[3]{x^2}\sin x$,求 $f'(x)$.

解　注意 $u(x)=\sqrt[3]{x^2}$ 在 $x=0$ 处不可导,不满足导数四则运算法则的条件.若直接利用求导法则,则得到的导数中存在分母,故在 $x=0$ 处需用定义讨论 $f(x)$ 的可导性.

当 $x\neq 0$ 时,由导数的四则运算法则得

$$f'(x)=\frac{2}{3\sqrt[3]{x}}\sin x+\sqrt[3]{x^2}\cos x;$$

在 $x=0$ 处,有

$$f'(0)=\lim_{x\to 0}\frac{f(x)-f(0)}{x}=\lim_{x\to 0}\left(\sqrt[3]{x^2}\ \frac{\sin x}{x}\right)=0,$$

所以

$$f'(x)=\begin{cases}\dfrac{2}{3\sqrt[3]{x}}\sin x+\sqrt[3]{x^2}\cos x, & x\neq 0\\ 0, & x=0\end{cases}.$$

10. 求函数 $y=\sqrt{x+\sqrt{x+\sqrt{x}}}$ 的导数.

解　由复合函数求导法则,有

$$\begin{aligned}y'&=\frac{1}{2\sqrt{x+\sqrt{x+\sqrt{x}}}}(x+\sqrt{x+\sqrt{x}})'\\&=\frac{1}{2\sqrt{x+\sqrt{x+\sqrt{x}}}}\left[1+\frac{1}{2\sqrt{x+\sqrt{x}}}(x+\sqrt{x})'\right]\\&=\frac{1}{2\sqrt{x+\sqrt{x+\sqrt{x}}}}\left[1+\frac{1}{2\sqrt{x+\sqrt{x}}}\left(1+\frac{1}{2\sqrt{x}}\right)\right]\\&=\frac{4\sqrt{x^2+x\sqrt{x}}+2\sqrt{x}+1}{8\sqrt{x+\sqrt{x+\sqrt{x}}}\cdot\sqrt{x^2+x\sqrt{x}}}.\end{aligned}$$

11. 求函数 $y=\arcsin\sqrt{\dfrac{1-x}{1+x}}$ 的导数.

解　由复合函数求导法则,有

$$y' = \frac{1}{\sqrt{1-\frac{1-x}{1+x}}} \cdot \frac{1}{2} \cdot \sqrt{\frac{1+x}{1-x}} \cdot \frac{-1-x-1+x}{(1+x)^2}$$

$$= \frac{1}{\sqrt{\frac{2x}{1+x}}} \cdot \sqrt{\frac{1+x}{1-x}} \cdot \frac{-1}{(1+x)^2}$$

$$= -\frac{1}{\sqrt{2x}} \cdot \frac{1+x}{\sqrt{1-x}} \cdot \frac{1}{(1+x)^2} = -\frac{1}{(1+x)\sqrt{2x(1-x)}}.$$

12. 求函数 $y = x^{a^a} + a^{x^a} + a^{a^x}\ (a > 0)$ 的导数.

解　$y' = a^a x^{a^a-1} + a^{x^a}\ln a \cdot (x^a)' + a^{a^x} \cdot \ln a \cdot (a^x)'$

$= a^a x^{a^a-1} + a x^{a-1} a^{x^a} \ln a + a^x a^{a^x} \cdot (\ln a)^2.$

13. 求函数 $y = x + (\sin x)^x$ 的导数.

解　利用指数、对数恒等式 $x = \mathrm{e}^{\ln x}$ 及对数函数的性质，原函数可化为 $y = x + \mathrm{e}^{x\ln\sin x}$，所以

$$y' = 1 + \mathrm{e}^{x\ln\sin x}(x\ln\sin x)'$$

$$= 1 + \mathrm{e}^{x\ln\sin x}\left(\ln\sin x + x \cdot \frac{1}{\sin x} \cdot \cos x\right)$$

$$= 1 + (\sin x)^x(\ln\sin x + x\cot x).$$

14. 求函数 $y = \ln\sin(2\mathrm{e}^{x+\sqrt{1-x}})$ 的导数.

解

$$y' = \frac{\cos(2\mathrm{e}^{x+\sqrt{1-x}})}{\sin(2\mathrm{e}^{x+\sqrt{1-x}})} \cdot 2\mathrm{e}^{x+\sqrt{1-x}} \cdot \left(1 + \frac{-1}{2\sqrt{1-x}}\right)$$

$$= 2\mathrm{e}^{x+\sqrt{1-x}}\left(1 - \frac{1}{2\sqrt{1-x}}\right)\cot(2\mathrm{e}^{x+\sqrt{1-x}}).$$

15. 求函数 $y = \sqrt[5]{\frac{x-5}{\sqrt[5]{x^2+2}}}$ 的导数.

解　**方法一**　将函数整理成比值的形式，利用商的求导法则即可求导.

$$y = \frac{(x-5)^{\frac{1}{5}}}{(x^2+2)^{\frac{1}{25}}},$$

$$y' = \frac{\frac{1}{5}(x-5)^{-\frac{4}{5}}(x^2+2)^{\frac{1}{25}} - \frac{2}{25}x(x-5)^{\frac{1}{5}}(x^2+2)^{-\frac{24}{25}}}{(x^2+2)^{\frac{2}{25}}}.$$

方法二　利用对数求导法更简单. 等式两边取对数，得

$$\ln y = \frac{1}{5}\ln(x-5) - \frac{1}{25}\ln(x^2+2),$$

上式两边对 x 求导，得

$$\frac{y'}{y} = \frac{1}{5(x-5)} - \frac{2x}{25(x^2+2)},$$

故

$$y' = \sqrt[5]{\frac{x-5}{\sqrt[5]{x^2+2}}}\left[\frac{1}{5(x-5)} - \frac{2x}{25(x^2+2)}\right].$$

16. 设$(\cos y)^x = (\sin x)^y$,求 y'.

解 对于含有幂指函数的隐函数,可先对幂指函数变形,再利用隐函数求导法则求解.等式两边取对数,得 $x\ln\cos y = y\ln\sin x$,上式两边对 x 求导,得

$$\ln\cos y - x\frac{\sin y}{\cos y}\cdot y' = y'\ln\sin x + y\cdot\frac{\cos x}{\sin x},$$

解得

$$y' = \frac{\ln\cos y - y\cot x}{x\tan y + \ln\sin x}.$$

17. 求由方程 $e^{xy} = 2x + y^3$ 确定的隐函数 $y = f(x)$ 的微分 dy.

解 **方法一** 方程两边同时对 x 求导,得

$$e^{xy}\left(y + x\frac{dy}{dx}\right) = 2 + 3y^2\frac{dy}{dx},$$

解得

$$\frac{dy}{dx} = \frac{ye^{xy} - 2}{3y^2 - xe^{xy}},$$

则

$$dy = \frac{ye^{xy} - 2}{3y^2 - xe^{xy}}dx.$$

方法二 方程两边同时求微分,得 $d(e^{xy}) = d(2x + y^3)$,则

$$e^{xy}d(xy) = d(2x) + d(y^3),$$

$$e^{xy}(ydx + xdy) = 2dx + 3y^2dy,$$

于是

$$dy = \frac{2 - ye^{xy}}{xe^{xy} - 3y^2}dx.$$

18. 求由参数方程$\begin{cases} x = 2e^{\sin t} \\ y = e^{-\cos t} \end{cases}$确定的函数 $y = f(x)$ 的导数.

解 由参数方程求导公式得

$$\frac{dy}{dx} = \frac{\frac{dy}{dt}}{\frac{dx}{dt}} = \frac{\sin t e^{-\cos t}}{2\cos t e^{\sin t}} = \frac{\tan t}{2}e^{-\sin t - \cos t}.$$

19. 设函数 $f(x) = \begin{cases} x, & x \geqslant 0 \\ \sin x, & x < 0 \end{cases}$,求 $f'(x)$.

解 当 $x < 0$ 时,$f'(x) = (\sin x)' = \cos x$;当 $x > 0$ 时,$f'(x) = (x)' = 1$,在 $x = 0$ 处,

$$f'_+(0) = \lim_{x\to 0^+}\frac{f(x) - f(0)}{x} = \lim_{x\to 0^+}\frac{x}{x} = 1,$$

$$f'_-(0) = \lim_{x\to 0^-}\frac{f(x) - f(0)}{x} = \lim_{x\to 0^-}\frac{\sin x}{x} = 1,$$

即 $f'(0) = f'_+(0) = f'_-(0) = 1$.于是

$$f'(x) = \begin{cases} \cos x, & x < 0 \\ 1, & x \geqslant 0 \end{cases}.$$

20. 设函数 $f(x)=\begin{cases}x^{\alpha}\sin\dfrac{1}{x}, & x\neq 0\\ 0, & x=0\end{cases}$.

(1) 当 $\alpha=3$ 时，$f''(0)$ 是否存在？

(2) 当 $\alpha=4$ 时，$f''(0)$ 是否存在？

解　分段函数的导数很有可能也是分段函数，其在分界点处的导数需要利用定义计算. 当 $x\neq 0$ 时，

$$f'(x)=\left(x^{\alpha}\sin\frac{1}{x}\right)'=\alpha x^{\alpha-1}\sin\frac{1}{x}-x^{\alpha-2}\cos\frac{1}{x},$$

若 $\alpha>1$，则

$$f'(0)=\lim_{x\to 0}\frac{f(x)-f(0)}{x}=\lim_{x\to 0}\left(x^{\alpha-1}\sin\frac{1}{x}\right)=0,$$

即

$$f'(x)=\begin{cases}\alpha x^{\alpha-1}\sin\dfrac{1}{x}-x^{\alpha-2}\cos\dfrac{1}{x}, & x\neq 0\\ 0, & x=0\end{cases}.$$

进一步地，可得

$$f''(0)=\lim_{x\to 0}\frac{f'(x)-f'(0)}{x}=\lim_{x\to 0}\left(\alpha x^{\alpha-2}\sin\frac{1}{x}-x^{\alpha-3}\cos\frac{1}{x}\right).$$

(1) 当 $\alpha=3$ 时，

$$\lim_{x\to 0}\left(\alpha x^{\alpha-2}\sin\frac{1}{x}-x^{\alpha-3}\cos\frac{1}{x}\right)=\lim_{x\to 0}\left(3x\sin\frac{1}{x}-\cos\frac{1}{x}\right),$$

$f''(0)$ 不存在.

(2) 当 $\alpha=4$ 时，

$$f''(0)=\lim_{x\to 0}\left(\alpha x^{\alpha-2}\sin\frac{1}{x}-x^{\alpha-3}\cos\frac{1}{x}\right)=\lim_{x\to 0}\left(4x^{2}\sin\frac{1}{x}-x\cos\frac{1}{x}\right)=0.$$

21. 设函数 $f(x)=\begin{cases}x^{3x}, & x>0\\ x+1, & x\leqslant 0\end{cases}$，求 $f''(x)$.

解　将函数化为

$$f(x)=\begin{cases}e^{3x\ln x}, & x>0\\ x+1, & x\leqslant 0\end{cases},$$

当 $x>0$ 时，

$$f'(x)=(e^{3x\ln x})'=e^{3x\ln x}(3\ln x+3),$$

$$f''(x)=[e^{3x\ln x}(3\ln x+3)]'=e^{3x\ln x}(3\ln x+3)^{2}+\frac{3e^{3x\ln x}}{x};$$

当 $x<0$ 时，

$$f'(x)=(x+1)'=1,$$

$$f''(x)=(1)'=0;$$

在 $x=0$ 处，

$$\begin{aligned} f'_+(0) &= \lim_{x\to 0^+}\frac{f(x)-f(0)}{x} \\ &= \lim_{x\to 0^+}\frac{e^{3x\ln x}-1}{x} = \lim_{x\to 0^+}\frac{3x\ln x}{x} \\ &= 3\lim_{x\to 0^+}\ln x = -\infty, \end{aligned}$$

即 $f'(0)$ 不存在,于是 $f''(0)$ 不存在,则

$$f''(x)=\begin{cases}3x^{3x}\left[3(\ln x+1)^2+\dfrac{1}{x}\right], & x>0\\ 0, & x<0\end{cases}.$$

22. 求由 $y=\tan(x+y)$ 确定的隐函数 $y=y(x)$ 的二阶导数 $\dfrac{d^2y}{dx^2}$.

解　方法一　方程两边同时对 x 求导,得

$$\frac{dy}{dx}=\sec^2(x+y)\cdot\left(1+\frac{dy}{dx}\right),$$

解得

$$\frac{dy}{dx}=\frac{\sec^2(x+y)}{1-\sec^2(x+y)},$$

在求二阶导数前,有时利用原方程能将一阶导函数化简,得

$$\begin{aligned}\frac{dy}{dx}&=\frac{\sec^2(x+y)}{1-\sec^2(x+y)}=\frac{\tan^2(x+y)+1}{-\tan^2(x+y)}\\ &=-\frac{y^2+1}{y^2}=-1-\frac{1}{y^2},\end{aligned}$$

进一步地,再继续对 x 求导,将 y 看作 x 的函数,则

$$\begin{aligned}\frac{d^2y}{dx^2}&=\frac{d}{dx}\left(\frac{dy}{dx}\right)=\frac{d}{dx}\left(-1-\frac{1}{y^2}\right)\\ &=-\frac{d}{dx}\left(\frac{1}{y^2}\right)=\frac{2}{y^3}\cdot\frac{dy}{dx}=-\frac{2}{y^3}-\frac{2}{y^5}.\end{aligned}$$

方法二　原方程两边同时对自变量 x 求两次导数,得到含有 x、y、$\dfrac{dy}{dx}$、$\dfrac{d^2y}{dx^2}$ 的方程,再反解出 $\dfrac{d^2y}{dx^2}$. 该方法同样适用于隐函数的三阶及三阶以上导数的求解.

方程两边同时对 x 求导,得

$$\frac{dy}{dx}=\sec^2(x+y)\cdot\left(1+\frac{dy}{dx}\right),$$

上述方程两边同时对 x 求导,得

$$\frac{d^2y}{dx^2}=2\sec^2(x+y)\tan(x+y)\cdot\left(1+\frac{dy}{dx}\right)^2+\sec^2(x+y)\frac{d^2y}{dx^2},$$

解得

$$\begin{aligned}\frac{d^2y}{dx^2}&=\frac{2\sec^2(x+y)\tan(x+y)\cdot\left(1+\dfrac{dy}{dx}\right)^2}{1-\sec^2(x+y)}\\ &=\frac{2\sec^2(x+y)\tan(x+y)\left[1+\dfrac{\sec^2(x+y)}{1-\sec^2(x+y)}\right]^2}{1-\sec^2(x+y)}\end{aligned}$$

$$= \frac{2\sec^2(x+y)\tan(x+y)}{[1-\sec^2(x+y)]^3} = -\frac{2}{y^3} - \frac{2}{y^5}.$$

注:方法二仍需从第一次求导的方程中整理出一阶导数的表达式,代入第二次求导的方程中.

23. 设函数 $y = f(x)$ 是由方程 $xy + e^y = x + 1$ 确定的隐函数,求 $\left.\frac{d^2y}{dx^2}\right|_{x=0}$.

解　由方程易得,当 $x=0$ 时,$y=0$. 原方程两边同时对 x 求导,得

$$y + xy' + e^y \cdot y' = 1,$$

解出

$$y' = \frac{1-y}{x+e^y},\quad y'\Big|_{\substack{x=0\\y=0}} = \left.\frac{1-y}{x+e^y}\right|_{\substack{x=0\\y=0}} = 1;$$

上述方程两边同时对 x 求导,得

$$y' + y' + xy'' + e^y \cdot (y')^2 + e^y \cdot y'' = 0,$$

解出

$$y'' = -\frac{2y' + e^y(y')^2}{e^y + x},\quad y''\Big|_{\substack{x=0\\y=0}} = -\left.\frac{2y' + e^y(y')^2}{e^y + x}\right|_{\substack{x=0\\y=0}} = -3.$$

24. 求由参数方程 $\begin{cases} x = \ln\sqrt{1+t^2} \\ y = \arctan t \end{cases}$ 确定的函数 $y = f(x)$ 的二阶导数 $\frac{d^2y}{dx^2}$.

解　由参数方程求导公式得

$$\frac{dy}{dx} = \frac{\frac{dy}{dt}}{\frac{dx}{dt}} = \frac{\frac{d}{dt}(\arctan t)}{\frac{d}{dt}(\ln\sqrt{1+t^2})} = \frac{\frac{1}{1+t^2}}{\frac{1}{\sqrt{1+t^2}} \cdot \frac{2t}{2\sqrt{1+t^2}}} = \frac{1}{t},$$

一阶导数仍为参数方程,即

$$\begin{cases} x = \ln\sqrt{1+t^2} \\ \frac{dy}{dx} = \frac{1}{t} \end{cases},$$

再利用一次参数方程求导公式,可得

$$\frac{d^2y}{dx^2} = \frac{\frac{d}{dt}\left(\frac{dy}{dx}\right)}{\frac{dx}{dt}} = \frac{-\frac{1}{t^2}}{\frac{t}{1+t^2}} = -\frac{1+t^2}{t^3}.$$

25. 设函数 $y = \ln(1+x)$,求 $y^{(n)}$.

解　**方法一**　对数函数的一阶导数为有理函数 $\frac{1}{1+x}$,因此计算其二阶以上的导数时,可以利用 $y = \frac{1}{ax+b}$ 的 n 阶导数公式. 已知

$$y' = \frac{1}{1+x},\quad \left(\frac{1}{ax+b}\right)^{(n)} = \frac{(-1)^n a^n n!}{(ax+b)^{n+1}},$$

于是

$$y^{(n)} = \left(\frac{1}{1+x}\right)^{(n-1)} = (-1)^{n-1}\frac{(n-1)!}{(1+x)^n}\quad (n \geqslant 1, 0! = 1).$$

方法二 对于简单函数,也可以寻找规律得到 n 阶导数,即

$$y'=\frac{1}{1+x},\quad y''=-\frac{1}{(1+x)^2},\quad y'''=\frac{2!}{(1+x)^3},\quad y^{(4)}=-\frac{3!}{(1+x)^4},$$

总结规律可得

$$y^{(n)}=(-1)^{n-1}\frac{(n-1)!}{(1+x)^n}\quad(n\geqslant 1,0!=1).$$

26. 求函数 $y=\dfrac{x^4}{1-x}$ 的 n 阶导数 $y^{(n)}(n>4)$.

解 先将假分式简化成多项式与真分式的和,再求导,即

$$y=\frac{x^4}{1-x}=\frac{x^4-1+1}{1-x}=\frac{1}{1-x}-(x^3+x^2+x+1),$$

当 $n>4$ 时,$(x^3+x^2+x+1)^{(n)}=0$,故当 $n>4$ 时,$y^{(n)}=\dfrac{n!}{(1-x)^{n+1}}$.

27. 求函数 $y=\sin kx$ 的 n 阶导数.

解 由于

$$y'=k\cos kx=k\sin\left(kx+\frac{\pi}{2}\right),$$

$$y''=(y')'=k^2\cos\left(kx+\frac{\pi}{2}\right)=k^2\sin\left(kx+\frac{\pi}{2}+\frac{\pi}{2}\right)=k^2\sin\left(kx+2\cdot\frac{\pi}{2}\right),$$

$$y'''=(y'')'=k^3\cos\left(kx+2\cdot\frac{\pi}{2}\right)=k^3\sin\left(kx+3\cdot\frac{\pi}{2}\right),$$

故总结规律可得

$$y^{(n)}=k^n\sin\left(kx+n\cdot\frac{\pi}{2}\right),$$

即

$$(\sin kx)^{(n)}=k^n\sin\left(kx+n\cdot\frac{\pi}{2}\right).$$

同理可得

$$(\cos kx)^{(n)}=k^n\cos\left(kx+n\cdot\frac{\pi}{2}\right).$$

28. 设函数 $y=x^3\sin x$,求 $y^{(6)}(0)$.

解 由莱布尼茨公式得

$$\begin{aligned}y^{(6)}(x)=&\,C_6^0(x^3)^{(6)}\sin x+C_6^1(x^3)^{(5)}(\sin x)'+C_6^2(x^3)^{(4)}(\sin x)''+C_6^3(x^3)'''(\sin x)'''\\&+C_6^4(x^3)''(\sin x)^{(4)}+C_6^5(x^3)'(\sin x)^{(5)}+C_6^6x^3(\sin x)^{(6)}\\=&\,C_6^3(x^3)'''(\sin x)'''+C_6^4(x^3)''(\sin x)^{(4)}+C_6^5(x^3)'(\sin x)^{(5)}+C_6^6x^3(\sin x)^{(6)},\end{aligned}$$

则

$$y^{(6)}(0)=C_6^3(x^3)'''(\sin x)'''\big|_{x=0}=-120\cos x\big|_{x=0}=-120.$$

29. 证明:函数 $y=\sqrt{2x-x^2}$ 满足关系式 $y^3y''+1=0$.

证明 求出函数 y 的二阶导数后代入方程即可. 对 $y=\sqrt{2x-x^2}$ 求导,得

$$y'=\frac{1}{2\sqrt{2x-x^2}}\cdot(2x-x^2)'=\frac{1-x}{\sqrt{2x-x^2}},$$

$$y''=\frac{(1-x)'\cdot\sqrt{2x-x^2}-(1-x)\cdot(\sqrt{2x-x^2})'}{2x-x^2}$$

$$=\frac{-\sqrt{2x-x^2}-(1-x)\dfrac{1-x}{\sqrt{2x-x^2}}}{2x-x^2}$$

$$=\frac{-2x+x^2-(1-x)^2}{(2x-x^2)\sqrt{2x-x^2}}=-\frac{1}{(2x-x^2)^{3/2}}=-\frac{1}{y^3}.$$

代入原方程,得 $y^3y''+1=0$,证毕.

30. 求双曲线 $y=\frac{1}{x}$ 在点 $\left(\frac{1}{2},2\right)$ 处的切线斜率,以及在该点处的切线方程和法线方程.

解　由导数的几何意义,得切线斜率为

$$k=y'|_{x=\frac{1}{2}}=\left(\frac{1}{x}\right)'\bigg|_{x=\frac{1}{2}}=-\frac{1}{x^2}\bigg|_{x=\frac{1}{2}}=-4.$$

故所求切线方程为

$$y-2=-4\left(x-\frac{1}{2}\right),$$

即 $4x+y-4=0$;法线方程为

$$y-2=\frac{1}{4}\left(x-\frac{1}{2}\right),$$

即 $2x-8y+15=0$.

31. 求曲线 $\begin{cases}x=1+t^2\\ y=t^3\end{cases}$ 在点(5,8)处的切线方程和法线方程.

解　由曲线方程可知,点(5,8)对应参数值 $t=2$,于是切线斜率为

$$\frac{\mathrm{d}y}{\mathrm{d}x}\bigg|_{t=2}=\frac{3t^2}{2t}\bigg|_{t=2}=3,$$

故切线方程为 $y-8=3(x-5)$,即 $3x-y-7=0$;法线方程为 $y-8=-\frac{1}{3}(x-5)$,即 $x+3y-29=0$.

32. 甲船以 6 km/h 的速率向东行驶,乙船以 8 km/h 的速率向南行驶. 在中午十二点整,乙船位于甲船之北 16 km 处. 问:下午一点整两船的距离相对于时间的变化率是多少?

解　设中午十二点整起,经过 t h,甲船、乙船离开原来位置的距离分别为 $x(t)$、$y(t)$,两船相距 $z(t)$,则有

$$x^2(t)+[16-y(t)]^2=z^2(t),$$

上式两边关于 t 求导,得

$$2x\frac{\mathrm{d}x}{\mathrm{d}t}-2(16-y)\frac{\mathrm{d}y}{\mathrm{d}t}=2z\frac{\mathrm{d}z}{\mathrm{d}t},$$

在下午一点整,即 $t=1$ 时,$x=6$,$y=8$,$z=\sqrt{6^2+8^2}=10$,$\frac{\mathrm{d}x}{\mathrm{d}t}=6$,$\frac{\mathrm{d}y}{\mathrm{d}t}=8$,代入上式,得

$$\frac{\mathrm{d}z}{\mathrm{d}t}\bigg|_{t=1}=\frac{x\dfrac{\mathrm{d}x}{\mathrm{d}t}-(16-y)\dfrac{\mathrm{d}y}{\mathrm{d}t}}{z}\Bigg|_{t=1}=\frac{6\cdot 6-(16-8)\cdot 8}{10}=-\frac{14}{5},$$

即下午一点整两船的距离相对于时间的变化率为 $-\frac{14}{5}$ km/h.

33. 向深 8 m、上顶直径为 8 m 的正圆锥形容器中注水，速率为 4 m^3/min，当水深为 5 m 时，其表面上升的速率为多少？

解 设开始注水后经过时间 t，水深为 $h(t)$，水面半径为 $r(t)$，则由题意知

$$\frac{h(t)}{r(t)}=\frac{8}{4}=2,$$

即 $r(t)=\frac{h(t)}{2}$，所以此时注入的水的体积为

$$\frac{1}{3}\pi r^2(t)h(t)=\frac{\pi}{12}h^3(t)=4t,$$

上式两边关于 t 求导，有

$$\frac{\pi}{4}h^2\frac{\mathrm{d}h}{\mathrm{d}t}=4,$$

当 $h=5$ 时，

$$\frac{\mathrm{d}h}{\mathrm{d}t}=\frac{16}{25\pi},$$

当水深为 5 m 时，表面上升的速率为 $\frac{16}{25\pi}$ m/min.

综 合 题

1. 已知函数 $f(x)$ 在 $x=0$ 处可导，且 $f(0)=0$，求 $\lim\limits_{x\to0}\frac{x^2f(x)-2f(x^3)}{x^3}$.

解 已知 $f(x)$ 在 $x=0$ 处可导且 $f(0)=0$，则

$$f'(0)=\lim_{h\to0}\frac{f(h)-f(0)}{h}=\lim_{h\to0}\frac{f(h)}{h},$$

于是

$$\begin{aligned}\lim_{x\to0}\frac{x^2f(x)-2f(x^3)}{x^3}&=\lim_{x\to0}\frac{x^2[f(x)-f(0)]-[2f(x^3)-2f(0)]}{x^3}\\&=\lim_{x\to0}\frac{[f(x)-f(0)]}{x}-2\lim_{x\to0}\frac{f(x^3)-f(0)}{x^3}\\&=f'(0)-2f'(0)=-f'(0).\end{aligned}$$

2. 设函数 $f(x)$ 在 $x=a$ 处可导，且 $f(a)=1$，$f'(a)=3$，求数列极限

$$\lim_{n\to\infty}\left[f\left(a+\frac{1}{n}\right)\right]^{\frac{\frac{1}{n}}{1-\cos\frac{1}{n}}}.$$

解 此极限为 1^∞ 型未定式，借助等价无穷小代换 $\ln(1+x)\sim x(x\to0)$，可得

$$\lim_{n\to\infty}\left[f\left(a+\frac{1}{n}\right)\right]^{\frac{\frac{1}{n}}{1-\cos\frac{1}{n}}}=\mathrm{e}^{\lim\limits_{n\to\infty}\frac{\ln\left[f\left(a+\frac{1}{n}\right)\right]\cdot\frac{1}{n}}{1-\cos\frac{1}{n}}}=\mathrm{e}^{\lim\limits_{n\to\infty}\frac{\left[f\left(a+\frac{1}{n}\right)-1\right]\cdot\frac{1}{n}}{1-\cos\frac{1}{n}}},$$

再由等价无穷小代换 $1-\cos x\sim\frac{1}{2}x^2(x\to0)$ 和导数的定义，有

$$\lim_{n\to\infty}\left[f\left(a+\frac{1}{n}\right)-1\right]\cdot\frac{1}{n}\Big/1-\cos\frac{1}{n}=\lim_{n\to\infty}\left[f\left(a+\frac{1}{n}\right)-1\right]\cdot\frac{1}{n}\Big/\frac{1}{2}\left(\frac{1}{n}\right)^2$$
$$=\lim_{n\to\infty}\left[f\left(a+\frac{1}{n}\right)-f(a)\right]\Big/\frac{1}{n}\cdot 2$$
$$=2f'(a)=6,$$

于是

$$\lim_{n\to\infty}\left[f\left(a+\frac{1}{n}\right)\right]^{\frac{\frac{1}{n}}{1-\cos\frac{1}{n}}}=\mathrm{e}^6.$$

3. 设函数 $f(x)$ 在 $x=0$ 处连续，且 $\lim\limits_{x\to0}\dfrac{\mathrm{e}^{f(x)}-\cos x+\sin x}{x}=0$，求 $f(0)$，并讨论 $f(x)$ 在 $x=0$ 处是否可导，若可导，求出 $f'(0)$.

解　方法一　利用无穷小与极限的关系，由

$$\lim_{x\to0}\frac{\mathrm{e}^{f(x)}-\cos x+\sin x}{x}=0,$$

可得 $\dfrac{\mathrm{e}^{f(x)}-\cos x+\sin x}{x}=0+\alpha$，其中 $\lim\limits_{x\to0}\alpha=0$，故

$$\mathrm{e}^{f(x)}=\alpha x+\cos x-\sin x,\quad f(x)=\ln(\alpha x+\cos x-\sin x),$$

所以 $f(0)=0$，且

$$f'(0)=\lim_{x\to0}\frac{f(x)-f(0)}{x}$$
$$=\lim_{x\to0}\frac{\ln(\alpha x+\cos x-\sin x)}{x}$$
$$=\lim_{x\to0}\frac{\alpha x+\cos x-\sin x-1}{x}$$
$$=\lim_{x\to0}\frac{\alpha x}{x}-\lim_{x\to0}\frac{\sin x}{x}+\lim_{x\to0}\frac{\cos x-1}{x}=-1.$$

方法二　凑定义法. 因为极限 $\lim\limits_{x\to0}\dfrac{\mathrm{e}^{f(x)}-\cos x+\sin x}{x}$ 为 $\dfrac{0}{0}$ 型未定式，且 $f(x)$ 在 $x=0$ 处连续，所以

$$\lim_{x\to0}[\mathrm{e}^{f(x)}-\cos x+\sin x]=0\quad 且\quad \lim_{x\to0}\mathrm{e}^{f(x)}=1,$$

则 $f(0)=0$.

又由 $\lim\limits_{x\to0}\dfrac{\mathrm{e}^{f(x)}-\cos x+\sin x}{x}=0$，可得

$$\lim_{x\to0}\frac{\mathrm{e}^{f(x)}-\cos x}{x}=-1,$$

则

$$-1=\lim_{x\to0}\frac{\mathrm{e}^{f(x)}-\cos x-1+1}{x}$$
$$=\lim_{x\to0}\frac{\mathrm{e}^{f(x)}-1}{x}+\lim_{x\to0}\frac{1-\cos x}{x}=\lim_{x\to0}\frac{\mathrm{e}^{f(x)}-1}{x}$$
$$=\lim_{x\to0}\frac{f(x)}{x}=\lim_{x\to0}\frac{f(x)-f(0)}{x}=f'(0),$$

即 $f'(0)=-1$.

4. 设函数 $f(x)$ 连续，且对任意的 x、$y\in(-\infty,+\infty)$，有 $f(x+y)=f(x)+f(y)+2xy$，$f'(0)=1$，求 $f(x)$.

解 由已知，当 $x=y=0$ 时，$f(0)=2f(0)$，即 $f(0)=0$. 对任意的 x、$y\in(-\infty,+\infty)$，有

$$\begin{aligned}f'(x)&=\lim_{\Delta x\to 0}\frac{f(x+\Delta x)-f(x)}{\Delta x}\\&=\lim_{\Delta x\to 0}\frac{f(x)+f(\Delta x)+2x\Delta x-f(x)}{\Delta x}\\&=\lim_{\Delta x\to 0}\frac{f(\Delta x)+2x\Delta x}{\Delta x}\\&=\lim_{\Delta x\to 0}\frac{f(\Delta x)-f(0)}{\Delta x}+2x\\&=f'(0)+2x=1+2x,\end{aligned}$$

所以 $f(x)=x^2+x+C$. 因为 $f(0)=0$，得 $C=0$，故 $f(x)=x^2+x$.

5. 设一条定义在 $[0,1]$ 上的二次曲线，把 $(-\infty,0)$ 内的曲线 $y=\mathrm{e}^x$ 和 $(1,+\infty)$ 内的曲线 $y=\dfrac{1}{x}$ 连接成一条一阶可导的函数的曲线，求该曲线方程.

解 设二次曲线方程为 $y=ax^2+bx+c$，则函数

$$f(x)=\begin{cases}\mathrm{e}^x, & x<0\\ ax^2+bx+c, & 0\leqslant x\leqslant 1\\ \dfrac{1}{x}, & x>1\end{cases}$$

一阶可导. 由函数 $f(x)$ 的连续性，有

$$\lim_{x\to 0^-}f(x)=f(0)=\lim_{x\to 0^+}f(x),$$
$$\lim_{x\to 1^-}f(x)=f(1)=\lim_{x\to 1^+}f(x),$$

即

$$\lim_{x\to 0^-}\mathrm{e}^x=c=\lim_{x\to 0^+}(ax^2+bx+c),\quad \mathrm{e}^0=c,$$

$$\lim_{x\to 1^-}(ax^2+bx+c)=a+b+c=\lim_{x\to 1^+}\frac{1}{x},\quad a+b+c=1,$$

则 $c=1$ 且 $a+b=0$.

再由函数 $f(x)$ 的可导性，有

$$1=\lim_{x\to 0^-}\frac{\mathrm{e}^x-1}{x}=f'_-(0)=f'_+(0)=\lim_{x\to 0^+}\frac{ax^2-ax}{x}=-a,$$

即 $a=-1$，故 $b=-a=1$，于是二次曲线方程为 $y=-x^2+x+1$.

6. 讨论函数 $f(x)=\begin{cases}x, & x\leqslant 0\\ \dfrac{1}{n}, & \dfrac{1}{n+1}<x\leqslant\dfrac{1}{n},n=1,2,\cdots\end{cases}$ 在 $x=0$ 处的可导性.

解 对该分段函数，在分段点处需考虑左、右导数. 左导数为

$$f'_-(0)=\lim_{x\to 0^-}\frac{f(x)-f(0)}{x}=\lim_{x\to 0^-}\frac{x}{x}=1.$$

对于右导数，利用定义计算比较困难，但当$\frac{1}{n+1} < x \leqslant \frac{1}{n}$时，$f(x) = \frac{1}{n}$，则$1 < \frac{f(x)}{x} < \frac{n+1}{n}$.

易知当 $x \to 0^+$ 时，$n \to \infty$，且

$$\lim_{n\to\infty} \frac{n+1}{n} = 1,$$

故由夹逼准则，

$$f'_+(0) = \lim_{x\to 0^+} \frac{f(x)}{x} = 1,$$

于是 $f'_+(0) = 1 = f'_-(0)$，即函数 $f(x)$ 在 $x = 0$ 处可导，且 $f'(0) = 1$.

7. 考虑函数 $F(x) = (x^2 - x - 2)|x^3 - x|$不可导点的个数.

解　$F(x) = (x^2 - x - 2)|x^3 - x| = (x-2)(x+1)|x||x-1||x+1|$，考虑 $x = 0$ 处的可导性，因为

$$F'_-(0) = \lim_{x\to 0^-} \frac{F(x)-F(0)}{x} = \lim_{x\to 0^-} \frac{(x-2)(x+1)(-x)(-x+1)(x+1)}{x} = 2,$$

$$F'_+(0) = \lim_{x\to 0^+} \frac{F(x)-F(0)}{x} = \lim_{x\to 0^+} \frac{(x-2)(x+1)x(-x+1)(x+1)}{x} = -2,$$

所以 $F(x)$ 在 $x = 0$ 处不可导；类似可得 $F(x)$ 在 $x = 1$ 处也不可导.

下面考虑 $F(x)$ 在 $x = -1$ 处的可导性. 因为

$$F'_-(-1) = \lim_{x\to -1^-} \frac{F(x)-F(-1)}{x+1} = \lim_{x\to -1^-} \frac{(x-2)(x+1)(-x)(-x+1)(-x-1)}{x+1} = 0,$$

$$F'_+(-1) = \lim_{x\to -1^+} \frac{F(x)-F(-1)}{x+1} = \lim_{x\to -1^+} \frac{(x-2)(x+1)(-x)(-x+1)(x+1)}{x+1} = 0,$$

所以 $F(x)$ 在 $x = -1$ 处可导.

故 $F(x)$ 不可导点的个数为 2.

8. 设函数 $f(x)$ 可导，$F(x) = f(x)(1 + |\sin x|)$，若使 $F(x)$ 在 $x = 0$ 处可导，则必有(　　).

(A) $f(0) = 0$　(B) $f'(0) = 0$　(C) $f(0) + f'(0) = 0$　(D) $f(0) - f'(0) = 0$

解　$$F'_+(0) = \lim_{x\to 0^+} \frac{F(x)-F(0)}{x} = \lim_{x\to 0^+} \frac{f(x)(1+\sin x) - f(0)}{x} = \lim_{x\to 0^+}\left[\frac{f(x)-f(0)}{x} + f(x)\frac{\sin x}{x}\right] = f'(0) + f(0),$$

$$F'_-(0)=\lim_{x\to0^-}\frac{F(x)-F(0)}{x}$$

$$=\lim_{x\to0^-}\frac{f(x)(1-\sin x)-f(0)}{x}$$

$$=\lim_{x\to0^-}\left[\frac{f(x)-f(0)}{x}-f(x)\frac{\sin x}{x}\right]=f'(0)-f(0),$$

若使 $F(x)$ 在 $x=0$ 处可导,则有 $F'_+(0)=F'_-(0)$,即 $f'(0)+f(0)=f'(0)-f(0)$,也即 $f(0)=0$,所以选(A).

9. 设函数 $f(x)=\sqrt{\frac{(x+1)\sqrt{x}}{e^{x-1}}}+\arcsin\frac{1-x}{\sqrt{1+x^2}}$,求 $f'(1)$.

解 此题函数比较烦琐,故考虑分成两部分求导.

令 $u(x)=\sqrt{\frac{(x+1)\sqrt{x}}{e^{x-1}}}$,两边取对数,得

$$\ln u=\frac{1}{2}\left[\ln(x+1)+\frac{1}{2}\ln x-(x-1)\right],$$

两边关于 x 求导,得

$$\frac{u'}{u}=\frac{1}{2}\left(\frac{1}{x+1}+\frac{1}{2x}-1\right),$$

故 $u'(1)=0$.

令 $v(x)=\arcsin\frac{1-x}{\sqrt{1+x^2}}$,由导数定义有

$$v'(1)=\lim_{x\to1}\frac{\arcsin\frac{1-x}{\sqrt{1+x^2}}}{x-1}=-\lim_{x\to1}\frac{1}{\sqrt{1+x^2}}=-\frac{1}{\sqrt{2}},$$

故 $f'(1)=u'(1)+v'(1)=-\frac{\sqrt{2}}{2}$.

10. 设函数 $y=(\ln x)^x x^{\ln x}$,求 y'.

解 上式两边取对数,得

$$\ln y=x\ln\ln x+(\ln x)^2,$$

两边关于 x 求导,得

$$\frac{1}{y}y'=\ln\ln x+\frac{1}{\ln x}+\frac{2\ln x}{x},$$

所以

$$y'=(\ln x)^x x^{\ln x}\left[\ln\ln x+\frac{1}{\ln x}+\frac{2\ln x}{x}\right].$$

11. 设 $x^y+y^x=1(x>0,y>0)$,求$\frac{dy}{dx}$.

解 原方程可化为 $e^{y\ln x}+e^{x\ln y}=1$,方程两边同时对 x 求导,得

$$e^{y\ln x}\left(\frac{dy}{dx}\ln x+\frac{y}{x}\right)+e^{x\ln y}\left(\ln y+\frac{x}{y}\cdot\frac{dy}{dx}\right)=0,$$

解得

$$\frac{\mathrm{d}y}{\mathrm{d}x}=-\frac{yx^{y-1}+y^x\ln y}{x^y\ln x+xy^{x-1}}.$$

12. 设函数 $f(x)=\lim\limits_{t\to0}[x(1+tx)^{\frac{1}{t}}]$，求 $\mathrm{d}f(x)\big|_{x=1}$.

解　由于

$$f(x)=\lim_{t\to0}[x(1+tx)^{\frac{1}{t}}]=x\mathrm{e}^{\lim\limits_{t\to0}\frac{\ln(1+tx)}{t}}=x\mathrm{e}^{\lim\limits_{t\to0}\frac{tx}{t}}=x\mathrm{e}^x,$$

所以

$$f'(x)=(x\mathrm{e}^x)'=(x+1)\mathrm{e}^x,$$

故

$$\mathrm{d}f(x)=f'(x)\mathrm{d}x=(x+1)\mathrm{e}^x\mathrm{d}x,\quad \mathrm{d}f(x)\big|_{x=1}=f'(1)\mathrm{d}x=2\mathrm{e}\mathrm{d}x.$$

13. 设函数 $y=f(x)$ 由参数方程 $\begin{cases}x=\mathrm{e}^t-\sin t\\ t^3\mathrm{e}^y+y-1=0\end{cases}$ 确定，求 $\frac{\mathrm{d}y}{\mathrm{d}x}$.

解　方程 $t^3\mathrm{e}^y+y-1=0$ 两边对 t 求导，得

$$3t^2\mathrm{e}^y+t^3\mathrm{e}^y\frac{\mathrm{d}y}{\mathrm{d}t}+\frac{\mathrm{d}y}{\mathrm{d}t}=0,$$

解得

$$\frac{\mathrm{d}y}{\mathrm{d}t}=-\frac{3t^2\mathrm{e}^y}{t^3\mathrm{e}^y+1},$$

则

$$\frac{\mathrm{d}y}{\mathrm{d}x}=\frac{\mathrm{d}y}{\mathrm{d}t}\Big/\frac{\mathrm{d}x}{\mathrm{d}t}=\frac{-\dfrac{3t^2\mathrm{e}^y}{t^3\mathrm{e}^y+1}}{\mathrm{e}^t-\cos t}=-\frac{3t^2\mathrm{e}^y}{(t^3\mathrm{e}^y+1)(\mathrm{e}^t-\cos t)}.$$

14. 设函数 $f\left(\frac{x}{2}\right)=\sin x$，求 $f'[f(x)]$.

解　令 $\frac{x}{2}=t$，则 $x=2t$，$f(t)=\sin 2t$，即 $f(x)=\sin 2x$，所以

$$f'(x)=2\cos 2x,$$
$$f'[f(x)]=2\cos[2f(x)]=2\cos(2\sin 2x).$$

15. 设函数 $f(x)=(\cos x-4)\sin x+3x$，求 $\frac{\mathrm{d}f(x)}{\mathrm{d}(x^2)}$.

解　
$$\begin{aligned}\frac{\mathrm{d}f(x)}{\mathrm{d}(x^2)}&=\frac{[-\sin^2x+(\cos x-4)\cos x+3]\mathrm{d}x}{2x\mathrm{d}x}\\&=\frac{\cos^2x-\sin^2x-4\cos x+3}{2x}\\&=\frac{\cos 2x-4\cos x+3}{2x}.\end{aligned}$$

16. 求由参数方程 $\begin{cases}x=f'(t)\\ y=tf'(t)-f(t)\end{cases}$ 确定的函数 $y=g(x)$ 的二阶导数 $\frac{\mathrm{d}^2y}{\mathrm{d}x^2}$，其中 $f''(t)$ 存在且不为零.

解　由参数方程求导公式得

$$\frac{\mathrm{d}y}{\mathrm{d}x}=\frac{\frac{\mathrm{d}y}{\mathrm{d}t}}{\frac{\mathrm{d}x}{\mathrm{d}t}}=\frac{\frac{\mathrm{d}}{\mathrm{d}t}[tf'(t)-f(t)]}{\frac{\mathrm{d}}{\mathrm{d}t}f'(t)}=\frac{f'(t)+tf''(t)-f'(t)}{f''(t)}=t,$$

即一阶导数仍为参数方程：

$$\begin{cases} x = f'(t) \\ \dfrac{\mathrm{d}y}{\mathrm{d}x} = t \end{cases},$$

故再利用一次参数方程求导公式可得

$$\frac{\mathrm{d}^2 y}{\mathrm{d}x^2} = \frac{\dfrac{\mathrm{d}}{\mathrm{d}t}\left(\dfrac{\mathrm{d}y}{\mathrm{d}x}\right)}{\dfrac{\mathrm{d}x}{\mathrm{d}t}} = \frac{1}{f''(t)}.$$

17. 设函数 $y = f^2(x) + f(x^2)$，其中 $f(x)$ 具有二阶导数，求 y''.

解　复合函数的导数需利用链式法则求解，即从外向内逐层求导再相乘. 此题中，需注意抽象函数导数的表示符号.

$$\begin{aligned} y' &= 2f(x)f'(x) + f'(x^2)\cdot 2x, \\ y'' &= 2[f'(x)]^2 + 2f(x)f''(x) + 2f'(x^2) + 2xf''(x^2)\cdot 2x \\ &= 2[f'(x)]^2 + 2f(x)f''(x) + 2f'(x^2) + 4x^2 f''(x^2). \end{aligned}$$

18. 已知函数 $f(x)$ 二阶可导，其反函数为 $g(x)$，且 $f(1) = 2, f'(1) = -\dfrac{1}{\sqrt{3}}, f''(1) = 1$，求 $g'(2)$ 和 $g''(2)$ 的值.

解　利用反函数求导法则，注意反函数的自变量是直接函数的因变量，反函数的因变量是直接函数的自变量.

设 $y = f(x)$ 与 $x = g(y)$ 互为反函数，则

$$g'(y) = \frac{1}{f'(x)},$$

所以 $g'(2) = \dfrac{1}{f'(1)} = -\sqrt{3}$.

又由

$$\begin{aligned} g''(y) &= \left[\frac{1}{f'(x)}\right]'_y = \left[\frac{1}{f'(x)}\right]'_x \cdot \frac{\mathrm{d}x}{\mathrm{d}y} \\ &= -[f'(x)]^{-2}\cdot f''(x)\cdot \frac{1}{f'(x)} = -[f'(x)]^{-3}\cdot f''(x), \end{aligned}$$

可得

$$g''(2) = -[f'(1)]^{-3}\cdot f''(1) = 3\sqrt{3}.$$

19. 求函数 $y = \sin x \sin 2x \sin 3x$ 的 n 阶导数.

解　利用积化和差公式：$\sin x\cdot\cos y = \dfrac{1}{2}[\sin(x+y) + \sin(x-y)]$；

$$\cos x\cdot\cos y = \frac{1}{2}[\cos(x+y) + \cos(x-y)];$$

$$\sin x\cdot\sin y = -\frac{1}{2}[\cos(x+y) - \cos(x-y)].$$

将函数整理成 $y = \sin kx$ 的形式，则

$$y = -\frac{1}{2}[\cos 3x - \cos x]\cdot\sin 3x$$

$$=-\frac{1}{2}\sin 3x\cos 3x+\frac{1}{2}\sin 3x\cos x$$

$$=-\frac{1}{4}\sin 6x+\frac{1}{4}(\sin 4x+\sin 2x),$$

所以

$$y^{(n)}=\frac{1}{4}\left[-6^n\sin\left(6x+\frac{n\pi}{2}\right)+4^n\sin\left(4x+\frac{n\pi}{2}\right)+2^n\sin\left(2x+\frac{n\pi}{2}\right)\right].$$

20. 设 $f(x)$ 是二阶可导的以 2 为周期的奇函数，且 $f\left(\frac{1}{2}\right)>0$，$f'\left(\frac{1}{2}\right)>0$，比较 $f\left(-\frac{1}{2}\right)$、$f'\left(\frac{3}{2}\right)$ 与 $f''(0)$ 的大小，并说明理由.

解　由于 $f(x)$ 是奇函数，因此

$$f\left(-\frac{1}{2}\right)=-f\left(\frac{1}{2}\right)<0,$$

且

$$\begin{aligned}f'(x)&=\lim_{h\to 0}\frac{f(x+h)-f(x)}{h}\\&=\lim_{h\to 0}\frac{-f(-x-h)+f(-x)}{h}\\&=\lim_{h\to 0}\frac{f(-x-h)-f(-x)}{-h}=f'(-x),\end{aligned}$$

$$\begin{aligned}f'(x+2)&=\lim_{h\to 0}\frac{f(x+2+h)-f(x+2)}{h}\\&=\lim_{h\to 0}\frac{f(x+h)-f(x)}{h}=f'(x),\end{aligned}$$

即 $f'(x)$ 是周期为 2 的偶函数，又

$$\begin{aligned}f''(x)&=\lim_{h\to 0}\frac{f'(x+h)-f'(x)}{h}\\&=\lim_{h\to 0}\frac{f'(-x-h)-f'(-x)}{h}\\&=-\lim_{h\to 0}\frac{f'(-x-h)-f'(-x)}{-h}=-f''(-x),\end{aligned}$$

即 $f''(x)$ 是奇函数，所以

$$f''(0)=0,\quad f'\left(\frac{3}{2}\right)=f'\left(-\frac{1}{2}\right)=f'\left(\frac{1}{2}\right)>0,$$

于是

$$f\left(-\frac{1}{2}\right)<f''(0)<f'\left(\frac{3}{2}\right).$$

21. 设 $f(x)$ 为偶函数，且 $f'(0)$ 存在. 证明 $f'(0)=0$.

证明　已知 $f(x)$ 为偶函数，即 $f(-x)=f(x)$，则

$$\begin{aligned}f'_+(0)&=\lim_{h\to 0^+}\frac{f(h)-f(0)}{h}\\&=\lim_{h\to 0^+}\frac{f(-h)-f(0)}{-(-h)}\end{aligned}$$

$$=-\lim_{h\to 0^+}\frac{f(-h)-f(0)}{-h}$$

$$=-\lim_{t\to 0^-}\frac{f(t)-f(0)}{t}=-f'_-(0).$$

又 $f'(0)$ 存在,故有 $f'_+(0)=f'_-(0)=f'(0)$,从而 $f'(0)=-f'(0)$,即 $f'(0)=0$.

22.设函数 $f(x)$ 在 $x=0$ 处连续,则下列命题中错误的是(　　).

(A) 若 $\lim\limits_{x\to 0}\frac{f(x)}{x}$ 存在,则 $f(0)=0$

(B) 若 $\lim\limits_{x\to 0}\frac{f(x)+f(-x)}{x}$ 存在,则 $f(0)=0$

(C) 若 $\lim\limits_{x\to 0}\frac{f(x)}{x}$ 存在,则 $f'(0)$ 存在

(D) 若 $\lim\limits_{x\to 0}\frac{f(x)-f(-x)}{x}$ 存在,则 $f'(0)$ 存在

解　对于(A),由 $\lim\limits_{x\to 0}\frac{f(x)}{x}$ 存在,有

$$\lim_{x\to 0}f(x)=\lim_{x\to 0}\left[\frac{f(x)}{x}\cdot x\right]=\lim_{x\to 0}\frac{f(x)}{x}\cdot\lim_{x\to 0}x=0.$$

再由 $f(x)$ 在 $x=0$ 处连续,有 $f(0)=\lim\limits_{x\to 0}f(x)=0$,即(A) 正确.

对于(B),类似于(A),由 $\lim\limits_{x\to 0}\frac{f(x)+f(-x)}{x}$ 存在及 $f(x)$ 在 $x=0$ 处连续,有

$$\begin{aligned}f(0)+f(0)&=\lim_{x\to 0}[f(x)+f(-x)]\\&=\lim_{x\to 0}\left[\frac{f(x)+f(-x)}{x}\cdot x\right]\\&=\lim_{x\to 0}\frac{f(x)+f(-x)}{x}\cdot\lim_{x\to 0}x=0,\end{aligned}$$

即 $f(0)=0$,(B) 正确.

对于(C),根据(A) 有 $f(0)=0$,故由导数定义可得

$$f'(0)=\lim_{x\to 0}\frac{f(x)-f(0)}{x}=\lim_{x\to 0}\frac{f(x)}{x}$$

存在,即(C) 正确.

对于(D),举反例,如 $f(x)=|x|$,$\lim\limits_{x\to 0}\frac{f(x)-f(-x)}{x}=\lim\limits_{x\to 0}\frac{|x|-|-x|}{x}=0$,即极限存在,但 $f(x)=|x|$ 在 $x=0$(尖点) 处不可导,即 $f'(x)$ 不存在. 故选(D).

23.下列函数中,在 $x=0$ 处不可导的是(　　).

(A) $f(x)=|x|\sin|x|$　　　　(B) $f(x)=|x|\sin\sqrt{|x|}$

(C) $f(x)=\cos|x|$　　　　(D) $f(x)=\cos\sqrt{|x|}$

解　对于(A),

$$f'_+(0)=\lim_{x\to 0^+}\frac{f(x)-f(0)}{x}=\lim_{x\to 0^+}\frac{x\sin x}{x}=0,$$

$$f'_-(0)=\lim_{x\to 0^-}\frac{f(x)-f(0)}{x}=\lim_{x\to 0^-}\frac{x\sin x}{x}=0,$$

左、右导数相等,所以函数 $f(x)$ 可导.

对于(B)，
$$f'_+(0)=\lim_{x\to0^+}\frac{f(x)-f(0)}{x}=\lim_{x\to0^+}\frac{x\sin\sqrt{x}}{x}=0,$$
$$f'_-(0)=\lim_{x\to0^-}\frac{f(x)-f(0)}{x}=\lim_{x\to0^-}\frac{-x\sin\sqrt{-x}}{x}=0,$$
左、右导数相等，所以函数 $f(x)$ 可导.

对于(C)，
$$f'_+(0)=\lim_{x\to0^+}\frac{f(x)-f(0)}{x}=\lim_{x\to0^+}\frac{\cos x-1}{x}=0,$$
$$f'_-(0)=\lim_{x\to0^-}\frac{f(x)-f(0)}{x}=\lim_{x\to0^-}\frac{\cos(-x)-1}{x}=0,$$
左、右导数相等，所以函数 $f(x)$ 可导.

对于(D)，
$$f'_+(0)=\lim_{x\to0^+}\frac{f(x)-f(0)}{x}=\lim_{x\to0^+}\frac{\cos\sqrt{x}-1}{x}=\lim_{x\to0^+}\frac{-\frac{1}{2}x}{x}=-\frac{1}{2},$$
$$f'_-(0)=\lim_{x\to0^-}\frac{f(x)-f(0)}{x}=\lim_{x\to0^-}\frac{\cos\sqrt{-x}-1}{x}=\lim_{x\to0^-}\frac{\frac{1}{2}x}{x}=\frac{1}{2},$$
左、右导数不相等，所以函数 $f(x)$ 不可导，故选(D).

24. 证明：(1) 若 $f(x)$ 是可导的偶函数，则 $f'(x)$ 是奇函数；

(2) 若 $f(x)$ 是可导的奇函数，则 $f'(x)$ 是偶函数.

证明 (1) 由导数定义，有
$$\begin{aligned}f'(-x)&=\lim_{\Delta x\to0}\frac{f(-x+\Delta x)-f(-x)}{\Delta x}\\&=\lim_{\Delta x\to0}\frac{f(x-\Delta x)-f(x)}{\Delta x}\\&=-\lim_{\Delta x\to0}\frac{f(x-\Delta x)-f(x)}{-\Delta x}=-f'(x),\end{aligned}$$
即 $f'(x)$ 是奇函数.

(2) 类似地，由导数定义，有
$$\begin{aligned}f'(-x)&=\lim_{\Delta x\to0}\frac{f(-x+\Delta x)-f(-x)}{\Delta x}\\&=\lim_{\Delta x\to0}\frac{f(x-\Delta x)-f(x)}{-\Delta x}=f'(x),\end{aligned}$$
即 $f'(x)$ 是偶函数.

25. 证明：若 $f(x)$ 是可导的以 T 为周期的周期函数，则 $f'(x)$ 也是以 T 为周期的周期函数.

证明 由导数定义，有
$$\begin{aligned}f'(x+T)&=\lim_{\Delta x\to0}\frac{f(x+T+\Delta x)-f(x+T)}{\Delta x}\\&=\lim_{\Delta x\to0}\frac{f(x+\Delta x)-f(x)}{\Delta x}=f'(x).\end{aligned}$$

26. 用变量代换 $x=\cos t$ 化简方程 $(1-x^2)y''-xy'+y=0$.

解 需将所有的原自变量 x 都换成新的变量 t，注意题目中出现 x 的位置，不仅有 $1-x^2$，还有 y' 和 y''.

$$y'=\frac{\mathrm{d}y}{\mathrm{d}x}=\frac{\mathrm{d}y}{\mathrm{d}t}\cdot\frac{\mathrm{d}t}{\mathrm{d}x}$$
$$=\frac{\mathrm{d}y}{\mathrm{d}t}\cdot\frac{1}{\frac{\mathrm{d}x}{\mathrm{d}t}}=-\frac{1}{\sin t}\frac{\mathrm{d}y}{\mathrm{d}t},$$

$$y''=\frac{\mathrm{d}y'}{\mathrm{d}x}=\frac{\mathrm{d}y'}{\mathrm{d}t}\cdot\frac{\mathrm{d}t}{\mathrm{d}x}=\frac{\mathrm{d}y'}{\mathrm{d}t}\cdot\frac{1}{\frac{\mathrm{d}x}{\mathrm{d}t}}=-\frac{1}{\sin t}\cdot\frac{\mathrm{d}y'}{\mathrm{d}t}$$

$$=-\frac{1}{\sin t}\cdot\frac{\mathrm{d}}{\mathrm{d}t}\left(-\frac{1}{\sin t}\cdot\frac{\mathrm{d}y}{\mathrm{d}t}\right)$$
$$=\frac{1}{\sin t}\cdot\left[\frac{\mathrm{d}}{\mathrm{d}t}\left(\frac{1}{\sin t}\right)\cdot\frac{\mathrm{d}y}{\mathrm{d}t}+\frac{1}{\sin t}\cdot\frac{\mathrm{d}}{\mathrm{d}t}\left(\frac{\mathrm{d}y}{\mathrm{d}t}\right)\right]$$
$$=\frac{1}{\sin t}\cdot\left(-\frac{\cos t}{\sin^2 t}\cdot\frac{\mathrm{d}y}{\mathrm{d}t}+\frac{1}{\sin t}\cdot\frac{\mathrm{d}^2 y}{\mathrm{d}t^2}\right),$$

将 y' 和 y'' 代入原方程，得

$$\sin^2 t\cdot\left[\frac{1}{\sin t}\cdot\left(-\frac{\cos t}{\sin^2 t}\right)\cdot\frac{\mathrm{d}y}{\mathrm{d}t}+\frac{1}{\sin^2 t}\cdot\frac{\mathrm{d}^2 y}{\mathrm{d}t^2}\right]-\cos t\cdot\left(-\frac{1}{\sin t}\cdot\frac{\mathrm{d}y}{\mathrm{d}t}\right)+y=0,$$

化简可得

$$\frac{\mathrm{d}^2 y}{\mathrm{d}t^2}+y=0.$$

27. 设函数 $f(x)$ 可导，且满足条件 $\lim\limits_{x\to 0}\frac{f(1)-f(1-x)}{2x}=-1$，求曲线 $y=f(x)$ 在点 $(1,f(1))$ 处的切线斜率.

解 由已知条件与导数定义，可得

$$f'(1)=\lim_{h\to 0}\frac{f(1+h)-f(1)}{h}$$
$$=\lim_{x\to 0}\frac{f(1-x)-f(1)}{-x}$$
$$=-2\lim_{x\to 0}\frac{f(1-x)-f(1)}{2x}=-2.$$

28. 已知 $f(x)$ 是以 5 为周期的连续函数，其在 $x=1$ 处可导，在 $x=0$ 的某个邻域内满足 $f(1+\sin x)-3f(1-\sin x)=8x+\alpha(x)$，其中 $\alpha(x)$ 是当 $x\to 0$ 时比 x 高阶的无穷小，求曲线 $y=f(x)$ 在点 $(6,f(6))$ 处的切线方程.

解 方程 $f(1+\sin x)-3f(1-\sin x)=8x+\alpha(x)$ 两边同时取 $x\to 0$ 时的极限，并结合 $f(x)$ 的连续性，有 $f(1)-3f(1)=0$，即 $f(1)=0$.

由于 $\alpha(x)$ 是当 $x\to 0$ 时比 x 高阶的无穷小，故

$$\lim_{x\to 0}\frac{f(1+\sin x)-3f(1-\sin x)-8x}{x}=\lim_{x\to 0}\frac{\alpha(x)}{x}=0,$$

由 $f(1)=0$，得

$$\lim_{x\to 0}\frac{f(1+\sin x)-f(1)}{x}-3\lim_{x\to 0}\frac{f(1-\sin x)-f(1)}{x}-8$$
$$=\lim_{x\to 0}\frac{f(1+\sin x)-f(1)}{\sin x}\cdot\frac{\sin x}{x}-3\lim_{x\to 0}\frac{f(1-\sin x)-f(1)}{-\sin x}\cdot\frac{-\sin x}{x}-8=0,$$

得 $f'(1)+3f'(1)-8=0$，所以 $f'(1)=2$.

再由 $f(x)$ 是以 5 为周期的函数，可得 $f(6)=f(1)=0, f'(6)=f'(1)=2$，于是切线方程为 $y=2(x-6)$.

29. 证明：曲线 $\sqrt{x}+\sqrt{y}=\sqrt{a}$ 上任意一点的切线所截两个坐标轴的截距之和等于 a.

证明　求出曲线的切线方程，可得到切线的截距，验证和为 a 即可. 曲线方程两边同时对 x 求导，得

$$\frac{1}{2\sqrt{x}}+\frac{1}{2\sqrt{y}}\cdot y'=0,$$

则 $y'=-\frac{\sqrt{y}}{\sqrt{x}}$. 从而曲线在点 x 处的切线方程为

$$Y=-\frac{\sqrt{y}}{\sqrt{x}}(X-x)+y,$$

故截距分别为

$$\sqrt{xy}+y=\sqrt{y}\,(\sqrt{x}+\sqrt{y})=\sqrt{ay},$$

与

$$\sqrt{xy}+x=\sqrt{x}\,(\sqrt{y}+\sqrt{x})=\sqrt{ax},$$

即截距之和为

$$\sqrt{ay}+\sqrt{ax}=\sqrt{a}\,(\sqrt{y}+\sqrt{x})=a.$$

30. 证明：双曲线 $xy=a^2$（a 为正常数）上任意一点处的切线与两坐标轴构成的三角形的面积都等于 $2a^2$.

证明　由 $xy=a^2$，得

$$y=\frac{a^2}{x},\quad y'=-\frac{a^2}{x^2}.$$

设 $P_0(x_0,y_0)$ 为双曲线上任意一点，则点 P_0 处的切线方程为

$$y-y_0=-\frac{a^2}{x_0^2}(x-x_0),$$

注意 $x_0y_0=a^2$，令 $y=0$，得

$$x=\frac{x_0^2y_0}{a^2}+x_0=x_0+x_0=2x_0$$

为切线在 x 轴上的截距；再令 $x=0$，得

$$y=y_0+\frac{a^2}{x_0}=2y_0$$

为切线在 y 轴上的截距. 于是切线与两坐标轴构成的三角形的面积为

$$S=\frac{1}{2}|2x_0|\cdot|2y_0|=2|x_0y_0|=2a^2.$$

第3章 微分中值定理与导数的应用

知识点总结

一、微分中值定理

(1) 罗尔定理.

若函数 $f(x)$ 满足:在$[a,b]$上连续,在(a,b)内可导,$f(a)=f(b)$,则在(a,b)内至少存在一点 ξ,使得 $f'(\xi)=0$.

(2) 拉格朗日中值定理.

若函数 $f(x)$ 满足:在$[a,b]$上连续,在(a,b)内可导,则在(a,b)内至少存在一点 ξ,使得

$$f'(\xi)=\frac{f(b)-f(a)}{b-a}.$$

(3) 柯西中值定理.

若函数 $f(x)$、$F(x)$ 满足:在$[a,b]$上连续,在(a,b)内可导,且 $F'(x)\neq 0$,则在(a,b)内至少存在一点 ξ,使得

$$\frac{f(b)-f(a)}{F(b)-F(a)}=\frac{f'(\xi)}{F'(\xi)}.$$

二、洛必达法则

设:

(1) $\lim\limits_{x\to a}f(x)=0,\lim\limits_{x\to a}F(x)=0$[或$\lim\limits_{x\to a}f(x)=\infty,\lim\limits_{x\to a}F(x)=\infty$];

(2) $f(x)$、$F(x)$ 在$(a-\delta,a+\delta)$内可导(除去点 a),且 $F'(x)\neq 0$;

(3) $\lim\limits_{x\to a}\frac{f'(x)}{F'(x)}=A$(或 ∞),

则$\lim\limits_{x\to a}\frac{f(x)}{F(x)}=\lim\limits_{x\to a}\frac{f'(x)}{F'(x)}$.

注:将 $x\to a$ 改为 $x\to\infty$ 时结论也成立.

其他类型未定式,如 $0\cdot\infty$、$\infty-\infty$、1^{∞}、0^0、∞^0 型未定式均可化为$\frac{0}{0}$型或$\frac{\infty}{\infty}$型未定式.

三、泰勒公式

(1) 设 $f(x)$ 具有 $n+1$ 阶导数,则

$$f(x)=\sum_{k=0}^{n}\frac{f^{(k)}(x_0)}{k!}(x-x_0)^k+\frac{f^{(n+1)}(\xi)}{(n+1)!}(x-x_0)^{n+1},\quad \xi \text{ 在 } x \text{ 与 } x_0 \text{ 之间}.$$

(2) 麦克劳林公式. 设 $f(x)$ 具有 $n+1$ 阶导数,取 $x_0=0$,则

$$f(x)=\sum_{k=0}^{n}\frac{f^{(k)}(0)}{k!}x^k+\frac{f^{(n+1)}(\xi)}{(n+1)!}x^{n+1},\quad \xi \text{ 在 } x \text{ 与 } 0 \text{ 之间}.$$

四、函数的单调性与极值

(1) 单调性判别法. 设 $f(x)$ 在 $[a,b]$ 上连续,在 (a,b) 内可导.

① 若在 (a,b) 内 $f'(x)>0$,则 $f(x)$ 在 $[a,b]$ 上单调增加;

② 若在 (a,b) 内 $f'(x)<0$,则 $f(x)$ 在 $[a,b]$ 上单调减少.

(2) 判别极值的第一充分条件. 设 $f(x)$ 在点 x_0 处连续,且在 x_0 的某去心邻域 $\mathring{U}(x_0,\delta)$ 内可导.

① 若当 $x\in(x_0-\delta,x_0)$ 时,$f'(x)>0$,当 $x\in(x_0,x_0+\delta)$ 时,$f'(x)<0$,则 $f(x)$ 在 x_0 处取得极大值 $f(x_0)$;

② 若当 $x\in(x_0-\delta,x_0)$ 时,$f'(x)<0$,当 $x\in(x_0,x_0+\delta)$ 时,$f'(x)>0$,则 $f(x)$ 在 x_0 处取得极小值 $f(x_0)$;

③ 若当 $x\in\mathring{U}(x_0,\delta)$ 时,$f'(x)$ 的符号保持不变,则 $f(x)$ 在 x_0 处不取极值.

(3) 判别极值的第二充分条件. 设 $f(x)$ 在点 x_0 处有二阶导数,且 $f'(x_0)=0$,$f''(x_0)\neq 0$.

① 当 $f''(x_0)<0$ 时,$f(x_0)$ 是极大值;

② 当 $f''(x_0)>0$ 时,$f(x_0)$ 是极小值.

五、曲线的凹凸性与拐点

曲线 $y=f(x)$ 的凹凸性的判别法. 设 $f(x)$ 在 $[a,b]$ 上连续,在 (a,b) 内具有一阶和二阶导数.

(1) 若在 (a,b) 内 $f''(x)>0$,则 $f(x)$ 在 $[a,b]$ 上的图形是凹的;

(2) 若在 (a,b) 内 $f''(x)<0$,则 $f(x)$ 在 $[a,b]$ 上的图形是凸的.

曲线上凹弧和凸弧的分界点 $(x_0,f(x_0))$ 称为拐点.

六、曲线的渐近线

(1) 水平渐近线:若 $\lim\limits_{x\to\infty}f(x)=A$,则直线 $y=A$ 是曲线 $y=f(x)$ 的水平渐近线;

(2) 铅直(垂直)渐近线:若 $\lim\limits_{x\to x_0}f(x)=\infty$,则直线 $x=x_0$ 是曲线 $y=f(x)$ 的铅直(垂直)渐近线;

(3) 斜渐近线:若 $\lim\limits_{x\to\infty}[f(x)-(ax+b)]=0$,则直线 $y=ax+b$ 是曲线 $y=f(x)$ 的斜渐近线. 此时,$a=\lim\limits_{x\to\infty}\dfrac{f(x)}{x}$,$b=\lim\limits_{x\to\infty}[f(x)-ax]$.

七、曲率

(1) 设有光滑曲线 C:$y=f(x)$,弧微分公式为 $\mathrm{d}s=\sqrt{1+y'^2}\,\mathrm{d}x$.

(2) 设函数 $y=f(x)$ 具有二阶导数,则曲率的计算公式为 $K=\left|\dfrac{\mathrm{d}\alpha}{\mathrm{d}s}\right|=\dfrac{|y''|}{[1+(y')^2]^{\frac{3}{2}}}$.

基 础 题

1. 设函数 $f(x)$ 在 $[a,b]$ 上连续,在 (a,b) 内可导,且 $f(a)=f(b)=0$. 证明:至少存在一点 $\xi\in(a,b)$,使得 $f'(\xi)=f(\xi)$ 成立.

证明 构造辅助函数 $F(x)=f(x)\mathrm{e}^{-x}$,则 $F(x)$ 在 $[a,b]$ 上连续,在 (a,b) 内可导,且 $F(a)=F(b)=0$. 由罗尔定理知,在 (a,b) 内至少存在一点 $\xi\in(a,b)$,使得 $F'(\xi)=0$,即 $f'(\xi)\mathrm{e}^{-\xi}-f(\xi)\mathrm{e}^{-\xi}=0$,因为 $\mathrm{e}^{-\xi}\neq 0$,所以 $f'(\xi)=f(\xi)$.

2. 设函数 $f(x)$ 在 $[a,b]$ 上连续,在 (a,b) 内可导,且 $f(a)=f(b)=0$. 证明:至少存在一点 $\xi\in(a,b)$,使得 $f(\xi)+\xi f'(\xi)=0$.

证明 构造辅助函数 $F(x)=xf(x)$,则 $F(x)$ 在 $[a,b]$ 上连续,在 (a,b) 内可导,且 $F(a)=F(b)=0$,故 $F(x)$ 在 $[a,b]$ 上满足罗尔定理的条件,从而存在一点 $\xi\in(a,b)$,使得 $F'(\xi)=0$,即 $f(\xi)+\xi f'(\xi)=0$.

3. 设函数 $f(x)$ 在 $[a,b]$ 上二阶可导,且 $f(a)=f(b)=0$,令 $F(x)=(x-a)f(x)$,证明:在 (a,b) 内至少存在一点 ξ,使得 $F''(\xi)=0$.

证明 因为 $F(x)$ 在 $[a,b]$ 上连续,在 (a,b) 内可导,且 $F(a)=F(b)=0$,所以由罗尔定理知,存在一点 $\eta\in(a,b)$,使得 $F'(\eta)=0$. 又 $F'(x)=f(x)+(x-a)f'(x)$,可见 $F'(a)=0$,故 $F'(x)$ 在区间 $[a,\eta]$ 上也满足罗尔定理的条件,所以存在 $\xi\in(a,\eta)\subset(a,b)$,使得 $F''(\xi)=0$.

4. 若方程 $a_0x^n+a_1x^{n-1}+\cdots+a_{n-1}x=0$ 有一正根 $x=x_0$,证明:方程

$$a_0nx^{n-1}+a_1(n-1)x^{n-2}+\cdots+a_{n-1}=0$$

必有一个小于 x_0 的正根.

证明 令 $F(x)=a_0x^n+a_1x^{n-1}+\cdots+a_{n-1}x$,则 $F(x)$ 在 $[0,x_0]$ 上连续,在 $(0,x_0)$ 内可导,且 $F(0)=F(x_0)=0$,由罗尔定理知,至少存在一点 $\xi\in(0,x_0)$,使得 $F'(\xi)=0$,即

$$a_0n\xi^{n-1}+a_1(n-1)\xi^{n-2}+\cdots+a_{n-1}=0,$$

说明方程 $a_0nx^{n-1}+a_1(n-1)x^{n-2}+\cdots+a_{n-1}=0$ 必有一个小于 x_0 的正根.

5. 设函数 $f(x)$ 在 $[a,b]$ 上连续,在 (a,b) 内可导,且 $f(x)\neq 0$,$f(a)=0$,证明:存在一点 $\xi\in(a,b)$,使得 $\dfrac{2f'(\xi)}{f(\xi)}=\dfrac{f'(a+b-\xi)}{f(a+b-\xi)}$.

证明 构造辅助函数 $F(x)=f^2(x)f(a+b-x)$,则 $F(x)$ 在 $[a,b]$ 上连续,在 (a,b) 内可导,且 $F(a)=F(b)=0$,由罗尔定理知,存在一点 $\xi\in(a,b)$,使得 $F'(\xi)=0$,即

$$2f(\xi)f'(\xi)f(a+b-\xi)-f^2(\xi)f'(a+b-\xi)=0,$$

又 $f(x)\neq 0$,则有

$$\frac{2f'(\xi)}{f(\xi)}=\frac{f'(a+b-\xi)}{f(a+b-\xi)}.$$

6. 已知函数 $f(x)$ 具有二阶导数,且 $\lim\limits_{x\to 0}\dfrac{f(x)}{x}=0$,$f(1)=0$,证明:至少存在一点 $\xi\in(0,1)$,使得 $f''(\xi)=0$.

证明　由于$\lim\limits_{x\to 0}\dfrac{f(x)}{x}=0$,所以$\lim\limits_{x\to 0}f(x)=f(0)=0=f(1)$,由罗尔定理知,至少存在一点 $\xi_1\in(0,1)$,使得 $f'(\xi_1)=0$. 又

$$f'(0)=\lim_{x\to 0}\frac{f(x)-f(0)}{x-0}=\lim_{x\to 0}\frac{f(x)}{x}=0,$$

则由罗尔定理知,至少存在一点 $\xi\in(0,\xi_1)\subset(0,1)$,使得 $f''(\xi)=0$.

7. 设函数 $f(x)$ 在$[0,1]$上连续,在$(0,1)$内可导,且 $f(0)=0$,$f(1)=1$,证明:存在不同的点 ξ_1 和 ξ_2,使得$\dfrac{1}{f'(\xi_1)}+\dfrac{1}{f'(\xi_2)}=2$.

证明　函数 $f(x)$ 在$[0,1]$上连续,$f(0)=0$,$f(1)=1$,由介值定理知,存在一点 $\xi\in(0,1)$,使得 $f(\xi)=\dfrac{1}{2}$.

分别在$[0,\xi]$与$[\xi,1]$上对 $f(x)$ 应用拉格朗日中值定理,得

$$\frac{f(\xi)-f(0)}{\xi}=f'(\xi_1),\quad \xi_1\in(0,\xi),$$
$$\frac{f(1)-f(\xi)}{1-\xi}=f'(\xi_2),\quad \xi_2\in(\xi,1),$$

进而

$$\frac{1}{f'(\xi_1)}=\frac{\xi}{f(\xi)}=2\xi,$$
$$\frac{1}{f'(\xi_2)}=\frac{1-\xi}{1-f(\xi)}=2(1-\xi),$$

于是$\dfrac{1}{f'(\xi_1)}+\dfrac{1}{f'(\xi_2)}=2$.

8. 已知函数 $f(x)$ 在$(-\infty,+\infty)$内可导,且$\lim\limits_{x\to\infty}\left(\dfrac{x+c}{x-c}\right)^x=\lim\limits_{x\to\infty}[f(x)-f(x-1)]$,$\lim\limits_{x\to\infty}f'(x)=\mathrm{e}$,求 c 的值.

解　$\lim\limits_{x\to\infty}\left(\dfrac{x+c}{x-c}\right)^x=\mathrm{e}^{\lim\limits_{x\to\infty}\left[x\cdot\left(\frac{x+c}{x-c}-1\right)\right]}=\mathrm{e}^{\lim\limits_{x\to\infty}\frac{2cx}{x-c}}=\mathrm{e}^{2c}$. 在$[x-1,x]$上对 $f(x)$ 应用拉格朗日中值定理,得

$$f(x)-f(x-1)=f'(\xi)[x-(x-1)]=f'(\xi),\quad \xi\in(x-1,x),$$

从而

$$\lim_{x\to\infty}[f(x)-f(x-1)]=\lim_{x\to\infty}f'(\xi)=\lim_{\xi\to\infty}f'(\xi)=\mathrm{e},$$

于是 $\mathrm{e}^{2c}=\mathrm{e}$,即 $c=\dfrac{1}{2}$.

9. 证明:恒等式 $3\arccos x-\arccos(3x-4x^3)=\pi\left(-\dfrac{1}{2}\leqslant x\leqslant\dfrac{1}{2}\right)$.

证明　令 $f(x)=3\arccos x-\arccos(3x-4x^3)$,则对任意 $x\in\left(-\dfrac{1}{2},\dfrac{1}{2}\right)$,有

$$\begin{aligned}f'(x)&=-\frac{3}{\sqrt{1-x^2}}+\frac{3-12x^2}{\sqrt{1-(3x-4x^3)^2}}\\&=-\frac{3}{\sqrt{1-x^2}}+\frac{3(1-4x^2)}{\sqrt{(1-x^2)(1-4x^2)^2}}=0,\end{aligned}$$

根据拉格朗日中值定理的推论 1, $f(x)\equiv C$. 又因为 $f(0)=f\left(\frac{1}{2}\right)=f\left(-\frac{1}{2}\right)=\pi$, 所以

$$f(x)=3\arccos x-\arccos(3x-4x^3)=\pi \quad \left(-\frac{1}{2}\leqslant x\leqslant\frac{1}{2}\right).$$

10. 证明:当 $0<a<b$ 时, $\frac{b-a}{b}<\ln\frac{b}{a}<\frac{b-a}{a}$.

证明 令 $f(x)=\ln x$, 则 $f(x)$ 在 $[a,b]$ 上满足拉格朗日中值定理的条件,从而有

$$\frac{\ln b-\ln a}{b-a}=\frac{1}{\xi}.$$

又因为 $\frac{1}{b}<\frac{1}{\xi}<\frac{1}{a}$, 所以 $\frac{1}{b}<\frac{\ln b-\ln a}{b-a}<\frac{1}{a}$, 即 $\frac{b-a}{b}<\ln\frac{b}{a}<\frac{b-a}{a}$.

11. 已知函数 $f(x)$ 在 $[0,1]$ 上连续,在 $(0,1)$ 内可导,且 $f(0)=0, f(1)=1$. 证明:

(1) 存在点 $\xi\in(0,1)$, 使得 $f(\xi)=1-\xi$;

(2) 存在两个不同的点 $\eta、\mu\in(0,1)$, 使得 $f'(\eta)f'(\mu)=1$.

证明 (1) 构造辅助函数 $F(x)=f(x)+x-1$, $F(0)=-1$, $F(1)=1$, 由零点定理知,存在点 $\xi\in(0,1)$, 使得 $F(\xi)=0$, 即 $f(\xi)=1-\xi$.

(2) 由拉格朗日中值定理知,存在点 $\eta\in(0,\xi)$, $\mu\in(\xi,1)$, 使得

$$\frac{f(\xi)-f(0)}{\xi}=f'(\eta),$$

$$\frac{f(1)-f(\xi)}{1-\xi}=f'(\mu),$$

两式相乘,得 $f'(\eta)f'(\mu)=\frac{f(\xi)}{\xi}\cdot\frac{1-f(\xi)}{1-\xi}=\frac{1-\xi}{\xi}\cdot\frac{\xi}{1-\xi}=1$.

12. 设 $0<a<b$, 函数 $f(x)$ 在 $[a,b]$ 上连续,在 (a,b) 内可导,证明:存在一点 $\xi\in(a,b)$, 使得 $f(b)-f(a)=\xi f'(\xi)\ln\frac{b}{a}$.

证明 设 $F(x)=\ln x$, 由柯西中值定理知,存在一点 $\xi\in(a,b)$, 使得

$$\frac{f(b)-f(a)}{F(b)-F(a)}=\frac{f'(\xi)}{F'(\xi)},$$

即

$$\frac{f(b)-f(a)}{\ln b-\ln a}=\frac{f'(\xi)}{\frac{1}{\xi}},$$

也即

$$f(b)-f(a)=\xi f'(\xi)\ln\frac{b}{a}.$$

13. 设数列 $\{x_n\}$ 满足: $x_1>0$, $x_n e^{x_{n+1}}=e^{x_n}-1$ $(n=1,2,3,\cdots)$. 证明 $\{x_n\}$ 收敛,并求 $\lim\limits_{n\to\infty}x_n$.

证明 由于 $x_1>0$, 所以 $e^{x_2}=\frac{e^{x_1}-1}{x_1}$, 由拉格朗日中值定理知,存在点 $\xi\in(0,x_1)$, 使得

$$\frac{e^{x_1}-1}{x_1}=e^{\xi},$$

则 $e^{x_2}=e^{\xi}$, 于是 $0<x_2=\xi<x_1$.

由数学归纳法,假设 $0<x_n<x_{n-1}$, 则

$$e^{x_{n+1}}=\frac{e^{x_n}-1}{x_n}=e^{\eta},\quad \eta\in(0,x_n),$$

于是 $0 < x_{n+1} = \eta < x_n$，即数列 $\{x_n\}$ 单调减少，且有下界，故数列 $\{x_n\}$ 收敛. 设 $\lim\limits_{n\to\infty} x_n = A$，在 $x_n e^{x_{n+1}} = e^{x_n} - 1$ 中令 $n\to\infty$，得 $Ae^A = e^A - 1$，注意到 $A = 0$ 是其解.

下面证明 $A = 0$ 是其唯一解. 设 $f(x) = xe^x - e^x - 1$，则 $f'(x) = xe^x$，当 $x > 0$ 时，$f'(x) > 0$，因此 $f(x)$ 单调增加，故 $A = 0$ 是 $Ae^A = e^A - 1$ 在 $[0, +\infty)$ 上的唯一解，于是 $\lim\limits_{n\to\infty} x_n = 0$.

14. 求下列极限：

(1) $\lim\limits_{x\to 0} \dfrac{\ln(1+ax^3)}{\cos 2x \cdot (x - \arcsin x)}$；　(2) $\lim\limits_{x\to 0}\left\{\dfrac{1}{x^3}\left[\left(\dfrac{2+\cos x}{3}\right)^x - 1\right]\right\}$；

(3) $\lim\limits_{x\to 0}\left[\dfrac{1}{\ln(1+x)} - \dfrac{1}{x}\right]$；　(4) $\lim\limits_{x\to +\infty} \dfrac{\ln\left(1+\dfrac{1}{x}\right)}{\operatorname{arccot} x}$；

(5) $\lim\limits_{n\to\infty}\left(n\tan\dfrac{1}{n}\right)^{n^2}$；　(6) $\lim\limits_{x\to 0}\left(\dfrac{\sin x}{x}\right)^{\frac{1}{1-\cos x}}$；

(7) $\lim\limits_{x\to +\infty} \dfrac{e^x - e^{-x}}{e^x + e^{-x}}$；　(8) $\lim\limits_{x\to 0} \dfrac{1+\dfrac{x^2}{2} - \sqrt{1+x^2}}{(\cos x - e^{x^2})\sin x^2}$.

解　(1) $$\lim_{x\to 0} \frac{\ln(1+ax^3)}{\cos 2x \cdot (x - \arcsin x)} = \lim_{x\to 0}\frac{ax^3}{x - \arcsin x} = \lim_{x\to 0}\frac{3ax^2}{1 - \dfrac{1}{\sqrt{1-x^2}}}$$
$$= \lim_{x\to 0}\frac{3ax^2\sqrt{1-x^2}}{\sqrt{1-x^2}-1} = \lim_{x\to 0}\frac{3ax^2}{\sqrt{1-x^2}-1}$$
$$= \lim_{x\to 0}\frac{3ax^2}{-\dfrac{1}{2}x^2} = -6a.$$

(2) $$\lim_{x\to 0}\left\{\frac{1}{x^3}\left[\left(\frac{2+\cos x}{3}\right)^x - 1\right]\right\} = \lim_{x\to 0}\frac{e^{x\ln\frac{2+\cos x}{3}} - 1}{x^3} = \lim_{x\to 0}\frac{x\ln\dfrac{2+\cos x}{3}}{x^3}$$
$$= \lim_{x\to 0}\frac{\ln(2+\cos x) - \ln 3}{x^2} = \lim_{x\to 0}\frac{\dfrac{1}{2+\cos x}\cdot(-\sin x)}{2x}$$
$$= -\frac{1}{6}.$$

(3) $$\lim_{x\to 0}\left[\frac{1}{\ln(1+x)} - \frac{1}{x}\right] = \lim_{x\to 0}\frac{x - \ln(1+x)}{x\ln(1+x)} = \lim_{x\to 0}\frac{x-\ln(1+x)}{x^2}$$
$$= \lim_{x\to 0}\frac{1 - \dfrac{1}{1+x}}{2x} = \lim_{x\to 0}\frac{1}{2(1+x)} = \frac{1}{2}.$$

(4) $$\lim_{x\to +\infty}\frac{\ln\left(1+\dfrac{1}{x}\right)}{\operatorname{arccot} x} = \lim_{x\to +\infty}\frac{\dfrac{1}{x}}{\operatorname{arccot} x} = \lim_{x\to +\infty}\frac{-\dfrac{1}{x^2}}{-\dfrac{1}{1+x^2}} = \lim_{x\to +\infty}\frac{1+x^2}{x^2} = 1.$$

(5) 先计算 $\lim\limits_{x\to +\infty}\left(x\tan\dfrac{1}{x}\right)^{x^2} = e^{\lim\limits_{x\to +\infty} x^2\ln\left(x\tan\frac{1}{x}\right)}$，由于

$$\lim_{x\to +\infty}\left[x^2\ln\left(x\tan\frac{1}{x}\right)\right] = \lim_{x\to +\infty}\left[x^2\left(\ln x + \ln\tan\frac{1}{x}\right)\right] \xlongequal{\text{令 } x = \frac{1}{t}} \lim_{t\to 0^+}\frac{\ln\tan t - \ln t}{t^2}$$

$$=\lim_{t\to0^+}\frac{\frac{\sec^2t}{\tan t}-\frac{1}{t}}{2t}=\lim_{t\to0^+}\frac{t\sec^2t-\tan t}{2t\cdot t\cdot\tan t}=\lim_{t\to0^+}\left(\frac{1}{2\cos t}\cdot\frac{t-\sin t\cos t}{t^2\sin t}\right)$$

$$=\lim_{t\to0^+}\frac{t-\frac{1}{2}\sin 2t}{2t^3}=\lim_{t\to0^+}\frac{1-\cos 2t}{6t^2}=\lim_{t\to0^+}\frac{2\sin 2t}{12t}=\frac{1}{3},$$

于是 $\lim\limits_{x\to+\infty}\left(x\tan\frac{1}{x}\right)^{x^2}=e^{\frac{1}{3}}$,从而$\lim\limits_{n\to\infty}\left(n\tan\frac{1}{n}\right)^{n^2}=e^{\frac{1}{3}}$.

(6) $\lim\limits_{x\to0}\left(\frac{\sin x}{x}\right)^{\frac{1}{1-\cos x}}=\lim\limits_{x\to0}e^{\frac{1}{1-\cos x}\ln\frac{\sin x}{x}}=e^{\lim\limits_{x\to0}\frac{\ln\sin x-\ln x}{1-\cos x}}$,由于

$$\lim_{x\to0}\frac{\ln\sin x-\ln x}{1-\cos x}=\lim_{x\to0}\frac{\cot x-\frac{1}{x}}{\sin x}=\lim_{x\to0}\frac{x\cos x-\sin x}{x\sin^2x}$$

$$=\lim_{x\to0}\frac{x\cos x-\sin x}{x^3}=\lim_{x\to0}\frac{-x\sin x}{3x^2}=-\frac{1}{3},$$

所以$\lim\limits_{x\to0}\left(\frac{\sin x}{x}\right)^{\frac{1}{1-\cos x}}=e^{-\frac{1}{3}}$.

(7) $\lim\limits_{x\to+\infty}\frac{e^x-e^{-x}}{e^x+e^{-x}}$是$\frac{\infty}{\infty}$型未定式,但使用洛必达法则不能计算出结果.分子、分母同时除以e^x,得

$$\lim_{x\to+\infty}\frac{e^x-e^{-x}}{e^x+e^{-x}}=\lim_{x\to+\infty}\frac{1-e^{-2x}}{1+e^{-2x}}=1.$$

(8) $\lim\limits_{x\to0}\frac{1+\frac{x^2}{2}-\sqrt{1+x^2}}{(\cos x-e^{x^2})\sin x^2}$是$\frac{0}{0}$型未定式,但使用洛必达法则计算十分烦琐.可使用泰勒公式计算,得

$$\lim_{x\to0}\frac{1+\frac{x^2}{2}-\sqrt{1+x^2}}{(\cos x-e^{x^2})\sin x^2}=\lim_{x\to0}\frac{1+\frac{x^2}{2}-\left[1+\frac{x^2}{2}-\frac{x^4}{2\cdot4}+o(x^4)\right]}{\left\{1-\frac{x^2}{2!}+\frac{x^4}{4!}+o(x^4)-\left[1+x^2+\frac{x^4}{2!}+o(x^4)\right]\right\}x^2}$$

$$=\lim_{x\to0}\frac{\frac{x^4}{8}+o(x^4)}{\left[-\frac{3}{2}x^2-\frac{11}{24}x^4+o(x^4)\right]x^2}=\frac{1}{8}\cdot\left(-\frac{2}{3}\right)=-\frac{1}{12}.$$

15. 求$\lim\limits_{n\to\infty}\left[n^3\left(\sin\frac{1}{n}-\frac{1}{2}\sin\frac{2}{n}\right)\right]$.

解 **方法一** 令$x=\frac{1}{n}$,则

$$\lim_{n\to\infty}\left[n^3\left(\sin\frac{1}{n}-\frac{1}{2}\sin\frac{2}{n}\right)\right]=\lim_{x\to0^+}\frac{\sin x-\frac{1}{2}\sin 2x}{x^3}$$

$$=\lim_{x\to0^+}\frac{x-\frac{1}{6}x^3-\frac{1}{2}\left[2x-\frac{1}{6}\cdot(2x)^3\right]+o(x^3)}{x^3}$$

$$= \lim_{x\to 0^+} \frac{\frac{1}{2}x^3 + o(x^3)}{x^3} = \frac{1}{2}.$$

方法二　令 $x = \frac{1}{n}$，则

$$\lim_{n\to\infty}\left[n^3\left(\sin\frac{1}{n} - \frac{1}{2}\sin\frac{2}{n}\right)\right] = \lim_{x\to 0^+}\frac{\sin x - \frac{1}{2}\sin 2x}{x^3} = \lim_{x\to 0^+}\frac{\sin x - \sin x\cos x}{x^3}$$

$$= \lim_{x\to 0^+}\frac{\sin x(1-\cos x)}{x^3} = \lim_{x\to 0^+}\frac{\frac{1}{2}x^3}{x^3} = \frac{1}{2}.$$

16. 设函数 $f(x) = \prod_{n=1}^{100}\left(\tan\frac{\pi x^n}{4} - n\right)$，求 $f'(1)$.

解　$f'(1) = \lim_{x\to 1}\frac{f(x)-f(1)}{x-1} = \lim_{x\to 1}\frac{\prod_{n=1}^{100}\left(\tan\frac{\pi x^n}{4} - n\right) - f(1)}{x-1}$

$$= \lim_{x\to 1}\frac{\left(\tan\frac{\pi x}{4} - 1\right)\left(\tan\frac{\pi x^2}{4} - 2\right)\cdots\left(\tan\frac{\pi x^{100}}{4} - 100\right) - 0}{x-1}$$

$$= (-1)^{99}\cdot 99!\cdot\lim_{x\to 1}\frac{\tan\frac{\pi x}{4} - 1}{x-1} = -99!\cdot\lim_{x\to 1}\left(\frac{\pi}{4}\sec^2\frac{\pi}{4}x\right) = -\frac{99!\pi}{2}.$$

17. 确定常数 a、b 的值，使得函数 $f(x) = \begin{cases}\sin x + 2ae^x, & x < 0\\ 9\arctan x + 2b(x-1)^3, & x \geqslant 0\end{cases}$ 处处可导.

解　只需考察函数 $f(x)$ 在 $x = 0$ 处的可导性，有

$$f'_-(0) = \lim_{x\to 0^-}\frac{f(x)-f(0)}{x} = \lim_{x\to 0^-}\frac{\sin x + 2ae^x + 2b}{x},$$

$$f'_+(0) = \lim_{x\to 0^+}\frac{f(x)-f(0)}{x} = \lim_{x\to 0^+}\frac{9\arctan x + 2b(x-1)^3 + 2b}{x}$$

$$= \lim_{x\to 0^+}\left[\frac{9}{1+x^2} + 6b(x-1)^2\right] = 9 + 6b,$$

要使 $f(x)$ 在 $x = 0$ 处可导，则有 $f'_-(0) = f'_+(0)$，即 $\lim_{x\to 0^-}\frac{\sin x + 2ae^x + 2b}{x} = 9 + 6b$，也即

$$\lim_{x\to 0^-}\frac{\sin x}{x} + \lim_{x\to 0^-}\frac{2ae^x + 2b}{x} = 9 + 6b,$$

得 $\lim_{x\to 0^-}\frac{2ae^x + 2b}{x} = 8 + 6b$，由 $\lim_{x\to 0^-}x = 0$ 得 $\lim_{x\to 0^-}(2ae^x + 2b) = 0$，于是 $a = -b$，代入上式，得

$$\lim_{x\to 0^-}\frac{2a(e^x - 1)}{x} = 2a = 8 - 6a,$$

解得 $a = 1, b = -1$.

18. 设函数 $f(x) = \begin{cases}\frac{x\ln x}{1-x}, & x \neq 1\\ -1, & x = 1\end{cases}$，讨论 $f(x)$ 在 $x = 1$ 处的连续性及可导性.

解　因为 $\lim_{x\to 1}f(x) = \lim_{x\to 1}\frac{x\ln x}{1-x} = -\lim_{x\to 1}(\ln x + 1) = -1 = f(1)$，所以 $f(x)$ 在 $x = 1$ 处连

续;又因为

$$\lim_{x\to 1}\frac{\frac{x\ln x}{1-x}+1}{x-1}=\lim_{x\to 1}\frac{x\ln x+1-x}{-x^2+2x-1}$$

$$=\lim_{x\to 1}\frac{\ln x}{-2x+2}=\lim_{x\to 1}\frac{1}{-2x}=-\frac{1}{2},$$

所以 $f(x)$ 在 $x=1$ 处可导.

19. 当 $x\in\left(-\frac{1}{2},1\right]$ 时,确定函数 $f(x)=\frac{\tan \pi x}{|x|(x^2-1)}$ 的间断点,并判定其类型.

解 由题可知,$x=0, x=1, x=\frac{1}{2}$ 是间断点,下面分别进行讨论.

对于 $x=0$, $\lim\limits_{x\to 0^+}f(x)=\lim\limits_{x\to 0^+}\frac{\tan \pi x}{|x|(x^2-1)}=-\lim\limits_{x\to 0^+}\frac{\pi x}{x}=-\pi$,

$$\lim_{x\to 0^-}f(x)=\lim_{x\to 0^-}\frac{\tan \pi x}{|x|(x^2-1)}=-\lim_{x\to 0^-}\frac{\pi x}{-x}=\pi,$$

左、右极限不相等,因此 $x=0$ 为第一类间断点中的跳跃间断点.

对于 $x=1$, $\lim\limits_{x\to 1}f(x)=\lim\limits_{x\to 1}\frac{\tan \pi x}{x^2-1}=\lim\limits_{x\to 1}\frac{\pi\sec^2\pi x}{2x}=\frac{\pi}{2}$,

左、右极限相等,因此 $x=1$ 为第一类间断点中的可去间断点.

对于 $x=\frac{1}{2}$, $\lim\limits_{x\to \frac{1}{2}}f(x)=\lim\limits_{x\to \frac{1}{2}}\frac{-8\tan \pi x}{3}=\infty$,

因此 $x=\frac{1}{2}$ 为第二类间断点.

20. 设函数 $f(x)=\lim\limits_{n\to\infty}\frac{e^{\frac{1}{x}}\arctan\frac{1}{1+x}}{x^2+e^{nx}}$,求 $f(x)$ 的间断点,并判定其类型.

解 当 $x>0$ 时,$f(x)=0$;当 $x<0$ 时,$f(x)=\frac{e^{\frac{1}{x}}\arctan\frac{1}{1+x}}{x^2}$,易知 $x=0, x=-1$ 是间断点,下面分别进行讨论.

对于 $x=0$, $\lim\limits_{x\to 0^-}f(x)=\lim\limits_{x\to 0^-}\frac{e^{\frac{1}{x}}\arctan\frac{1}{1+x}}{x^2}=\frac{\pi}{4}\lim\limits_{x\to 0^-}\frac{e^{\frac{1}{x}}}{x^2}$,令 $-\frac{1}{x}=t$,于是

$$\lim_{x\to 0^-}f(x)=\frac{\pi}{4}\lim_{x\to 0^-}\frac{e^{\frac{1}{x}}}{x^2}=\frac{\pi}{4}\lim_{t\to+\infty}(t^2e^{-t})=\frac{\pi}{4}\lim_{t\to+\infty}\frac{t^0}{e^t}=0=\lim_{x\to 0^+}f(x),$$

所以 $x=0$ 为第一类间断点中的可去间断点.

对于 $x=-1$,

$$\lim_{x\to -1^+}f(x)=\lim_{x\to -1^+}\frac{e^{\frac{1}{x}}\arctan\frac{1}{1+x}}{x^2}$$

$$=e^{-1}\lim_{x\to -1^+}\arctan\frac{1}{1+x}\xlongequal{\text{令 } u=\frac{1}{1+x}}e^{-1}\lim_{u\to+\infty}\arctan u=\frac{\pi}{2e},$$

$$\lim_{x\to -1^-} f(x) = \lim_{x\to -1^-} \frac{e^{\frac{1}{x}} \arctan \frac{1}{1+x}}{x^2}$$

$$= e^{-1} \lim_{x\to -1^-} \arctan \frac{1}{1+x} \xlongequal{令 u = \frac{1}{1+x}} e^{-1} \lim_{u\to -\infty} \arctan u = -\frac{\pi}{2e},$$

左、右极限不相等，所以 $x=-1$ 为第一类间断点中的跳跃间断点.

21. 已知 $f''(a)$ 存在，求极限 $\lim\limits_{h\to 0} \dfrac{f(a+h)+f(a-h)-2f(a)}{h^2}$.

解
$$\lim_{h\to 0} \frac{f(a+h)+f(a-h)-2f(a)}{h^2} = \lim_{h\to 0} \frac{f'(a+h)-f'(a-h)}{2h}$$
$$= \frac{1}{2} \lim_{h\to 0}\left[\frac{f'(a+h)-f'(a)}{h} + \frac{f'(a-h)-f'(a)}{-h}\right]$$
$$= f''(a).$$

22. 设函数 $g(x)$ 在 $x=0$ 处二阶可导，且 $g(0)=0$，$f(x)=\begin{cases} \dfrac{g(x)}{x}, & x\neq 0 \\ a, & x=0 \end{cases}$. 试确定 a，使得 $f(x)$ 在 $x=0$ 处可导，并求 $f'(0)$.

解 由于 $f(x)$ 在 $x=0$ 处可导，所以 $f(x)$ 连续. 故有

$$f(0) = \lim_{x\to 0} f(x) = \lim_{x\to 0} \frac{g(x)}{x} = \lim_{x\to 0} \frac{g(x)-g(0)}{x-0} = g'(0),$$

即 $a=g'(0)$，则

$$f'(0) = \lim_{x\to 0} \frac{f(x)-f(0)}{x-0} = \lim_{x\to 0} \frac{\frac{g(x)}{x} - g'(0)}{x}$$
$$= \lim_{x\to 0} \frac{g(x)-xg'(0)}{x^2}$$
$$= \lim_{x\to 0} \frac{g'(x)-g'(0)}{2x} = \frac{1}{2} g''(0).$$

23. 设函数 $f(x)=\begin{cases} \dfrac{\varphi(x)-\cos x}{x}, & x\neq 0 \\ a, & x=0 \end{cases}$，其中 $\varphi(x)$ 具有二阶导数，且 $\varphi(0)=1$，$\varphi'(0)=0$.

(1) 确定 a 的值，使得 $f(x)$ 在 $x=0$ 处连续；

(2) 求 $f'(x)$；

(3) 讨论 $f'(x)$ 在 $x=0$ 处的连续性.

解 (1) 要使 $f(x)$ 在 $x=0$ 处连续，则有 $\lim\limits_{x\to 0} f(x) = f(0) = a$，于是

$$\lim_{x\to 0} \frac{\varphi(x)-\cos x}{x} = \lim_{x\to 0} \frac{\varphi'(x)+\sin x}{1} = \varphi'(0) = 0 = f(0) = a,$$

所以 $a=0$.

(2) 当 $x\neq 0$ 时， $$f'(x) = \frac{[\varphi'(x)+\sin x]\cdot x - [\varphi(x)-\cos x]}{x^2},$$

$$f'(0) = \lim_{x\to 0} \frac{f(x)-f(0)}{x} = \lim_{x\to 0} \frac{\varphi(x)-\cos x}{x^2}$$

$$=\lim_{x\to0}\frac{\varphi'(x)+\sin x}{2x}$$

$$=\lim_{x\to0}\frac{\varphi'(x)-\varphi'(0)}{2x}+\lim_{x\to0}\frac{\sin x}{2x}=\frac{1}{2}\varphi''(0)+\frac{1}{2},$$

于是
$$f'(x)=\begin{cases}\dfrac{[\varphi'(x)+\sin x]\cdot x-[\varphi(x)-\cos x]}{x^2}, & x\neq0\\ \dfrac{1}{2}\varphi''(0)+\dfrac{1}{2}, & x=0\end{cases}.$$

(3) $$\lim_{x\to0}f'(x)=\lim_{x\to0}\frac{[\varphi'(x)+\sin x]\cdot x-[\varphi(x)-\cos x]}{x^2}$$

$$=\lim_{x\to0}\frac{\varphi'(x)-\varphi'(0)}{x}+\lim_{x\to0}\frac{\sin x\cdot x}{x^2}+\lim_{x\to0}\frac{\cos x-\varphi(x)}{x^2}$$

$$=\varphi''(0)+1-\lim_{x\to0}\frac{\sin x+\varphi'(x)}{2x}$$

$$=\varphi''(0)+1-\frac{1}{2}\varphi''(0)-\frac{1}{2}=\frac{1}{2}\varphi''(0)+\frac{1}{2}=f'(0),$$

所以 $f'(x)$ 在 $x=0$ 处连续.

24. 设函数 $f(x)$ 在 $[-\delta,\delta](\delta>0)$ 上有定义，$f(0)=1$，且满足 $\lim\limits_{x\to0}\dfrac{\ln(1-2x)+2xf(x)}{x^2}=0$. 证明 $f(x)$ 在 $x=0$ 处可导，并求 $f'(0)$.

证明　方法一　利用泰勒公式及极限的四则运算法则，有

$$\lim_{x\to0}\frac{\ln(1-2x)+2xf(x)}{x^2}=\lim_{x\to0}\frac{-2x-\frac{1}{2}\cdot4x^2+o(x^2)+2xf(x)}{x^2}$$

$$=2\lim_{x\to0}\frac{f(x)-1}{x}-2=0,$$

得 $\lim\limits_{x\to0}\dfrac{f(x)-1}{x}=1$，于是

$$f'(0)=\lim_{x\to0}\frac{f(x)-f(0)}{x}=\lim_{x\to0}\frac{f(x)-1}{x}=1.$$

方法二　由 $\lim\limits_{x\to0}\dfrac{\ln(1-2x)+2xf(x)}{x^2}=0$，利用极限与无穷小的关系，得 $\ln(1-2x)+2xf(x)=x^2\alpha(x)$，这里 $\alpha(x)$ 是 $x\to0$ 时的无穷小. 于是 $f(x)=\dfrac{x^2\alpha(x)-\ln(1-2x)}{2x}$，从而

$$f'(0)=\lim_{x\to0}\frac{f(x)-f(0)}{x}=\lim_{x\to0}\frac{\dfrac{x^2\alpha(x)-\ln(1-2x)}{2x}-1}{x}$$

$$=\lim_{x\to0}\frac{x^2\alpha(x)-\ln(1-2x)-2x}{2x^2}$$

$$=\lim_{x\to0}\frac{x^2\alpha(x)-\left[-2x-\frac{1}{2}\cdot4x^2+o(x^2)\right]-2x}{2x^2}=1.$$

25. 设函数 $f(x)$、$g(x)$ 二阶可导，当 $x>0$ 时，$f''(x)>g''(x)$，且 $f(0)=g(0)$，$f'(0)=g'(0)$，证明：当 $x>0$ 时，$f(x)>g(x)$.

证明　令 $F(x)=f(x)-g(x)$，则当 $x>0$ 时，$F''(x)=f''(x)-g''(x)>0$，故 $F'(x)$ 单调增加. 又因为 $F'(x)>F'(0)=f'(0)-g'(0)=0$，所以函数 $F(x)$ 单调增加，从而 $F(x)>F(0)=f(0)-g(0)=0$，即 $f(x)>g(x)$.

26. 设函数 $f(x)$ 在闭区间 $[0,1]$ 上二阶可导，且 $f(0)=0$，$f''(x)>0$，证明：$\dfrac{f(x)}{x}$ 在 $(0,1]$ 上是单调增加函数.

证明　令 $F(x)=\dfrac{f(x)}{x}$，则对任意 $x\in(0,1)$，有

$$F'(x)=\frac{xf'(x)-f(x)}{x^2}.$$

又令 $\varphi(x)=xf'(x)-f(x)$，则 $\varphi'(x)=xf''(x)>0$，故 $\varphi(x)$ 在 $(0,1]$ 上单调增加，从而 $\varphi(x)>\varphi(0)=0$，即 $F'(x)=\dfrac{\varphi(x)}{x^2}>0$，故 $F(x)=\dfrac{f(x)}{x}$ 在 $(0,1]$ 上是单调增加函数.

27. 求下列函数的单调区间和极值：

(1) $y=\dfrac{x^2}{1+x}$；　　　(2) $y=\dfrac{2}{3}x-(x-1)^{\frac{2}{3}}$.

解　(1) 在函数 $y=\dfrac{x^2}{1+x}$ 的定义域 $(-\infty,-1)\cup(-1,+\infty)$ 内，$y'=\dfrac{x(x+2)}{(1+x)^2}$. 令 $y'=0$，得驻点 $x=0$，$x=-2$，而 $x=-1$ 为函数无定义的点，列表 3-1 讨论如下.

表 3-1

x	$(-\infty,-2)$	-2	$(-2,-1)$	$(-1,0)$	0	$(0,+\infty)$
y'	+		−	−		+
y	单调增加	-4	单调减少	单调减少	0	单调增加

由表 3-1 可知，函数的单调增加区间为 $(-\infty,-2)$ 和 $(0,+\infty)$，单调减少区间为 $(-2,-1)$ 和 $(-1,0)$，并且在 $x=-2$ 处函数取得极大值 -4，在 $x=0$ 处函数取得极小值 0.

(2) 函数 $y=\dfrac{2}{3}x-(x-1)^{\frac{2}{3}}$ 的定义域为 $(-\infty,+\infty)$，当 $x\neq 1$ 时，令 $y'(x)=\dfrac{2}{3}\dfrac{\sqrt[3]{x-1}-1}{\sqrt[3]{x-1}}=0$，得驻点 $x=2$，而 $x=1$ 为不可导点，列表 3-2 讨论如下.

表 3-2

x	$(-\infty,1)$	1	$(1,2)$	2	$(2,+\infty)$
y'	+		−		+
y	单调增加	$\dfrac{2}{3}$	单调减少	$\dfrac{1}{3}$	单调增加

由表 3-2 可知，函数的单调增加区间为 $(-\infty,1)$ 和 $(2,+\infty)$，单调减少区间为 $(1,2)$，并且在 $x=1$ 处函数取得极大值 $\dfrac{2}{3}$，在 $x=2$ 处函数取得极小值 $\dfrac{1}{3}$.

28. 设函数 $f(x)$ 对于一切实数 x 都满足方程 $xf''(x)+3x[f'(x)]^2=1-e^{-x}$，且 $f''(x)$ 连续.

(1) 如果 $f(x)$ 在 $x=c(c\neq 0)$ 处有极值,证明它是极小值;

(2) 如果 $f(x)$ 在 $x=0$ 处有极值,它是极小值还是极大值?

解 (1) 如果 $f(x)$ 在 $x=c(c\neq 0)$ 处有极值,且 $f''(x)$ 连续,则 $f'(c)=0$,从而

$$f''(c)=\frac{1-e^{-c}}{c},$$

当 $c>0$ 时,$f''(c)>0$;当 $c<0$ 时,$f''(c)>0$,所以 $f(x)$ 在 $x=c(c\neq 0)$ 处取得极小值.

(2) 如果 $f(x)$ 在 $x=0$ 处有极值,且 $f''(x)$ 连续,则 $f'(0)=0$,从而

$$f''(0)=\lim_{x\to 0}f''(x)=\lim_{x\to 0}\frac{1-e^{-x}-3x[f'(x)]^2}{x}$$

$$=\lim_{x\to 0}\frac{1-e^{-x}}{x}-3\lim_{x\to 0}[f'(x)]^2=1-3[f'(0)]^2=1>0,$$

所以 $f(x)$ 在 $x=0$ 处取得极小值.

29. 证明:方程 $x^5+x-1=0$ 只有一个正实数根.

证明 令 $f(x)=x^5+x-1$,则 $f(x)$ 在区间$[0,1]$上连续.

先证存在性. 由题可知,$f(0)=-1<0$,$f(1)=1>0$,根据零点定理,至少存在一点 $\xi\in(0,1)$,使得 $f(\xi)=0$,即 ξ 是方程 $x^5+x-1=0$ 的一个正实数根.

再证唯一性. 对于任意实数 x,有 $f'(x)=5x^4+1>0$,所以 $f(x)$ 在$(-\infty,+\infty)$内单调增加,因此曲线 $y=f(x)$ 与 x 轴至多只有一个交点.

综上,方程 $x^5+x-1=0$ 有且只有一个正实数根.

30. 设 $3a^2-5b<0$,求方程 $x^5+2ax^3+3bx+4c=0$ 的根的个数.

解 令 $f(x)=x^5+2ax^3+3bx+4c$,则 $f'(x)=5x^4+6ax^2+3b$,判别式 $\Delta=12(3a^2-5b)<0$,即 $f'(x)=0$ 无实根,且 $\lim\limits_{x\to\infty}f'(x)=+\infty$,所以 $f'(x)>0$,从而 $f(x)$ 单调增加. 又因为 $\lim\limits_{x\to+\infty}f(x)=+\infty$, $\lim\limits_{x\to-\infty}f(x)=-\infty$,所以方程 $x^5+2ax^3+3bx+4c=0$ 有唯一实根.

31. 求方程 $|x|^{\frac{1}{4}}+|x|^{\frac{1}{2}}-\cos x=0$ 的根的个数.

解 令 $f(x)=|x|^{\frac{1}{4}}+|x|^{\frac{1}{2}}-\cos x$,易知 $f(x)$ 为连续的偶函数,当 $x>1$ 时,$f(x)>0$,故只需判断 $x\in(0,1)$ 内 $f(x)=0$ 的实根问题. 由题可知

$$f(0)=-1<0,\quad f(1)=2-\cos 1>0,$$

当 $x\in(0,1)$ 时,$f'(x)=\frac{1}{4}x^{-\frac{3}{4}}+\frac{1}{2}x^{-\frac{1}{2}}+\sin x>0$,即 $f(x)$ 单调增加,由零点定理知,存在 $\xi\in(0,1)$,使得 $f(\xi)=0$,即 $f(x)$ 在$(0,+\infty)$内有且仅有一个零点,所以方程 $|x|^{\frac{1}{4}}+|x|^{\frac{1}{2}}-\cos x=0$ 有且仅有一个实根.

32. 证明:当 $x>0$ 时,$\ln(1+x)>x-\frac{1}{2}x^2$.

证明 令 $f(x)=\ln(1+x)-x+\frac{1}{2}x^2$,因为 $f(x)$ 在$[0,+\infty)$上连续,在$(0,+\infty)$内可导,且

$$f'(x)=\frac{1}{1+x}-1+x=\frac{x^2}{1+x},$$

当 $x>0$ 时,$f'(x)>0$,即 $f(x)$ 单调增加. 又 $f(0)=0$,故当 $x>0$ 时,$f(x)>f(0)=0$,

即 $\ln(1+x) > x - \frac{1}{2}x^2$.

33. 求曲线 $y = \frac{x}{1+x^2}$ 的凹凸区间及拐点.

解　在函数 $y = \frac{x}{1+x^2}$ 的定义域 $(-\infty, +\infty)$ 内，$y' = \frac{1-x^2}{(1+x^2)^2}$，$y'' = \frac{2x(x^2-3)}{(1+x^2)^3}$. 令 $y'' = 0$，得驻点 $x = 0, x = \sqrt{3}, x = -\sqrt{3}$. 列表 3-3 讨论如下.

表 3-3

x	$(-\infty, -\sqrt{3})$	$(-\sqrt{3}, 0)$	$(0, \sqrt{3})$	$(\sqrt{3}, +\infty)$
y''	$-$	$+$	$-$	$+$

由表 3-3 可知，曲线 $y = \frac{x}{1+x^2}$ 在 $(-\infty, -\sqrt{3}]$ 和 $[0, \sqrt{3}]$ 上是凸的，在 $[-\sqrt{3}, 0]$ 和 $[\sqrt{3}, +\infty)$ 上是凹的；拐点为 $(0,0)$、$\left(-\sqrt{3}, -\frac{\sqrt{3}}{4}\right)$ 和 $\left(\sqrt{3}, \frac{\sqrt{3}}{4}\right)$.

34. (1) 设函数 $f(x) = x + \ln(2-x)$，求 $f(x)$ 的最大值；

(2) 设 $x_1 = \ln 2, x_n = \sum_{i=1}^{n-1} \ln(2-x_i), n = 2,3,\cdots$，证明 $\lim_{n\to\infty} x_n$ 存在，并求其极限值.

解　(1) 函数 $f(x)$ 的定义域为 $(-\infty, 2)$.

$$f'(x) = 1 - \frac{1}{2-x} = \frac{1-x}{2-x},$$

令 $f'(x) = 0$，得驻点 $x = 1$. 当 $x < 1$ 时，$f'(x) > 0$；当 $1 < x < 2$ 时，$f'(x) < 0$，故 $f(1) = 1$ 为唯一极大值，也是最大值.

(2) 由题可知，　$x_1 = \ln 2, x_2 = \ln(2-x_1), x_3 = \ln(2-x_1) + \ln(2-x_2), \cdots,$

$$x_n = \ln(2-x_1) + \ln(2-x_2) + \cdots + \ln(2-x_{n-1}),$$

又 $x_{n+1} - x_n = \ln(2-x_n)$，得

$$x_{n+1} = \ln(2-x_n) + x_n = f(x_n).$$

由(1)知，$f(x_n) \leqslant 1$，即数列 $\{x_n\}$ 有上界. 因为当 $x < 1$ 时，$f'(x) > 0$，所以当 $x_n \leqslant 1$ 时，$\{x_n\}$ 单调增加，由单调有界准则知，$\lim_{n\to\infty} x_n$ 存在. 设 $\lim_{n\to\infty} x_n = A$，在 $x_{n+1} = f(x_n)$ 中令 $n \to \infty$，得 $A = A + \ln(2-A)$，解得 $A = 1$，故 $\lim_{n\to\infty} x_n = 1$.

35. 用面积为 A 的一块铁皮做成一个有盖圆柱形油桶，问：油桶的底面直径是多少时，油桶的容积最大？这时油桶的高是多少？

解　设油桶底面半径为 r，高为 h，则表面积 $A = 2\pi r^2 + 2\pi rh$，故 $h = \frac{A}{2\pi r} - r$，油桶的容积为

$$V(r) = \pi r^2 h = \frac{A}{2}r - \pi r^3 \quad (r > 0),$$

令

$$V'(r) = \frac{A}{2} - 3\pi r^2 = 0,$$

得唯一驻点 $r=\sqrt{\dfrac{A}{6\pi}}$. 由实际问题可以确定 $V(r)=\dfrac{A}{2}r-\pi r^3\ (r>0)$ 在 $r=\sqrt{\dfrac{A}{6\pi}}$ 处取得极小值,也是最小值. 因此当 $r=\sqrt{\dfrac{A}{6\pi}}$,即油桶的底面直径为 $2\sqrt{\dfrac{A}{6\pi}}$ 时容积最大,此时油桶的高 $h=2\sqrt{\dfrac{A}{6\pi}}$.

36. 已知矩形的周长为 24,将它绕一边旋转一周构成一个立体,问:矩形的长、宽各为多少时,所得立体的体积最大?

解 设矩形的长、宽分别为 x 和 y,绕边长 y 旋转一周构成圆柱体,它的体积为 $V=\pi x^2 y$,又 $y=12-x$,故

$$V(x)=\pi x^2(12-x)=12\pi x^2-\pi x^3,\quad x\in(0,12),$$
$$V'(x)=24\pi x-3\pi x^2=3\pi x(8-x),$$

令 $V'(x)=0$,求得 $(0,12)$ 内唯一驻点 $x=8$. 由实际问题可以确定 $V(x)=12\pi x^2-\pi x^3\,[x\in(0,12)]$ 在 $x=8$ 处取得极大值,也是最大值. 因此矩形的长、宽分别为 8 与 4 时,所得立体的体积最大.

37. 求曲线 $f(x)=\dfrac{2(x-2)(x+3)}{x-1}$ 的渐近线.

解 易知函数 $f(x)$ 的定义域为 $(-\infty,1)\cup(1,+\infty)$. 因为 $\lim\limits_{x\to\infty}f(x)=\lim\limits_{x\to\infty}\dfrac{2(x-2)(x+3)}{x-1}=\infty$,所以曲线没有水平渐近线.

因为 $\lim\limits_{x\to1^+}f(x)=-\infty$,$\lim\limits_{x\to1^-}f(x)=+\infty$,所以 $x=1$ 是曲线的铅直渐近线. 又因为

$$a=\lim_{x\to\infty}\frac{f(x)}{x}=\lim_{x\to\infty}\frac{2(x-2)(x+3)}{x(x-1)}=2,$$

$$b=\lim_{x\to\infty}\left[\frac{2(x-2)(x+3)}{x-1}-2x\right]=\lim_{x\to\infty}\frac{2(x-2)(x+3)-2x(x-1)}{x-1}=4,$$

所以 $y=2x+4$ 是曲线的一条斜渐近线.

38. 曲线 $y=f(x)=\dfrac{|x|(x^2-1)}{x^3-1}e^{\frac{1}{x-2}}$ 的渐近线条数为(　　).

(A)1　　(B)2　　(C)3　　(D)4

解 因为 $\lim\limits_{x\to-\infty}f(x)=-1$,所以 $y=-1$ 是曲线 $y=f(x)$ 的一条水平渐近线;

因为 $\lim\limits_{x\to+\infty}f(x)=1$,所以 $y=1$ 是曲线 $y=f(x)$ 的另一条水平渐近线;

因为 $\lim\limits_{x\to1}f(x)=\lim\limits_{x\to1}\dfrac{x(x+1)}{x^2+x+1}e^{\frac{1}{x-2}}=\dfrac{2}{3e}$,所以 $x=1$ 不是曲线 $y=f(x)$ 的铅直渐近线;

因为 $\lim\limits_{x\to2^+}f(x)=+\infty$,所以 $x=2$ 是曲线 $y=f(x)$ 的铅直渐近线.

综上,曲线 $y=f(x)$ 有 3 条渐近线. 故选(C).

39. 求椭圆 $2x^2+y^2=4$ 在点 $(0,2)$ 和点 $(\sqrt{2},0)$ 处的曲率半径.

解 由椭圆的参数方程 $\begin{cases}x=\sqrt{2}\cos t\\ y=2\sin t\end{cases}$,求得 $\dfrac{dy}{dx}=-\sqrt{2}\cot t$,$\dfrac{d^2y}{dx^2}=-\csc^3 t$.

因此曲率半径为

$$R=\frac{(1+y'^2)^{3/2}}{|y''|}=(1+2\cot^2 t)^{3/2}\cdot\sin^3 t=(1+\cos^2 t)^{3/2}.$$

在点(0,2)处，$t=\frac{\pi}{2}$，故在该点处曲率半径 $R=1$；在点$(\sqrt{2},0)$处，$t=0$，故在该点处曲率半径 $R=2\sqrt{2}$.

40. 在曲线 $y=\ln x$ 上求曲率最大的点，若在该点附近可用抛物线 $y=ax^2+bx+c$ 近似代替 $y=\ln x$，求 a、b、c 的值.

解　由题可知，$y'=\frac{1}{x}$，$y''=-\frac{1}{x^2}$，则曲线上任意一点的曲率为

$$K(x)=\frac{|y''|}{(1+y')^{3/2}}=\frac{x}{(1+x^2)^{3/2}},\quad x>0,$$

而 $K'(x)=\frac{1}{(1+x^2)^{3/2}}-\frac{3x}{2}\cdot\frac{2x}{(1+x^2)^{5/2}}=\frac{1-2x^2}{(1+x^2)^{5/2}}$. 令 $K'(x)=0$，得 $x=\frac{\sqrt{2}}{2}$. 当 $0<x<\frac{\sqrt{2}}{2}$ 时，$K'>0$；当 $x>\frac{\sqrt{2}}{2}$ 时，$K'<0$，故在 $x=\frac{\sqrt{2}}{2}$ 处，曲率 $K(x)$ 取得最大值 $\frac{2}{3\sqrt{3}}$. 因而曲线 $y=\ln x$ 在点 $\left(\frac{\sqrt{2}}{2},-\frac{\ln 2}{2}\right)$ 处的曲率最大.

用抛物线 $y=ax^2+bx+c$ 近似代替 $y=\ln x$，即它们在点 $\left(\frac{\sqrt{2}}{2},-\frac{\ln 2}{2}\right)$ 处有相同的函数值、一阶导数值和二阶导数值，即

$$\begin{cases}\ln x=ax^2+bx+c\\ \frac{1}{x}=2ax+b\\ -\frac{1}{x^2}=2a\end{cases},$$

代入 $x=\frac{\sqrt{2}}{2}$，解得 $\begin{cases}a=-1\\ b=2\sqrt{2}\\ c=-\frac{1}{2}(\ln 2+3)\end{cases}$.

综　合　题

1. 设函数 $f(x)$ 在 $[a,b]$ 上连续，在 (a,b) 内可导，$0\leqslant a\leqslant b\leqslant\frac{\pi}{2}$，证明：存在点 ξ、$\eta\in(a,b)$，使得 $f'(\eta)\tan\frac{a+b}{2}=f'(\xi)\frac{\sin\eta}{\cos\xi}$.

证明　令 $g(x)=\sin x$，则 $f(x)$ 和 $g(x)$ 在区间 $[a,b]$ 上满足柯西中值定理的条件，从而存在点 $\xi\in(a,b)$，使得

$$\frac{f(b)-f(a)}{\sin b-\sin a}=\frac{f'(\xi)}{\cos\xi}.$$

再令 $h(x)=\cos x$,则 $f(x)$ 和 $h(x)$ 在区间$[a,b]$上满足柯西中值定理的条件,从而存在点 $\eta\in(a,b)$,使得

$$\frac{f(b)-f(a)}{\cos b-\cos a}=\frac{f'(\eta)}{-\sin\eta},$$

上面两式相除,得

$$\frac{f'(\xi)}{\cos\xi}\Big/\frac{f'(\eta)}{\sin\eta}=-\frac{\cos b-\cos a}{\sin b-\sin a}$$

$$=-\frac{-2\sin\frac{a+b}{2}\sin\frac{b-a}{2}}{2\cos\frac{a+b}{2}\sin\frac{b-a}{2}}=\tan\frac{a+b}{2},$$

即 $f'(\eta)\tan\dfrac{a+b}{2}=f'(\xi)\dfrac{\sin\eta}{\cos\xi}$.

2. 设 $0<a<b$,证明:在(a,b) 内至少存在一点 ξ,使得 $ae^b-be^a=(\xi-1)e^\xi(b-a)$.

证明 令 $f(x)=\dfrac{e^x}{x}$,$g(x)=\dfrac{1}{x}$,则 $f(x)$ 和 $g(x)$ 在区间$[a,b]$上满足柯西中值定理的条件,从而存在点 $\xi\in(a,b)$,使得

$$\frac{f(b)-f(a)}{g(b)-g(a)}=\frac{f'(\xi)}{g'(\xi)},$$

即

$$\frac{\frac{e^b}{b}-\frac{e^a}{a}}{\frac{1}{b}-\frac{1}{a}}=\frac{\frac{e^\xi\xi-e^\xi}{\xi^2}}{-\frac{1}{\xi^2}},$$

整理得 $ae^b-be^a=(\xi-1)e^\xi(b-a)$.

3. 设函数 $f(x)$ 在$[0,1]$上连续,在$(0,1)$ 内可导,且 $f(0)=f(1)=0$,$f\left(\dfrac{1}{2}\right)=1$,试证:

(1) 存在点 $\eta\in\left(\dfrac{1}{2},1\right)$,使得 $f(\eta)=\eta$;

(2) 对任意实数 λ,必存在点 $\xi\in(0,\eta)$,使得 $f'(\xi)-\lambda[f(\xi)-\xi]=1$.

证明 (1) 令 $F(x)=f(x)-x$,则 $F(x)$ 在$\left[\dfrac{1}{2},1\right]$上连续,且有

$$F\left(\frac{1}{2}\right)=f\left(\frac{1}{2}\right)-\frac{1}{2}=\frac{1}{2}>0,\quad F(1)=f(1)-1=-1<0,$$

由零点定理知,存在点 $\eta\in\left(\dfrac{1}{2},1\right)$,使得 $F(\eta)=0$,即 $f(\eta)=\eta$.

(2) 令 $F(x)=e^{-\lambda x}[f(x)-x]$,则 $F(x)$ 在$[0,\eta]$上连续,在$(0,\eta)$ 内可导,且 $F(0)=F(\eta)=0$,由罗尔定理知,存在点 $\xi\in(0,\eta)$,使得

$$F'(\xi)=e^{-\lambda\xi}[f'(\xi)-1]-\lambda e^{-\lambda\xi}[f(\xi)-\xi]=0,$$

即

$$f'(\xi)-\lambda[f(\xi)-\xi]=1.$$

4. 设函数 $f(x)$ 在$[1,2]$上可导,证明:存在一点 $\xi\in(1,2)$,使得 $f(2)-2f(1)=\xi f'(\xi)-f(\xi)$.

分析　由题意知，$f(2)-2f(1)=xf'(x)-f(x)$，等式两边同除以 x^2，得

$$\frac{f(2)-2f(1)}{x^2}=\frac{xf'(x)-f(x)}{x^2},$$

即$[f(2)-2f(1)]\left(-\frac{1}{x}\right)'=\left[\frac{f(x)}{x}\right]'$.

证明　令 $\varphi(x)=\frac{f(x)}{x}+[f(2)-2f(1)]\cdot\frac{1}{x}$，于是

$$\varphi(1)=f(1)+[f(2)-2f(1)]=f(2)-f(1),$$

$$\varphi(2)=\frac{f(2)}{2}+[f(2)-2f(1)]\cdot\frac{1}{2}=f(2)-f(1),$$

即 $\varphi(1)=\varphi(2)$，由罗尔定理知，存在一点 $\xi\in(1,2)$，使得 $\varphi'(\xi)=0$，即

$$\left[\frac{f(x)}{x}\right]'\bigg|_{x=\xi}+[f(2)-2f(1)]\left(\frac{1}{x}\right)'\bigg|_{x=\xi}=0,$$

也即

$$\frac{f(2)-2f(1)}{x^2}\bigg|_{x=\xi}=\frac{xf'(x)-f(x)}{x^2}\bigg|_{x=\xi},$$

于是 $f(2)-2f(1)=\xi f'(\xi)-f(\xi)$.

5. 已知函数 $f(x)$ 在$[a,b]$上连续，在(a,b)内可导，且 $f(a)=f(b)=1$. 证明：存在点 ξ、$\eta\in(a,b)$，使得 $e^{\eta-\xi}[f(\eta)+f'(\eta)]=1$.

证明　设 $F(x)=e^x f(x)$，由拉格朗日中值定理知，存在点 $\eta\in(a,b)$，使得

$$\frac{e^b f(b)-e^a f(a)}{b-a}=e^\eta[f(\eta)+f'(\eta)],$$

因为 $f(a)=f(b)=1$，所以$\frac{e^b-e^a}{b-a}=e^\eta[f(\eta)+f'(\eta)]$.

再令 $G(x)=e^x$，由拉格朗日中值定理知，存在点 $\xi\in(a,b)$，使得

$$\frac{e^b-e^a}{b-a}=e^\xi,$$

从而

$$e^{\eta-\xi}[f(\eta)+f'(\eta)]=1.$$

6. 函数 $f(x)$ 在$[a,b]$上连续，在(a,b)内可导，且 $f'(x)\neq 0$，$f(a)=0$，$f(b)=2$，证明：在(a,b)内存在相异的两点 ξ、η，使得$\frac{f(\xi)+\xi f'(\xi)}{f'(\xi)}=2b-a-\frac{1}{f'(\eta)}$.

证明　因为 $f(a)=0$，$f(b)=2$，由介值定理知，存在点 $c\in(a,b)$，使得 $f(c)=1$. 在$[a,c]$上对 $f(x)$ 应用拉格朗日中值定理，知存在 $\eta\in(a,c)$，使得

$$\frac{f(c)-f(a)}{c-a}=f'(\eta),$$

即 $c=a+\frac{1}{f'(\eta)}$.

再在$[c,b]$上对 $xf(x)$ 与 $f(x)$ 应用柯西中值定理，知存在 $\xi\in(c,b)$，使得

$$\frac{bf(b)-cf(c)}{f(b)-f(c)}=\frac{[xf(x)]'}{f'(x)}\bigg|_{x=\xi},$$

即$\frac{2b-c}{2-1}=\frac{f(\xi)+\xi f'(\xi)}{f'(\xi)}$，将 $c=a+\frac{1}{f'(\eta)}$ 代入，得$\frac{f(\xi)+\xi f'(\xi)}{f'(\xi)}=2b-a-\frac{1}{f'(\eta)}$.

7. 设函数 $f(x)$ 在闭区间$[0,1]$上二阶可导，且 $f(1)=1$，又曲线 $y=f(x)$ 与 $y=\arctan x$ 在点$(0,0)$处具有公共的切线. 证明：存在一点 $\xi\in(0,1)$，使得 $f''(\xi)+f'(\xi)=1$.

证明 曲线 $y=f(x)$ 与 $y=\arctan x$ 在点$(0,0)$处具有公共的切线，故

$$f(0)=0,\quad f'(0)=(\arctan x)'\big|_{x=0}=\frac{1}{1+x^2}\bigg|_{x=0}=1.$$

又因函数 $f(x)$ 在闭区间$[0,1]$上二阶可导，且 $f(1)=1$，故由拉格朗日中值定理知，存在点 $x_0\in(0,1)$，使得

$$f'(x_0)=\frac{f(1)-f(0)}{1-0}=1.$$

令 $\varphi(x)=e^x[f'(x)-1]$，有

$$\varphi(0)=e^x[f'(x)-1]\big|_{x=0}=0,\quad \varphi(x_0)=0,$$

由罗尔定理知，存在点 $\xi\in(0,x_0)\subset(0,1)$，使得 $\varphi'(\xi)=0$，即

$$e^{\xi}[f'(\xi)-1]+e^{\xi}f''(\xi)=0,$$

即 $f''(\xi)+f'(\xi)=1$.

8. 设函数 $f(x)$ 在$[0,1]$上连续，在$(0,1)$内可导，且 $f(0)=0$，$f(1)=\frac{1}{3}$. 证明：存在点 $\xi\in\left(0,\frac{1}{2}\right)$ 和点 $\eta\in\left(\frac{1}{2},1\right)$，使得 $f'(\xi)+f'(\eta)=\xi^2+\eta^2$.

证明 设 $F(x)=f(x)-\frac{1}{3}x^3$，则由题意知 $F(0)=0$，$F(1)=0$. 分别在 $\left[0,\frac{1}{2}\right]$ 和 $\left[\frac{1}{2},1\right]$ 上对 $F(x)$ 应用拉格朗日中值定理，有

$$F\left(\frac{1}{2}\right)-F(0)=F'(\xi)\left(\frac{1}{2}-0\right)=\frac{1}{2}[f'(\xi)-\xi^2],\quad \xi\in\left(0,\frac{1}{2}\right),$$

$$F(1)-F\left(\frac{1}{2}\right)=F'(\eta)\left(1-\frac{1}{2}\right)=\frac{1}{2}[f'(\eta)-\eta^2],\quad \eta\in\left(\frac{1}{2},1\right).$$

两式相加，得

$$F(1)-F(0)=\frac{1}{2}[f'(\xi)-\xi^2]+\frac{1}{2}[f'(\eta)-\eta^2]=0,$$

即 $f'(\xi)+f'(\eta)=\xi^2+\eta^2$.

9. 设函数 $f(x)$ 在$[0,4]$上一阶可导，且 $f'(x)\geqslant\frac{1}{4}$，$f(2)\geqslant 0$，则下列区间上必有 $f(x)\geqslant\frac{1}{4}$ 成立的是(　　).

(A)$[0,1]$　　(B)$[1,2]$　　(C)$[2,3]$　　(D)$[3,4]$

解 由拉格朗日中值定理知，存在点 $\xi\in(2,3)$，使得

$$f(3)-f(2)=f'(\xi)(3-2)=f'(\xi)\geqslant\frac{1}{4},$$

则 $f(3)\geqslant f(2)+\frac{1}{4}\geqslant\frac{1}{4}$，且由 $f'(x)\geqslant\frac{1}{4}$ 得，$f(x)$ 单调增加，故在$[3,4]$上，必有 $f(x)\geqslant f(3)\geqslant\frac{1}{4}$. 所以选(D).

10. 设函数 $f(x)$、$g(x)$ 在$[a,b]$上连续，在(a,b)内具有二阶导数且存在相等的最大值，$f(a)=g(a)$，$f(b)=g(b)$，证明：存在点 $\xi\in(a,b)$，使得 $f''(\xi)=g''(\xi)$.

证明　令 $h(x)=f(x)-g(x)$，则 $h(a)=h(b)=0$. 设 $f(x)$、$g(x)$ 在(a,b)内的最大值 M 分别在 α、β 处取得.

当 $\alpha=\beta$ 时，取 $\eta=\alpha$，则 $h(\eta)=0$；

当 $\alpha\neq\beta$ 时，

$$h(\alpha)=f(\alpha)-g(\alpha)=M-g(\alpha)\geqslant 0,$$
$$h(\beta)=f(\beta)-g(\beta)=f(\beta)-M\leqslant 0,$$

故由介值定理可知，存在点 $\eta\in[\alpha,\beta]$，使得 $h(\eta)=0$.

因此由罗尔定理可知，存在点 $\xi_1\in(a,\eta)$，点 $\xi_2\in(\eta,b)$，使得 $h'(\xi_1)=h'(\xi_2)=0$. 再由罗尔定理可知，存在点 $\xi\in(\xi_1,\xi_2)$，使得 $h''(\xi)=0$，即 $f''(\xi)=g''(\xi)$.

11. 设在$[0,a]$上 $|f''(x)|\leqslant M$，且函数 $f(x)$ 在$(0,a)$内取得极大值. 证明：$|f'(0)+f'(a)|\leqslant Ma$.

证明　设 $f(x)$ 在$(0,a)$内一点 c 处取得极大值，则由费马引理知，$f'(c)=0$. 分别在$[0,c]$与$[c,a]$上对导数 $f'(x)$ 应用拉格朗日中值定理，得

$$f'(c)-f'(0)=f''(\eta_1)(c-0),\quad \eta_1\in(0,c),$$
$$f'(a)-f'(c)=f''(\eta_2)(a-c),\quad \eta_2\in(c,a),$$

故

$$|f'(0)|=|f''(\eta_1)|c,\quad |f'(a)|=|f''(\eta_2)|(a-c).$$

又因为 $|f''(x)|\leqslant M$，所以

$$\begin{aligned}|f'(0)+f'(a)|&\leqslant|f'(0)|+|f'(a)|=|f''(\eta_1)|c+|f''(\eta_1)|(a-c)\\&\leqslant M(c+a-c)=Ma.\end{aligned}$$

12. 设函数 $f(x)$ 在$[a,b]$上连续，在(a,b)内可导，且 $0<a<b$，证明：存在点 ξ、$\eta\in(a,b)$，使得 $f'(\xi)=\dfrac{a+b}{2\eta}f'(\eta)$.

证明　设 $g(x)=x^2$，当 $0<a<b$ 时，$f(x)$、$g(x)$ 在$[a,b]$上连续，在(a,b)内可导，且 $g'(x)=2x\neq 0$，则由柯西中值定理知，存在点 $\eta\in(a,b)$，使得

$$\frac{f(b)-f(a)}{b^2-a^2}=\frac{f'(\eta)}{2\eta},$$

即 $\dfrac{f(b)-f(a)}{b-a}=\dfrac{a+b}{2\eta}f'(\eta)$.

又因 $f(x)$ 在$[a,b]$上满足拉格朗日中值定理的条件，故存在点 $\xi\in(a,b)$，使得

$$\frac{f(b)-f(a)}{b-a}=f'(\xi),$$

由上面两个式子可得，$f'(\xi)=\dfrac{a+b}{2\eta}f'(\eta)$.

13. 设函数 $f(x)$ 在$[0,1]$上可导，$f(0)=0$，$|f'(x)|\leqslant|f(x)|$，求 $f(1)$ 的值.

解　由 $f(x)$ 在$[0,1]$上可导知，其在$[0,1]$上连续，故 $f(x)$ 在$[0,1]$上有界，设 $f(x)$ 在$[0,1]$上的最大值为 M，则有 $|f(x)|\leqslant M$，根据拉格朗日中值定理，有

$$|f(x)|=|f(x)-f(0)|=|f'(\xi_1)|x$$

$$\leqslant |f(\xi_1)|x = |f(\xi_1) - f(0)|x = |f'(\xi_2)|\xi_1 \cdot x$$
$$\leqslant |f(\xi_2)|x^2 \leqslant |f(\xi_3)|x^3 \leqslant \cdots \leqslant |f(\xi_n)|x^n \leqslant Mx^n,$$

其中 $0 < \xi_n < \cdots < \xi_3 < \xi_2 < \xi_1 < 1$. 于是当 $x \in (0,1)$ 时,$|f(x)| \leqslant Mx^n$,令 $n \to \infty$,得对任意 $x \in (0,1)$,$f(x) = 0$. 因为 $f(x)$ 在$[0,1]$上连续,所以 $f(1) = \lim\limits_{x\to 1^-} f(x) = 0$.

14. 设函数 $f(x)$ 二阶可导,$f''(x) < 0$,$f'(0) \leqslant \dfrac{2}{3}$,$f(0) = 0$,$f(1) = \dfrac{1}{2}$,并设 $0 < x_n < 1$,且 $x_{n+1} = f(x_n)$,$n = 1,2,3,\cdots$. 证明:

(1) $\dfrac{f(x)}{x}$ 在$(0,+\infty)$内单调减少;

(2) $\lim\limits_{n\to\infty} x_n$ 存在.

证明 (1) 当 $x > 0$ 时,在$[0,x]$上对 $f(x)$ 应用拉格朗日中值定理,得

$$f(x) = f(x) - f(0) = f'(\xi)x, \quad \xi \in (0,x),$$

由此可得

$$\left[\frac{f(x)}{x}\right]' = \frac{xf'(x) - f(x)}{x^2} = \frac{xf'(x) - f'(\xi)x}{x^2} = \frac{f'(x) - f'(\xi)}{x}.$$

因为 $f''(x) < 0$,所以 $f'(x)$ 单调减少,即 $f'(\xi) > f'(x)$,于是$\left[\dfrac{f(x)}{x}\right]' < 0$,即$\dfrac{f(x)}{x}$在$(0,+\infty)$内单调减少.

(2) 由(1)知,当 $0 < x < 1$ 时,$\dfrac{f(x)}{x} > \dfrac{f(1)}{1} = \dfrac{1}{2}$,即 $f(x) > \dfrac{1}{2}x$. 于是

$$x_{n+1} = f(x_n) > \frac{1}{2}x_n > \left(\frac{1}{2}\right)^2 x_{n-1} > \cdots > \left(\frac{1}{2}\right)^n x_1,$$

故$\{x_n\}$有下界.

又由拉格朗日中值定理知,$x_{n+1} = f(x_n) - f(0) = f'(\xi_n) \cdot x_n$(其中 $0 < \xi_n < x_n$),因为 $f'(\xi_n) < f'(0) \leqslant \dfrac{2}{3}$,所以 $x_{n+1} = f'(\xi_n) \cdot x_n \leqslant \dfrac{2}{3}x_n < x_n$,即$\{x_n\}$单调减少. 故由单调有界准则知,$\lim\limits_{n\to\infty} x_n$ 存在.

15. 设函数 $f(x)$ 在$[-2,2]$上可导,且 $f'(x) > f(x) > 0$,则( ).

(A) $\dfrac{f(-2)}{f(-1)} > 1$ (B) $\dfrac{f(0)}{f(-1)} > \mathrm{e}$ (C) $\dfrac{f(1)}{f(-1)} < \mathrm{e}^2$ (D) $\dfrac{f(2)}{f(-1)} < \mathrm{e}^3$

解 由 $f'(x) > f(x) > 0$,可得 $f(x)$ 单调增加,所以排除(A);

又由 $f'(x) > f(x) > 0$,可得 $f'(x) - f(x) > 0$,构造辅助函数 $F(x) = \dfrac{f(x)}{\mathrm{c}^x}$,则

$$F'(x) = \left[\frac{f(x)}{\mathrm{e}^x}\right]' = \frac{\mathrm{e}^x f'(x) - f(x)\mathrm{e}^x}{\mathrm{e}^{2x}} = \frac{f'(x) - f(x)}{\mathrm{e}^x} > 0,$$

于是 $F(x) = \dfrac{f(x)}{\mathrm{e}^x}$ 单调增加,从而有

$$\frac{f(-2)}{\mathrm{e}^{-2}} < \frac{f(-1)}{\mathrm{e}^{-1}} < \frac{f(0)}{\mathrm{e}^0} < \frac{f(1)}{\mathrm{e}^1} < \frac{f(2)}{\mathrm{e}^2},$$

所以选(B).

16. 设 $a>0,b>0,c>0$，函数 $A(x)=\begin{cases}\left(\dfrac{a^x+b^x}{2}\right)^{\frac{1}{x}}, & x\neq 0\\ c, & x=0\end{cases}$.

(1) 讨论 $A(x)$ 在 $x=0$ 处的连续性；

(2) 讨论 $\lim\limits_{x\to+\infty}A(x)$、$\lim\limits_{x\to-\infty}A(x)$、$\lim\limits_{x\to 0}A(x)$、$A(-1)$、$A(1)$ 之间的大小关系.

解　(1)
$$\begin{aligned}\lim_{x\to 0}A(x)&=\lim_{x\to 0}\left(\frac{a^x+b^x}{2}\right)^{\frac{1}{x}}\\&=\mathrm{e}^{\lim\limits_{x\to 0}\left(\frac{1}{x}\ln\frac{a^x+b^x}{2}\right)}=\mathrm{e}^{\lim\limits_{x\to 0}\left[\frac{1}{x}\ln\left(1+\frac{a^x+b^x-2}{2}\right)\right]}\\&=\mathrm{e}^{\lim\limits_{x\to 0}\frac{a^x+b^x-2}{2x}}=\mathrm{e}^{\lim\limits_{x\to 0}\frac{a^x\ln a+b^x\ln b}{2}}\\&=\mathrm{e}^{\frac{\ln a+\ln b}{2}}=\sqrt{ab},\end{aligned}$$
即当且仅当 $\sqrt{ab}=c$ 时，$A(x)$ 在 $x=0$ 处连续.

(2)
$$\begin{aligned}\lim_{x\to+\infty}A(x)&=\mathrm{e}^{\lim\limits_{x\to+\infty}\left(\frac{1}{x}\ln\frac{a^x+b^x}{2}\right)}\\&=\mathrm{e}^{\lim\limits_{x\to+\infty}\frac{\ln(a^x+b^x)-\ln 2}{x}}=\mathrm{e}^{\lim\limits_{x\to+\infty}\frac{a^x\ln a+b^x\ln b}{a^x+b^x}}\\&=\begin{cases}a, & a\geqslant b\\ b, & b>a\end{cases}=\max\{a,b\},\end{aligned}$$
$$\begin{aligned}\lim_{x\to-\infty}A(x)&=\mathrm{e}^{\lim\limits_{x\to-\infty}\left(\frac{1}{x}\ln\frac{a^x+b^x}{2}\right)}\\&=\mathrm{e}^{\lim\limits_{x\to-\infty}\frac{\ln(a^x+b^x)-\ln 2}{x}}=\mathrm{e}^{\lim\limits_{x\to-\infty}\frac{a^x\ln a+b^x\ln b}{a^x+b^x}}\\&=\begin{cases}b, & a\geqslant b\\ a, & b>a\end{cases}=\min\{a,b\},\end{aligned}$$
$A(-1)=\left(\dfrac{\dfrac{1}{a}+\dfrac{1}{b}}{2}\right)^{-1}=\dfrac{2ab}{b+a}$，$A(1)=\dfrac{a+b}{2}$. 因为
$$\max\{a,b\}\geqslant\frac{a+b}{2}\geqslant\sqrt{ab}\geqslant\frac{2ab}{b+a}\geqslant\min\{a,b\},$$
所以 $\lim\limits_{x\to+\infty}A(x)\geqslant A(1)\geqslant\lim\limits_{x\to 0}A(x)\geqslant A(-1)\geqslant\lim\limits_{x\to-\infty}A(x)$.

17. 设函数 $f(x)$ 在$[a,b]$上二阶可导，$|f'(x)|\leqslant\dfrac{1}{2}$，$f'(x_0)=0$，$f''(x_0)=c\neq 0$，$x_0\in(a,b)$，且满足 $x_0=f(x_0)$.

(1) 对任意 $x_n\in[a,b]$，$x_{n+1}=f(x_n)(n=1,2,3,\cdots)$，证明：$\lim\limits_{n\to\infty}x_n$ 存在，且 $\lim\limits_{n\to\infty}x_n=x_0$；

(2) 求 $\lim\limits_{n\to\infty}\dfrac{x_{n+1}-x_0}{(x_n-x_0)^2}$.

证明　(1) 根据拉格朗日中值定理，
$$\begin{aligned}|x_{n+1}-x_0|&=|f(x_n)-f(x_0)|\\&=|f'(\xi)(x_n-x_0)|=|f'(\xi)|\cdot|x_n-x_0|\leqslant\frac{1}{2}|x_n-x_0|,\end{aligned}$$
其中 ξ 在 x_0 与 x_n 之间. 同理可得

$$|x_{n+1}-x_0|\leqslant\frac{1}{2}|x_n-x_0|\leqslant\left(\frac{1}{2}\right)^2|x_{n-1}-x_0|\leqslant\cdots\leqslant\left(\frac{1}{2}\right)^n|x_1-x_0|,$$

则$\lim\limits_{n\to\infty}|x_{n+1}-x_0|=0$,即$\lim\limits_{n\to\infty}x_n=x_0$.

(2) $\lim\limits_{n\to\infty}\dfrac{x_{n+1}-x_0}{(x_n-x_0)^2}=\dfrac{f(x_n)-f(x_0)}{(x_n-x_0)^2}$,由泰勒公式得

$$f(x_n)=f(x_0)+f'(x_0)(x_n-x_0)+\frac{1}{2}f''(x_0)(x_n-x_0)^2+o[(x_n-x_0)^2],$$

将 $f'(x_0)=0,f''(x_0)=c\neq0$ 代入上式,得

$$\lim_{n\to\infty}\frac{x_{n+1}-x_0}{(x_n-x_0)^2}=\lim_{n\to\infty}\frac{\frac{1}{2}f''(x_0)(x_n-x_0)^2+o[(x_n-x_0)^2]}{(x_n-x_0)^2}$$

$$=\frac{1}{2}f''(x_0)+\lim_{n\to\infty}\frac{o[(x_n-x_0)^2]}{(x_n-x_0)^2}=\frac{1}{2}f''(x_0)=\frac{c}{2}.$$

18. 设函数 $f(x)$ 在$[-1,1]$上具有三阶连续导数,且 $f(-1)=0,f(1)=1,f'(0)=0$,证明:在$(-1,1)$内至少存在一点 ξ,使得 $f'''(\xi)=3$.

证明 由泰勒公式得

$$f(x)=f(0)+f'(0)x+\frac{f''(0)}{2}x^2+\frac{f'''(\xi)}{3!}x^3,$$

将 $x=-1$ 与 $x=1$ 代入,得

$$f(-1)=f(0)-f'(0)+\frac{f''(0)}{2}-\frac{f'''(\xi_1)}{6},$$

$$f(1)=f(0)+f'(0)+\frac{f''(0)}{2}+\frac{f'''(\xi_2)}{6},$$

两式相减,得 $f'''(\xi_1)+f'''(\xi_2)=6$. 由于 $f(x)$ 在$[-1,1]$上具有三阶连续导数,所以 $f'''(x)$ 存在最大值 M 与最小值 m,即 $m\leqslant f'''(\xi_1)\leqslant M,m\leqslant f'''(\xi_2)\leqslant M$,于是

$$2m\leqslant f'''(\xi_1)+f'''(\xi_2)\leqslant 2M,$$

从而

$$m\leqslant\frac{f'''(\xi_1)+f'''(\xi_2)}{2}=3\leqslant M,$$

由介值定理知,存在一点 $\xi\in(-1,1)$,使得 $f'''(\xi)=3$.

19. 设函数 $f(x)$ 在$[0,1]$上具有二阶导数,且满足$|f(x)|\leqslant a,|f''(x)|\leqslant b$,其中 a、b 都是非负常数,c 是$(0,1)$内任意一点. 证明:$|f'(c)|\leqslant 2a+\dfrac{b}{2}$.

证明 将 $f(x)$ 在 $x=c$ 处进行一阶泰勒展开,得

$$f(x)=f(c)+f'(c)(x-c)+\frac{f''(\xi)}{2!}(x-c)^2,\quad \xi\text{在}c\text{与}x\text{之间},$$

令 $x=0$,得

$$f(0)=f(c)-f'(c)c+\frac{1}{2!}f''(\xi_1)c^2,\quad 0<\xi_1<c<1,$$

令 $x=1$,得

$$f(1)=f(c)+f'(c)(1-c)+\frac{1}{2!}f''(\xi_2)(1-c)^2,\quad 0<c<\xi_2<1,$$

两式相减，得

$$f(1)-f(0)=f'(c)+\frac{1}{2!}[f''(\xi_2)(1-c)^2-f''(\xi_1)c^2],$$

从而

$$\begin{aligned}|f'(c)|&=\left|f(1)-f(0)-\frac{1}{2!}[f''(\xi_2)(1-c)^2-f''(\xi_1)c^2]\right|\\&\leqslant|f(1)|+|f(0)|+\frac{1}{2!}[|f''(\xi_2)|(1-c)^2+|f''(\xi_1)|c^2]\\&\leqslant 2a+\frac{b}{2}[(1-c)^2+c^2],\end{aligned}$$

由于 $(1-c)^2+c^2=1-2c(1-c)\leqslant 1$，所以 $|f'(c)|\leqslant 2a+\frac{b}{2}$.

20. 设函数 $f(x)$ 在 $[a,+\infty)$ 上二阶可导，并且满足 $f(a)=A>0, f'(a)<0$，当 $x>a$ 时，$f''(x)<0$. 证明：方程 $f(x)=0$ 在 $(a,+\infty)$ 内有且仅有一个实数根.

证明　先证根的存在性. 将 $f(x)$ 在 $x=a$ 处进行一阶泰勒展开，得

$$f(x)=f(a)+f'(a)(x-a)+\frac{1}{2!}f''(\xi)(x-a)^2,\quad \xi \text{在} a \text{与} x \text{之间}$$

因为 $f''(\xi)<0$，所以

$$f(x)<f(a)+f'(a)(x-a).$$

若取 $x_0=a-\frac{f(a)}{f'(a)}>a$，则

$$f(x_0)<f(a)+f'(a)\left[a-\frac{f(a)}{f'(a)}-a\right]=0,$$

又 $f(a)=A>0$，故根据零点定理，至少存在一点 $\xi\in(a,x_0)$，使得 $f(\xi)=0$.

再证根的唯一性. 因为 $f''(x)<0$，所以 $f'(x)$ 单调减少，当 $x>a$ 时，$f'(x)\leqslant f'(a)<0$，故 $f(x)$ 在 $(a,+\infty)$ 内严格单调减少，即 $f(x)=0$ 在 $(a,+\infty)$ 内至多有一个实数根.

综上，方程 $f(x)=0$ 在 $(a,+\infty)$ 内有且仅有一个实数根.

21. 设函数 $f(x)=xe^x$，求 $f^{(n)}(x)$ 的极值.

解　计算导数，得

$$f'(x)=e^x(x+1), f''(x)=e^x(x+2),\cdots,f^{(n)}(x)=e^x(x+n),$$

令 $g(x)=f^{(n)}(x)=e^x(x+n)$，则 $g'(x)=e^x(x+n+1)$，驻点为 $x_0=-(n+1)$. 又 $g''(x)=e^x(x+n+2)$，$g''[-(n+1)]=e^{-(n+1)}>0$，所以 $x_0=-(n+1)$ 为极小值点，极小值为 $g[-(n+1)]=-e^{-(n+1)}$.

22. 设函数 $f(x)=\begin{cases}x^{2x}, & x>0\\ x+2, & x\leqslant 0\end{cases}$，求 $f(x)$ 的极值.

解　当 $x>0$ 时，令

$$f'(x)=(x^{2x})'=(e^{2x\ln x})'=x^{2x}\cdot 2(\ln x+1)=0,$$

得驻点 $x=\frac{1}{e}$；当 $x<0$ 时，$f'(x)=1$，函数没有驻点；当 $x=0$ 时，

$$\lim_{x\to 0^-}f(x)=\lim_{x\to 0^-}(x+2)=2=f(0),$$

$$\lim_{x\to 0^+}f(x)=\lim_{x\to 0^+}x^{2x}=\lim_{x\to 0^+}e^{2x\ln x}=1,$$

知 $x=0$ 是 $f(x)$ 的跳跃间断点. 列表 3-4 讨论如下.

表 3-4

x	$(-\infty,0)$	0	$\left(0,\frac{1}{e}\right)$	$\frac{1}{e}$	$\left(\frac{1}{e},+\infty\right)$
$f'(x)$	+		−		+
$f(x)$	单调增加	2	单调减少	$e^{-2/e}$	单调增加

故极大值为 $f(0)=2$，极小值为 $f\left(\frac{1}{e}\right)=e^{-2/e}$.

23. 设函数 $y=f(x)$ 由方程 $y\ln y-x+y=0$ 确定，试判断曲线 $y=f(x)$ 在点(1,1) 附近的凹凸性.

解 方程两边对 x 求导，得

$$y'\ln y+y'-1+y'=0,$$

解得 $y'=\frac{1}{2+\ln y}$，从而

$$y''=\frac{-1}{(2+\ln y)^2}\cdot\frac{y'}{y}=\frac{-1}{y(2+\ln y)^3},$$

将 $x=1,y=1$ 代入，得 $y''=-\frac{1}{8}<0$. 由于 y'' 在 $x=1$ 附近是连续的，所以在 $x=1$ 附近 $y''(x)<0$. 故曲线 $y=f(x)$ 在点(1,1) 附近是凸的.

24. 设方程 $2y^3-2y^2+2xy-x^2=1$ 确定函数 $y=f(x)$，求其极值.

解 方程两边对 x 求导，得

$$6y^2y'-4yy'+2y+2xy'-2x=0,$$

在驻点处 $y'=0$，由上式得 $y=x$，代入原方程，得 $2x^3-x^2=1$，即

$$(x-1)(2x^2+x+1)=0.$$

求出唯一的驻点 $x=1$，此时 $y=1$，将导数方程两边再对 x 求导，得

$$12yy'^2+6y^2y''-4y'^2-4yy''+2y'+2y'+2xy''-2=0,$$

将 $x=1,y=1,y'=0$ 代入，得 $y''=\frac{1}{2}>0$，所以 $y=f(1)=1$ 为极小值.

25. 求曲线 $y=f(x)=\begin{cases}e^{\frac{1}{x}}, & x<0\\(3-x)\sqrt{x}, & x\geqslant 0\end{cases}$ 的凹凸区间和拐点.

解 显然，$\lim\limits_{x\to0^+}f(x)=\lim\limits_{x\to0^-}f(x)=f(0)=0$，所以函数 $y=f(x)$ 连续. 因为

$$f'_-(0)=\lim_{x\to0^-}\frac{f(x)-f(0)}{x}=\lim_{x\to0^-}\frac{e^{\frac{1}{x}}-0}{x}\xlongequal{令 t=-\frac{1}{x}}\lim_{t\to+\infty}\frac{-t}{e^t}=0,$$

$$f'_+(0)=\lim_{x\to0^+}\frac{f(x)-f(0)}{x}=\lim_{x\to0^+}\frac{(3-x)\sqrt{x}}{x}=+\infty,$$

所以 $f'(0)$ 不存在，$f''(0)$ 也不存在. 于是

$$f'(x)=\begin{cases}\left(-\dfrac{1}{x^2}\right)e^{\frac{1}{x}}, & x<0\\ -\sqrt{x}+(3-x)\dfrac{1}{2\sqrt{x}}, & x>0\end{cases}=\begin{cases}\left(-\dfrac{1}{x^2}\right)e^{\frac{1}{x}}, & x<0\\ \dfrac{3(1-x)}{2\sqrt{x}}, & x>0\end{cases},$$

$$f''(x)=\begin{cases}\dfrac{2x+1}{x^4}e^{\frac{1}{x}}, & x<0\\ -\dfrac{3(x+1)}{4x\sqrt{x}}, & x>0\end{cases}.$$

令 $f''(x)=0$，得 $x=-\dfrac{1}{2}$，则 $x=-\dfrac{1}{2}$ 与 $x=0$ 将 $(-\infty,+\infty)$ 分成 3 个区间，下面讨论二阶导数的符号：

当 $x\in\left(-\infty,-\dfrac{1}{2}\right)$ 时，$f''(x)<0$，故曲线 $y=f(x)$ 在区间 $\left(-\infty,-\dfrac{1}{2}\right]$ 上是凸的；

当 $x\in\left(-\dfrac{1}{2},0\right)$ 时，$f''(x)>0$，故曲线 $y=f(x)$ 在区间 $\left[-\dfrac{1}{2},0\right]$ 上是凹的；

当 $x\in(0,+\infty)$ 时，$f''(x)<0$，故曲线 $y=f(x)$ 在区间 $[0,+\infty)$ 上是凸的.

从而 $\left(-\dfrac{1}{2},e^{-2}\right)$ 与 $(0,0)$ 是曲线的拐点.

26. 已知 $f(x)$ 为二阶可导的正值函数，$f(x)f''(x)\geqslant[f'(x)]^2$.

(1) 证明 $f(x_1)f(x_2)\geqslant f^2\left(\dfrac{x_1+x_2}{2}\right)(x_1、x_2\in\mathbb{R})$；

(2) 若 $f(0)=1$，证明 $f(x)\geqslant e^{f'(0)x}$.

证明　(1) 令 $g(x)=\ln f(x)$，则

$$g'(x)=\frac{f'(x)}{f(x)},\quad g''(x)=\frac{f(x)f''(x)-[f'(x)]^2}{[f(x)]^2}\geqslant 0,$$

因此曲线 $g(x)$ 是凹的，由曲线凹凸性的定义可得

$$\frac{g(x_1)+g(x_2)}{2}\geqslant g\left(\frac{x_1+x_2}{2}\right),$$

即 $f(x_1)f(x_2)\geqslant f^2\left(\dfrac{x_1+x_2}{2}\right)$.

(2) 由泰勒公式得

$$\begin{aligned}g(x)&=g(0)+g'(0)x+\frac{g''(\xi)}{2}x^2\\&=\ln f(0)+\frac{f'(0)}{f(0)}x+\frac{g''(\xi)}{2}x^2\geqslant f'(0)x,\quad \xi\text{在 }0\text{ 与 }x\text{ 之间}\end{aligned}$$

则 $\ln f(x)\geqslant f'(0)x$，即 $f(x)\geqslant e^{f'(0)x}$.

27. 已知 $f(x)$ 为二阶可导的正值函数，$f(0)=f'(0)=1$，$f(x)f''(x)\geqslant[f'(x)]^2$，则(　　).

(A) $f(2)\leqslant e^2\leqslant\sqrt{f(1)f(3)}$　　(B) $e^2\leqslant f(2)\leqslant\sqrt{f(1)f(3)}$

(C) $\sqrt{f(1)f(3)}\leqslant e^2\leqslant f(2)$　　(D) $\sqrt{f(1)f(3)}\leqslant f(2)\leqslant e^2$

解　令 $g(x)=\ln f(x)$，则

$$g'(x)=\frac{f'(x)}{f(x)},\quad g''(x)=\frac{f(x)f''(x)-[f'(x)]^2}{[f(x)]^2}\geqslant 0,$$

再由泰勒公式得

$$\begin{aligned}g(x)&=g(0)+g'(0)x+\frac{g''(\xi)}{2}x^2\\&=\ln f(0)+\frac{f'(0)}{f(0)}x+\frac{g''(\xi)}{2}x^2=x+\frac{g''(\xi)}{2}x^2\geqslant x,\qquad \xi\text{在 0 与 }x\text{ 之间}\end{aligned}$$

于是 $\ln f(x)\geqslant x$,即 $f(x)\geqslant e^x$,排除(A) 与(D);

由 $g''(x)>0$ 知,曲线 $g(x)$ 是凹的,由曲线凹凸性的定义可得

$$\frac{g(x_1)+g(x_2)}{2}\geqslant g\left(\frac{x_1+x_2}{2}\right),$$

即 $f(x_1)f(x_2)\geqslant f^2\left(\frac{x_1+x_2}{2}\right)$,取 $x_1=1,x_2=3$,得

$$f(1)f(3)\geqslant f^2\left(\frac{1+3}{2}\right)=f^2(2),$$

即 $\sqrt{f(1)f(3)}\geqslant f(2)$,所以选(B).

28. 求椭圆 $x^2-xy+y^2=3$ 上纵坐标最大的点和最小的点.

解 椭圆方程两边对 x 求导,得

$$2x-y-xy'+2yy'=0,$$

令 $y'=0$,得 $y=2x$,代入椭圆方程,得

$$x^2-x\cdot 2x+(2x)^2=3,$$

解此方程得驻点 $x=\pm 1$,对应 $y=\pm 2$. 对上述关于一阶导数的方程再求导,得

$$2-y'-y'-xy''+2y'^2+2yy''=0,$$

将 $x=1,y=2,y'=0$ 代入,得 $y''=-\frac{2}{3}<0$;将 $x=-1,y=-2,y'=0$ 代入,得 $y''=\frac{2}{3}>0$. 故在点(1,2) 处纵坐标 $y=2$ 为最大值,在点$(-1,-2)$ 处纵坐标 $y=-2$ 为最小值.

29. 求数列 $\{\sqrt[n]{n}\}$ 的最大值项.

解 令 $f(x)=\sqrt[x]{x}\ (x>0)$,再令

$$f'(x)=\sqrt[x]{x}\cdot\left(-\frac{\ln x}{x^2}+\frac{1}{x^2}\right)=\sqrt[x]{x}\cdot\frac{1-\ln x}{x^2}=0,$$

得唯一驻点 $x=e$. 又当 $0<x<e$ 时,$f'(x)>0$;当 $x>e$ 时,$f'(x)<0$,故 $f(e)=\sqrt[e]{e}$ 为极大值,也是最大值. 而 $\{\sqrt[n]{n}\}$ 中 n 只取正整数,比较知 $\sqrt{2}=\sqrt[6]{8}<\sqrt[6]{9}=\sqrt[3]{3}$,从而数列 $\{\sqrt[n]{n}\}$ 的最大值项为 $\sqrt[3]{3}$.

30. 证明 $x^a-ax\leqslant 1-a\ (x>0,0<a<1)$.

证明 令 $F(x)=1-a-x^a+ax,x>0$,再令

$$F'(x)=a(1-x^{a-1})=0,$$

得唯一驻点 $x=1$.

又 $F''(1)=-a(a-1)x^{a-2}\big|_{x=1}>0$,故 $x=1$ 是 $F(x)$ 在 $(0,+\infty)$ 内的唯一极小值点,也是最小值点,因此 $F(x)\geqslant F(1)=0$,即 $x^a-ax\leqslant 1-a\ (x>0,0<a<1)$.

31. 设 $e < a < b < e^2$，证明 $\ln^2 b - \ln^2 a > \frac{4}{e^2}(b-a)$.

证明　方法一　令 $f(x) = \ln^2 x$，在 $[a,b]$ 上对 $f(x)$ 应用拉格朗日中值定理，得

$$\ln^2 b - \ln^2 a = \frac{2\ln\xi}{\xi}(b-a),\quad \xi \in (a,b).$$

设 $\varphi(t) = \frac{\ln t}{t}$，

$$\varphi'(t) = \frac{1-\ln t}{t^2},$$

当 $t > e$ 时，$\varphi'(t) < 0$，所以 $\varphi(t)$ 单调减少，从而 $\varphi(\xi) > \varphi(e^2)$，即

$$\frac{\ln\xi}{\xi} > \frac{\ln e^2}{e^2} = \frac{2}{e^2},$$

于是

$$\ln^2 b - \ln^2 a > \frac{4}{e^2}(b-a).$$

方法二　利用单调性，只要证明不等式 $\ln^2 b - \frac{4}{e^2}b > \ln^2 a - \frac{4}{e^2}a$ 即可.

设 $\varphi(x) = \ln^2 x - \frac{4}{e^2}x$，则

$$\varphi'(x) = 2\frac{\ln x}{x} - \frac{4}{e^2},\quad \varphi''(x) = 2\frac{1-\ln x}{x^2},$$

当 $x > e$ 时，$\varphi''(x) < 0$，即 $\varphi'(x)$ 单调减少，从而当 $e < x < e^2$ 时，

$$\varphi'(x) > \varphi'(e^2) = \frac{4}{e^2} - \frac{4}{e^2} = 0,$$

故当 $e < x < e^2$ 时，$\varphi(x)$ 单调增加. 因此当 $e < a < b < e^2$ 时，$\varphi(b) > \varphi(a)$，即

$$\ln^2 b - \frac{4}{e^2}b > \ln^2 a - \frac{4}{e^2}a.$$

原不等式得证.

32. 设函数 $f(x) = e^{\frac{1}{x}}\sqrt{x^2-4x+5} + x\left[\frac{1}{x}\right]$，其中 $[x]$ 表示不超过 x 的最大整数，则曲线 $y = f(x)$ 的渐近线的条数为(　　).

(A)0　　(B)1　　(C)2　　(D)3

解　(1) 因为当 $x > 1$ 时，$\left[\frac{1}{x}\right] = 0$，所以 $\lim\limits_{x\to+\infty} x\left[\frac{1}{x}\right] = 0$，则

$$\lim_{x\to+\infty} f(x) = \lim_{x\to+\infty}\left(e^{\frac{1}{x}}\sqrt{x^2-4x+5} + x\left[\frac{1}{x}\right]\right) = +\infty,$$

$$\lim_{x\to-\infty} f(x) = \lim_{x\to-\infty}\left(e^{\frac{1}{x}}\sqrt{x^2-4x+5} + x\left[\frac{1}{x}\right]\right),$$

令 $t = \frac{1}{x}$，则

$$\lim_{x\to0^+} f(x) = \lim_{t\to0^-}\left(e^t\sqrt{\frac{1}{t^2} - \frac{4}{t} + 5} + \frac{[t]}{t}\right) = -\lim_{t\to0^-}\left(\frac{e^t\sqrt{1-4t+5t^2}}{t} - \frac{[t]}{t}\right)$$

$$=-\lim_{t\to 0^-}\frac{e^t\sqrt{1-4t+5t^2}-[t]}{t}=+\infty,$$

所以曲线 $y=f(x)$ 没有水平渐近线；

(2) 间断点为 $x=0$,又已知 $\left[\frac{1}{x}\right]-1<\left[\frac{1}{x}\right]\leqslant\left[\frac{1}{x}\right]$,则当 $x>0$ 时,

$$1-x<x\left[\frac{1}{x}\right]\leqslant 1,$$

由夹逼准则,得 $\lim\limits_{x\to 0^+}x\left[\frac{1}{x}\right]=1$,则

$$\lim_{x\to 0^+}f(x)=\lim_{x\to 0^+}\left(e^{\frac{1}{x}}\sqrt{x^2-4x+5}+x\left[\frac{1}{x}\right]\right),$$

令 $t=\frac{1}{x}$,则

$$\lim_{x\to 0^+}f(x)=\lim_{t\to+\infty}\left(e^t\sqrt{\frac{1}{t^2}-\frac{4}{t}+5}\right)+1=+\infty,$$

$$\lim_{x\to 0^-}f(x)=\lim_{x\to 0^-}\left(e^{\frac{1}{x}}\sqrt{x^2-4x+5}+x\left[\frac{1}{x}\right]\right)=0+1=1,$$

故 $x=0$ 为曲线 $y=f(x)$ 的铅直渐近线；

$$(3)a=\lim_{x\to+\infty}\frac{f(x)}{x}=\lim_{x\to+\infty}\frac{e^{\frac{1}{x}}\sqrt{x^2-4x+5}+x\left[\frac{1}{x}\right]}{x}$$

$$=\lim_{x\to+\infty}\left(e^{\frac{1}{x}}\sqrt{1-\frac{4}{x}+\frac{5}{x^2}}+\left[\frac{1}{x}\right]\right)=1;$$

$$b=\lim_{x\to+\infty}[f(x)-x]=\lim_{x\to+\infty}\left(e^{\frac{1}{x}}\sqrt{x^2-4x+5}+x\left[\frac{1}{x}\right]-x\right)$$

$$=\lim_{x\to+\infty}\left(e^{\frac{1}{x}}\sqrt{x^2-4x+5}-x\right)\overset{\text{令}\frac{1}{x}=t}{=\!=\!=}\lim_{t\to 0^+}\left(e^t\sqrt{\frac{1}{t^2}-\frac{4}{t}+5}-\frac{1}{t}\right)$$

$$=\lim_{t\to 0^+}\left(e^t\,\frac{1}{t}\sqrt{1-4t+5t^2}-\frac{1}{t}\right)=\lim_{t\to 0^+}\frac{e^t\sqrt{1-4t+5t^2}-1}{t}$$

$$=\lim_{t\to 0^+}\frac{e^t\sqrt{1-4t+5t^2}+e^t\,\frac{1}{2}\,\frac{1}{\sqrt{1-4t+5t^2}}(-4+10t)}{1}=-1,$$

所以曲线 $y=f(x)$ 有斜渐近线 $y=x-1$;同理当 $x\to-\infty$ 时,曲线 $y=f(x)$ 有斜渐近线 $y=-2x+1$.

综上,曲线 $y=f(x)$ 共有 3 条渐近线,故选(D).

第4章 不定积分

知识点总结

一、原函数与不定积分的概念

定义1 设 $f(x)$ 是定义在某区间 I 上的函数，如果存在一个函数 $F(x)$，对于区间 I 上的任意一点 x，都有 $F'(x)=f(x)$ 或 $\mathrm{d}F(x)=f(x)\mathrm{d}x$，则称 $F(x)$ 为 $f(x)$ 在区间上 I 的一个原函数.

定理(原函数存在定理) 如果函数 $f(x)$ 在区间 I 上连续，则 $f(x)$ 在区间 I 上的原函数一定存在.

定义2 函数 $f(x)$ 在区间 I 上的全体原函数 $F(x)+C$ 称为 $f(x)$[或 $f(x)\mathrm{d}x$] 在区间 I 上的不定积分，记作 $\int f(x)\mathrm{d}x$，即

$$\int f(x)\mathrm{d}x=F(x)+C.$$

二、基本积分表

(1) $\int k\mathrm{d}x=kx+C$(k 是常数)；　(2) $\int x^{\mu}\mathrm{d}x=\frac{1}{\mu+1}x^{\mu+1}+C(\mu\neq-1)$；

(3) $\int\frac{1}{x}\mathrm{d}x=\ln|x|+C(x\neq0)$；　(4) $\int a^{x}\mathrm{d}x=\frac{a^{x}}{\ln a}+C(a>0$ 且 $a\neq1)$，$\int \mathrm{e}^{x}\mathrm{d}x=\mathrm{e}^{x}+C$；

(5) $\int\sin x\mathrm{d}x=-\cos x+C$；　(6) $\int\cos x\mathrm{d}x=\sin x+C$；

(7) $\int\sec^{2}x\mathrm{d}x=\tan x+C$；　(8) $\int\csc^{2}x\mathrm{d}x=-\cot x+C$；

(9) $\int\sec x\tan x\mathrm{d}x=\sec x+C$；　(10) $\int\csc x\cot x\mathrm{d}x=-\csc x+C$；

(11) $\int\frac{1}{1+x^{2}}\mathrm{d}x=\arctan x+C$；　(12) $\int\frac{1}{\sqrt{1-x^{2}}}\mathrm{d}x=\arcsin x+C$.

三、不定积分的性质

(1) $\int[f(x)\pm g(x)]\mathrm{d}x=\int f(x)\mathrm{d}x\pm\int g(x)\mathrm{d}x$；

(2)$\int kf(x)\mathrm{d}x = k\int f(x)\mathrm{d}x$,其中 $k \neq 0$ 为常数.

四、第一类换元积分法(凑微分法)

设 $f(u)$ 的原函数为 $F(u)$,$u=\varphi(x)$ 可导,则有换元积分公式:

$$\int f[\varphi(x)]\cdot\varphi'(x)\mathrm{d}x = \int f[\varphi(x)]\mathrm{d}\varphi(x) \xlongequal{u=\varphi(x)} \int f(u)\mathrm{d}u = F(u)+C = F[\varphi(x)]+C,$$

其中 $\varphi'(x)\mathrm{d}x = \mathrm{d}\varphi(x)$ 称为凑微分.

常用的凑微分公式列表 4-1 如下.

表 4-1

	积分类型	换元公式
第一类换元积分法	1. $\int f(ax+b)\mathrm{d}x = \frac{1}{a}\int f(ax+b)\mathrm{d}(ax+b) \quad (a\neq 0)$	$u=ax+b$
	2. $\int f(x^\mu)x^{\mu-1}\mathrm{d}x = \frac{1}{\mu}\int f(x^\mu)\mathrm{d}(x^\mu) \quad (\mu\neq 0)$	$u=x^\mu$
	3. $\int f(\ln x)\cdot\frac{1}{x}\mathrm{d}x = \int f(\ln x)\mathrm{d}(\ln x)$	$u=\ln x$
	4. $\int f(\mathrm{e}^x)\cdot\mathrm{e}^x\mathrm{d}x = \int f(\mathrm{e}^x)\mathrm{d}(\mathrm{e}^x)$	$u=\mathrm{e}^x$
	5. $\int f(a^x)\cdot a^x\mathrm{d}x = \frac{1}{\ln a}\int f(a^x)\mathrm{d}(a^x) \quad (a>0$ 且 $a\neq 1)$	$u=a^x$
	6. $\int f(\sin x)\cdot\cos x\mathrm{d}x = \int f(\sin x)\mathrm{d}(\sin x)$	$u=\sin x$
	7. $\int f(\cos x)\cdot\sin x\mathrm{d}x = -\int f(\cos x)\mathrm{d}(\cos x)$	$u=\cos x$
	8. $\int f(\tan x)\sec^2 x\mathrm{d}x = \int f(\tan x)\mathrm{d}(\tan x)$	$u=\tan x$
	9. $\int f(\cot x)\csc^2 x\mathrm{d}x = -\int f(\cot x)\mathrm{d}(\cot x)$	$u=\cot x$
	10. $\int f(\arctan x)\frac{1}{1+x^2}\mathrm{d}x = \int f(\arctan x)\mathrm{d}(\arctan x)$	$u=\arctan x$
	11. $\int f(\arcsin x)\frac{1}{\sqrt{1-x^2}}\mathrm{d}x = \int f(\arcsin x)\mathrm{d}(\arcsin x)$	$u=\arcsin x$

五、第二类换元积分法

设 $x=\psi(t)$ 是单调、可导的函数,并且 $\psi'(t)\neq 0$,又 $f[\psi(t)]\cdot\psi'(t)$ 有原函数 $\Phi(t)$,则

$$\int f(x)\mathrm{d}x = \int f[\psi(t)]\psi'(t)\mathrm{d}t = \Phi(t)+C = \Phi[\psi^{-1}(x)]+C,$$

其中 $t=\psi^{-1}(x)$ 是 $x=\psi(t)$ 的反函数.

1. 简单无理根式代换

对被积函数具有根式的积分,一般可以采用第二类换元积分法把根号去掉. 如

(1) 若被积函数中含有 $\sqrt[n]{ax+b}$，则可以令 $t=\sqrt[n]{ax+b}$；

(2) 若被积函数中含有 $\sqrt[n]{\dfrac{ax+b}{cx+d}}$，则可以令 $t=\sqrt[n]{\dfrac{ax+b}{cx+d}}$；

(3) 若被积函数中含有 $\sqrt[n]{e^{kx}+b}$，则可以令 $t=\sqrt[n]{e^{kx}+b}$.

2. 三角换元

(1) 若被积函数中含有 $\sqrt{a^2-x^2}$，则可以令 $x=a\sin t, t\in\left(-\dfrac{\pi}{2},\dfrac{\pi}{2}\right)$，于是 $\sqrt{a^2-x^2}=a\cos t$；

(2) 若被积函数中含有 $\sqrt{a^2+x^2}$，则可以令 $x=a\tan t, t\in\left(-\dfrac{\pi}{2},\dfrac{\pi}{2}\right)$，于是 $\sqrt{a^2+x^2}=a\sec t$；

(3) 若被积函数中含有 $\sqrt{x^2-a^2}$，当 $x>0$ 时，则可以令 $x=a\sec t, t\in\left(0,\dfrac{\pi}{2}\right)$，于是 $\sqrt{x^2-a^2}=a\tan t$.

六、分部积分法

$$\int uv'\mathrm{d}x=\int u\mathrm{d}v=uv-\int v\mathrm{d}u=uv-\int u'v\mathrm{d}x=\cdots.$$

类型一：$\int x^n\sin ax\mathrm{d}x$、$\int x^n\cos bx\mathrm{d}x$、$\int x^n e^{kx}\mathrm{d}x$ 等，其中 n 为正整数，a、b、k 为常数.

方法：选取 v' 分别为 $\sin ax$、$\cos bx$、e^{kx}，再利用分部积分公式计算.

特别地，对于 $\int P_n(x)e^{kx}\mathrm{d}x$、$\int P_n(x)\sin ax\mathrm{d}x$、$\int P_n(x)\cos bx\mathrm{d}x$ 这三种积分，可利用下面的多次分部积分公式：

$$\int uv^{(n+1)}\mathrm{d}x=uv^{(n)}-u'v^{(n-1)}+u''v^{(n-2)}-\cdots+(-1)^{n+1}\int u^{(n+1)}v\mathrm{d}x.$$

上式也可简化写成图 4-1 的形式[令 $P_n(x)=u$].

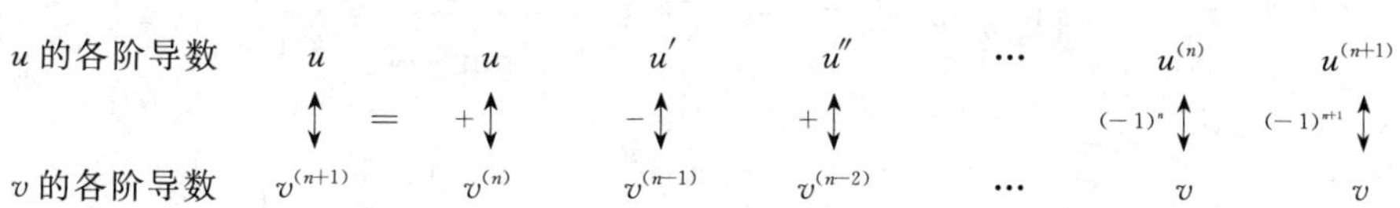

图 4-1

类型二：$\int x^n\ln x\mathrm{d}x$、$\int x^n\arcsin x\mathrm{d}x$、$\int x^n\arctan x\mathrm{d}x$ 等，其中 n 为正整数.

方法：选取 v' 为 x^n，再利用分部积分公式计算.

类型三：$\int(\ln x)^n\mathrm{d}x$、$\int(\arcsin x)^n\mathrm{d}x$、$\int(\arctan x)^n\mathrm{d}x$ 等，其中 n 为正整数.

方法：选取 v 为 x，再利用分部积分公式计算.

类型四：$\int e^{ax}\sin bx\mathrm{d}x$、$\int e^{ax}\cos bx\mathrm{d}x$ 等称为循环递推型不定积分，其中 a、b 为常数.

计算公式：$\int e^{ax}\sin bx\,dx=\frac{1}{a^2+b^2}\begin{vmatrix}(e^{ax})' & (\sin bx)'\\ e^{ax} & \sin bx\end{vmatrix}+C,$

$$\int e^{ax}\cos bx\,dx=\frac{1}{a^2+b^2}\begin{vmatrix}(e^{ax})' & (\cos bx)'\\ e^{ax} & \cos bx\end{vmatrix}+C.$$

七、有理函数的积分

有理函数是指具有如下形式的函数：

$$\frac{P_n(x)}{Q_m(x)}=\frac{a_0x^n+a_1x^{n-1}+\cdots+a_{n-1}x+a_n}{b_0x^m+b_1x^{m-1}+\cdots+b_{m-1}x+b_m},$$

其中 m 和 n 都是非负整数；$a_0,a_1,a_2,\cdots,a_n$ 及 $b_0,b_1,b_2,\cdots,b_m$ 都是实数，并且 $a_0\neq 0,b_0\neq 0$.

定理(分解定理) 如果多项式 $Q_m(x)$ 在实数范围内能分解成如下形式：

$$Q_m(x)=b_0(x-a)^{\alpha}\cdots(x-b)^{\beta}(x^2+px+q)^{\lambda}\cdots(x^2+rx+s)^{\mu},$$

其中 $p^2-4q<0,\cdots,r^2-4s<0$，则有理真分式 $\frac{P_n(x)}{Q_m(x)}$ 可以分解成如下最简分式之和：

$$\begin{aligned}\frac{P_n(x)}{Q_m(x)}=&\frac{A_1}{(x-a)^{\alpha}}+\frac{A_2}{(x-a)^{\alpha-1}}+\cdots+\frac{A_{\alpha}}{x-a}+\cdots\\&+\frac{B_1}{(x-b)^{\beta}}+\frac{B_2}{(x-b)^{\beta-1}}+\cdots+\frac{B_{\beta}}{x-b}\\&+\frac{M_1x+N_1}{(x^2+px+q)^{\lambda}}+\frac{M_2x+N_2}{(x^2+px+q)^{\lambda-1}}+\cdots+\frac{M_{\lambda}x+N_{\lambda}}{x^2+px+q}+\cdots\\&+\frac{R_1x+S_1}{(x^2+rx+s)^{\mu}}+\frac{R_2x+S_2}{(x^2+rx+s)^{\mu-1}}+\cdots+\frac{R_{\mu}x+S_{\mu}}{x^2+rx+s}.\end{aligned}$$

八、三角函数有理式的积分

(1) 若积分表达式中含 $f(\sin x,\cos x)$ 或 $f(\sin 2x,\cos 2x)$，作变换 $u=\tan\frac{x}{2}$，则有万能代换公式：

$$\sin x=2\sin\frac{x}{2}\cos\frac{x}{2}=\frac{2\tan\frac{x}{2}}{\sec^2\frac{x}{2}}=\frac{2\tan\frac{x}{2}}{1+\tan^2\frac{x}{2}}=\frac{2u}{1+u^2},$$

$$\cos x=\cos^2\frac{x}{2}-\sin^2\frac{x}{2}=\frac{1-\tan^2\frac{x}{2}}{\sec^2\frac{x}{2}}=\frac{1-\tan^2\frac{x}{2}}{1+\tan^2\frac{x}{2}}=\frac{1-u^2}{1+u^2}.$$

三角函数有理式的积分总可以化为有理函数的积分，即

$$\int f(\sin x,\cos x)dx=\int f\left(\frac{2u}{1+u^2},\frac{1-u^2}{1+u^2}\right)\frac{2}{1+u^2}du.$$

(2) 若积分表达式中含 $f(\sin^2x,\cos^2x)$ 或 $f(\sin 2x,\cos 2x)$，则可令 $u=\tan x$，于是

$$x=\arctan u,\quad dx=\frac{1}{1+u^2}du,$$

$$\cos^2x=\frac{1}{\sec^2x}=\frac{1}{1+\tan^2x}=\frac{1}{1+u^2},$$

$$\sin^2 x = 1-\cos^2 x = 1-\frac{1}{1+u^2} = \frac{u^2}{1+u^2},$$

$$\sin 2x = 2\sin x\cos x = \frac{2\sin x\cos^2 x}{\cos x} = \frac{2\tan x}{\sec^2 x} = \frac{2\tan x}{1+\tan^2 x} = \frac{2u}{1+u^2},$$

$$\cos 2x = 2\cos^2 x-1 = \frac{2}{\sec^2 x}-1 = \frac{2}{1+\tan^2 x}-1 = \frac{2}{1+u^2}-1 = \frac{1-u^2}{1+u^2},$$

则

$$\int f(\sin^2 x,\cos^2 x)\mathrm{d}x = \int f\left(\frac{u^2}{1+u^2},\frac{1}{1+u^2}\right)\frac{1}{1+u^2}\mathrm{d}u;$$

$$\int f(\sin 2x,\cos 2x)\mathrm{d}x = \int f\left(\frac{2u}{1+u^2},\frac{1-u^2}{1+u^2}\right)\frac{1}{1+u^2}\mathrm{d}u.$$

基 础 题

1. 利用基本积分公式和积分的运算性质求下列不定积分：

(1) $\int \sqrt{x}(x^2-5)\mathrm{d}x$；　(2) $\int \frac{(x-1)^3}{x^2}\mathrm{d}x$；　(3) $\int (\mathrm{e}^x-3\cos x)\mathrm{d}x$；

(4) $\int \frac{1+x+x^2}{x(1+x^2)}\mathrm{d}x$；　(5) $\int \frac{\cos 2x}{\cos x-\sin x}\mathrm{d}x$；　(6) $\int \frac{1+\cos^2 x}{1+\cos 2x}\mathrm{d}x$；

(7) $\int \frac{(2^x+3^x)^2}{6^x}\mathrm{d}x$；　(8) $\int \frac{\mathrm{d}x}{1+\sin x}$；　(9) $\int \frac{\mathrm{e}^{2x}-1}{\mathrm{e}^{2x}+1}\mathrm{d}x$.

解 (1) $\int \sqrt{x}(x^2-5)\mathrm{d}x = \int (x^{\frac{5}{2}}-5x^{\frac{1}{2}})\mathrm{d}x = \frac{2}{7}x^{\frac{7}{2}}-\frac{10}{3}x^{\frac{3}{2}}+C.$

(2)
$$\int \frac{(x-1)^3}{x^2}\mathrm{d}x = \int \frac{x^3-3x^2+3x-1}{x^2}\mathrm{d}x = \int\left(x-3+\frac{3}{x}-\frac{1}{x^2}\right)\mathrm{d}x$$
$$= \frac{1}{2}x^2-3x+3\ln|x|+\frac{1}{x}+C.$$

(3) $\int (\mathrm{e}^x-3\cos x)\mathrm{d}x = \mathrm{e}^x-3\sin x+C.$

(4) $\int \frac{1+x+x^2}{x(1+x^2)}\mathrm{d}x = \int \frac{x+(1+x^2)}{x(1+x^2)}\mathrm{d}x = \int \frac{1}{1+x^2}\mathrm{d}x+\int \frac{1}{x}\mathrm{d}x = \arctan x+\ln|x|+C.$

(5) $\int \frac{\cos 2x}{\cos x-\sin x}\mathrm{d}x = \int \frac{\cos^2 x-\sin^2 x}{\cos x-\sin x}\mathrm{d}x = \int (\cos x+\sin x)\mathrm{d}x = \sin x-\cos x+C.$

(6)
$$\int \frac{1+\cos^2 x}{1+\cos 2x}\mathrm{d}x = \int \frac{1+\cos^2 x}{2\cos^2 x}\mathrm{d}x = \frac{1}{2}\int\left(\frac{1}{\cos^2 x}+1\right)\mathrm{d}x = \frac{1}{2}\int(\sec^2 x+1)\mathrm{d}x$$
$$= \frac{1}{2}(\tan x+x)+C.$$

(7)
$$\int \frac{(2^x+3^x)^2}{6^x}\mathrm{d}x = \int\left[\left(\frac{2}{3}\right)^x+2+\left(\frac{3}{2}\right)^x\right]\mathrm{d}x$$
$$= \frac{1}{\ln(2/3)}\left(\frac{2}{3}\right)^x+2x+\frac{1}{\ln(3/2)}\left(\frac{3}{2}\right)^x+C$$
$$= \frac{1}{\ln 3-\ln 2}\left[\left(\frac{3}{2}\right)^x-\left(\frac{2}{3}\right)^x\right]+2x+C.$$

(8)$\int \frac{\mathrm{d}x}{1+\sin x}=\int \frac{(1-\sin x)\mathrm{d}x}{(1+\sin x)(1-\sin x)}$

$$=\int \frac{\mathrm{d}x}{\cos^2 x}-\int \frac{\sin x\mathrm{d}x}{\cos^2 x}=\tan x-\sec x+C.$$

(9)$\int \frac{\mathrm{e}^{2x}-1}{\mathrm{e}^{2x}+1}\mathrm{d}x=\int \frac{2\mathrm{e}^{2x}-(\mathrm{e}^{2x}+1)}{\mathrm{e}^{2x}+1}\mathrm{d}x=\int \frac{2\mathrm{e}^{2x}}{\mathrm{e}^{2x}+1}\mathrm{d}x-\int \mathrm{d}x$

$$=\int \frac{1}{\mathrm{e}^{2x}+1}\mathrm{d}(\mathrm{e}^{2x}+1)-x=\ln(\mathrm{e}^{2x}+1)-x+C.$$

2. 设$\int xf(x)\mathrm{d}x=\arcsin x+C$,求 $f(x)$.

解 $\int xf(x)\mathrm{d}x=\arcsin x+C$ 两边同时对 x 求导,得

$$xf(x)=\frac{1}{\sqrt{1-x^2}},$$

则 $f(x)=\frac{1}{x\sqrt{1-x^2}}$.

3. 设 $f(x)$ 的导函数是 $\cos x$,求 $f(x)$ 的全体原函数.

解 由题可知 $f'(x)=\cos x$,所以 $f(x)=\int f'(x)\mathrm{d}x=\int \cos x\mathrm{d}x=\sin x+C_1$,则 $f(x)$ 的全体原函数,即 $f(x)$ 的不定积分为

$$\int f(x)\mathrm{d}x=\int (\sin x+C_1)\mathrm{d}x=-\cos x+C_1x+C_2.$$

4. 一曲线通过点$(\mathrm{e}^2,3)$,且在任意一点处的切线斜率等于该点横坐标的倒数,求该曲线的方程.

解 设曲线方程为 $y=f(x)$,由题可知 $f'(x)=\frac{1}{x}$,所以

$$f(x)=\int f'(x)\mathrm{d}x=\int \frac{1}{x}\mathrm{d}x=\ln|x|+C,$$

又因为曲线通过点$(\mathrm{e}^2,3)$,则 $f(\mathrm{e}^2)=\ln|\mathrm{e}^2|+C=3$,得 $C=1$,故 $f(x)=\ln|x|+1$.

5. 已知函数 $f(x)=\begin{cases}0, & x<0 \\ x+1, & 0\leqslant x\leqslant 1 \\ 2x, & x>1\end{cases}$,求$\int f(x)\mathrm{d}x$.

解 先分段求出积分:

$$\int f(x)\mathrm{d}x=\begin{cases}C_1, & x<0 \\ \frac{1}{2}(x+1)^2+C_2, & 0<x<1, \\ x^2+C_3, & x>1\end{cases}$$

$x=0$ 是 $f(x)$ 的第一类间断点,而 $f(x)$ 在 $x=1$ 处连续,由原函数连续得 $2+C_2=1+C_3$,则 $C_3=C_2+1$,即有

$$\int f(x)\mathrm{d}x=\begin{cases}C_1, & x<0 \\ \frac{1}{2}(x+1)^2+C_2, & 0<x\leqslant 1. \\ x^2+C_2+1, & x>1\end{cases}$$

6. 求下列不定积分：

(1) $\int x^2\sqrt{x^3+1}\,\mathrm{d}x$； (2) $\int x\cos x^2\,\mathrm{d}x$； (3) $\int \frac{x^3\,\mathrm{d}x}{x^8+2x^4+1}$；

(4) $\int(\sin ax-\mathrm{e}^{\frac{x}{b}})\,\mathrm{d}x$； (5) $\int \frac{\arctan\sqrt{x}}{\sqrt{x}(1+x)}\mathrm{d}x$； (6) $\int \tan^{10}x\sec^2x\,\mathrm{d}x$；

(7) $\int \frac{\mathrm{d}x}{\sin x\cos x}$； (8) $\int \cos^3x\,\mathrm{d}x$； (9) $\int \sin 2x\cos 3x\,\mathrm{d}x$；

(10) $\int \frac{1}{(\sin x+\cos x)^2}\mathrm{d}x$； (11) $\int \frac{\mathrm{d}x}{x\ln x\ln\ln x}$； (12) $\int \frac{1+\ln x}{(x\ln x)^2}\mathrm{d}x$；

(13) $\int \mathrm{e}^{t+\mathrm{e}^t}\,\mathrm{d}t$； (14) $\int \frac{\mathrm{d}x}{\mathrm{e}^x+\mathrm{e}^{-x}}$； (15) $\int \frac{\sqrt{\arctan\frac{1}{x}}}{1+x^2}\mathrm{d}x$；

(16) $\int \frac{\ln\left(1+\frac{1}{x}\right)}{x(x+1)}\mathrm{d}x$； (17) $\int \frac{1}{\sin 2x+2\sin x}\mathrm{d}x$； (18) $\int\left[\frac{f(x)}{f'(x)}-\frac{f^2(x)f''(x)}{f'^3(x)}\right]\mathrm{d}x$.

解 (1) $\int x^2\sqrt{x^3+1}\,\mathrm{d}x=\frac{1}{3}\int\sqrt{x^3+1}\,\mathrm{d}(x^3+1)=\frac{2}{9}(x^3+1)^{\frac{3}{2}}+C.$

(2) $\int x\cos x^2\,\mathrm{d}x=\frac{1}{2}\int\cos x^2\,\mathrm{d}(x^2)=\frac{1}{2}\sin x^2+C.$

(3) $\int \frac{x^3\,\mathrm{d}x}{x^8+2x^4+1}=\frac{1}{4}\int\frac{\mathrm{d}(x^4)}{x^8+2x^4+1}=\frac{1}{4}\int\frac{\mathrm{d}(x^4+1)}{(x^4+1)^2}=-\frac{1}{4(x^4+1)}+C.$

(4)
$$\begin{aligned}\int(\sin ax-\mathrm{e}^{\frac{x}{b}})\,\mathrm{d}x&=\int\sin ax\,\mathrm{d}x-\int\mathrm{e}^{\frac{x}{b}}\,\mathrm{d}x=\frac{1}{a}\int\sin ax\,\mathrm{d}(ax)-b\int\mathrm{e}^{\frac{x}{b}}\,\mathrm{d}\left(\frac{x}{b}\right)\\&=-\frac{1}{a}\cos ax-b\mathrm{e}^{\frac{x}{b}}+C.\end{aligned}$$

(5)
$$\begin{aligned}\int\frac{\arctan\sqrt{x}}{\sqrt{x}(1+x)}\mathrm{d}x&=2\int\frac{\arctan\sqrt{x}}{(1+x)}\mathrm{d}(\sqrt{x})\\&=2\int\arctan\sqrt{x}\,\mathrm{d}(\arctan\sqrt{x})=(\arctan\sqrt{x})^2+C.\end{aligned}$$

(6) $\int\tan^{10}x\sec^2x\,\mathrm{d}x=\int\tan^{10}x\,\mathrm{d}(\tan x)=\frac{1}{11}\tan^{11}x+C.$

(7)
$$\begin{aligned}\int\frac{\mathrm{d}x}{\sin x\cos x}&=\int\frac{\cos x\,\mathrm{d}x}{\sin x\cos^2x}=\int\frac{\cos x}{\sin x}\cdot\sec^2x\,\mathrm{d}x\\&=\int\frac{1}{\tan x}\mathrm{d}(\tan x)=\ln|\tan x|+C.\end{aligned}$$

(8)
$$\begin{aligned}\int\cos^3x\,\mathrm{d}x&=\int\cos^2x\cdot\cos x\,\mathrm{d}x=\int\cos^2x\,\mathrm{d}(\sin x)\\&=\int(1-\sin^2x)\,\mathrm{d}(\sin x)=\sin x-\frac{1}{3}\sin^3x+C.\end{aligned}$$

(9) 利用积化和差公式可得

$$\begin{aligned}\int\sin 2x\cos 3x\,\mathrm{d}x&=\int\frac{1}{2}[\sin 5x+\sin(-x)]\,\mathrm{d}x=\frac{1}{2}\int\sin 5x\,\mathrm{d}x-\frac{1}{2}\int\sin x\,\mathrm{d}x\\&=\frac{1}{10}\int\sin 5x\,\mathrm{d}(5x)-\frac{1}{2}\int\sin x\,\mathrm{d}x=-\frac{1}{10}\cos 5x+\frac{1}{2}\cos x+C.\end{aligned}$$

(10) $\int \frac{1}{(\sin x+\cos x)^2}dx=\int \frac{1}{\left[\sqrt{2}\sin\left(x+\frac{\pi}{4}\right)\right]^2}dx=\frac{1}{2}\int \frac{1}{\sin^2\left(x+\frac{\pi}{4}\right)}dx$

$$=\frac{1}{2}\int \csc^2\left(x+\frac{\pi}{4}\right)dx=\frac{1}{2}\int \csc^2\left(x+\frac{\pi}{4}\right)d\left(x+\frac{\pi}{4}\right)$$

$$=-\frac{1}{2}\cot\left(x+\frac{\pi}{4}\right)+C.$$

(11) $\int \frac{dx}{x\ln x\ln\ln x}=\int \frac{d(\ln x)}{\ln x\ln\ln x}=\int \frac{d(\ln\ln x)}{\ln\ln x}=\ln|\ln\ln x|+C.$

(12) $\int \frac{1+\ln x}{(x\ln x)^2}dx=\int \frac{1}{(x\ln x)^2}d(x\ln x)=-\frac{1}{x\ln x}+C.$

(13) $\int e^{t+e^t}dt=\int e^t\cdot e^{e^t}dt=\int e^{e^t}de^t=e^{e^t}+C.$

(14) $\int \frac{dx}{e^x+e^{-x}}=\int \frac{e^x dx}{e^x(e^x+e^{-x})}=\int \frac{d(e^x)}{e^{2x}+1}=\arctan e^x+C.$

(15) $\int \frac{\sqrt{\arctan\frac{1}{x}}}{1+x^2}dx=-\int \frac{\sqrt{\arctan\frac{1}{x}}}{1+\frac{1}{x^2}}d\left(\frac{1}{x}\right)$

$$=-\int \sqrt{\arctan\frac{1}{x}}\,d\left(\arctan\frac{1}{x}\right)=-\frac{2}{3}\left(\arctan\frac{1}{x}\right)^{\frac{3}{2}}+C.$$

(16) $\int \frac{\ln\left(1+\frac{1}{x}\right)}{x(x+1)}dx=\int \frac{\ln\left(1+\frac{1}{x}\right)}{x^2\left(1+\frac{1}{x}\right)}dx=-\int \frac{\ln\left(1+\frac{1}{x}\right)}{1+\frac{1}{x}}d\left(1+\frac{1}{x}\right)$

$$=-\frac{1}{2}\left[\ln\left(1+\frac{1}{x}\right)\right]^2+C.$$

(17) $\int \frac{1}{\sin 2x+2\sin x}dx=\int \frac{dx}{2\sin x(\cos x+1)}=\int \frac{dx}{4\sin\frac{x}{2}\cos\frac{x}{2}\cdot 2\cos^2\frac{x}{2}}$

$$=\frac{1}{4}\int \frac{d\left(\frac{x}{2}\right)}{\sin\frac{x}{2}\cdot\cos^3\frac{x}{2}}=\frac{1}{4}\int \frac{d\left(\tan\frac{x}{2}\right)}{\tan\frac{x}{2}\cdot\cos^2\frac{x}{2}}$$

$$=\frac{1}{4}\int \frac{1+\tan^2\frac{x}{2}}{\tan\frac{x}{2}}d\left(\tan\frac{x}{2}\right)=\frac{1}{4}\ln\left|\tan\frac{x}{2}\right|+\frac{1}{8}\tan^2\frac{x}{2}+C.$$

(18) $\int \left[\frac{f(x)}{f'(x)}-\frac{f^2(x)f''(x)}{f'^3(x)}\right]dx=\int \frac{f(x)f'^2(x)-f^2(x)f''(x)}{f'^3(x)}dx$

$$=\int \frac{f(x)}{f'(x)}\cdot\frac{f'^2(x)-f(x)f''(x)}{f'^2(x)}dx$$

$$=\int \frac{f(x)}{f'(x)}d\left[\frac{f(x)}{f'(x)}\right]=\frac{1}{2}\left[\frac{f(x)}{f'(x)}\right]^2+C.$$

7. 已知$\int xf(x)dx=\arcsin x+C$,求$\int \frac{dx}{f(x)}$.

解 由$\left[\int xf(x)\mathrm{d}x\right]'=xf(x)=\dfrac{1}{\sqrt{1-x^2}}$，得 $f(x)=\dfrac{1}{x\sqrt{1-x^2}}$，于是

$$\int\frac{\mathrm{d}x}{f(x)}=\int x\sqrt{1-x^2}\,\mathrm{d}x=-\frac{1}{3}(1-x^2)^{\frac{3}{2}}+C.$$

8. 利用第二类换元积分法求下列不定积分：

(1) $\int x\sqrt{3x+2}\,\mathrm{d}x$； (2) $\int\dfrac{\mathrm{d}x}{\sqrt{x}+\sqrt[4]{x}}$； (3) $\int\dfrac{1}{1+\sqrt{x}}\mathrm{d}x$；

(4) $\int\dfrac{x}{\sqrt{1+x-x^2}}\mathrm{d}x$； (5) $\int\dfrac{\mathrm{d}x}{(1+\sqrt[3]{x})\sqrt{x}}$； (6) $\int\dfrac{x+1}{\sqrt[3]{3x+1}}\mathrm{d}x$；

(7) $\int\sqrt{\dfrac{1-x}{1+x}}\dfrac{\mathrm{d}x}{x}$； (8) $\int\dfrac{\sqrt{1-x^2}}{x^2}\mathrm{d}x$； (9) $\int\dfrac{\sqrt{x^2-9}}{x}\mathrm{d}x$；

(10) $\int\dfrac{\mathrm{d}x}{\sqrt{(x^2+1)^3}}$； (11) $\int\dfrac{x^2+1}{x\sqrt{1+x^4}}\mathrm{d}x$； (12) $\int\dfrac{x^3\mathrm{d}x}{(1+x^2)^{3/2}}$；

(13) $\int\dfrac{\mathrm{d}x}{x^3\sqrt{x^2-1}}$； (14) $\int\dfrac{x^3}{\sqrt{1+x^2}}\mathrm{d}x$； (15) $\int\dfrac{\mathrm{d}x}{x(5+x^6)}$；

(16) $\int\dfrac{\mathrm{d}x}{x^8(1-x^2)}$； (17) $\int\dfrac{\mathrm{d}x}{1+\mathrm{e}^x+\mathrm{e}^{2x}+\mathrm{e}^{3x}}$.

解 (1) 令 $t=\sqrt{3x+2}$，则 $x=\dfrac{t^2-2}{3}$，$\mathrm{d}x=\dfrac{2t}{3}\mathrm{d}t$，于是

$$\int x\sqrt{3x+2}\,\mathrm{d}x=\int\frac{t^2-2}{3}\cdot t\cdot\frac{2t}{3}\mathrm{d}t=\frac{2}{9}\int t^2(t^2-2)\mathrm{d}t$$
$$=\frac{2}{45}t^5-\frac{4}{27}t^3+C=\frac{2}{45}(3x+2)^{\frac{5}{2}}-\frac{4}{27}(3x+2)^{\frac{3}{2}}+C.$$

(2) 令 $t=\sqrt[4]{x}$，则$\sqrt{x}=t^2$，$x=t^4$，$\mathrm{d}x=4t^3\mathrm{d}t$，于是

$$\begin{aligned}\int\frac{\mathrm{d}x}{\sqrt{x}+\sqrt[4]{x}}&=4\int\frac{t^3}{t^2+t}\mathrm{d}t\\&=4\int\frac{t^2}{t+1}\mathrm{d}t=4\int\left(t-1+\frac{1}{t+1}\right)\mathrm{d}t\\&=4\left(\frac{1}{2}t^2-t+\ln|1+t|\right)+C\\&=2\sqrt{x}-4\sqrt[4]{x}+4\ln\left|1+\sqrt[4]{x}\right|+C.\end{aligned}$$

(3) 令 $t=\sqrt{x}$，则 $x=t^2$，$\mathrm{d}x=2t\mathrm{d}t$，于是

$$\int\frac{1}{1+\sqrt{x}}\mathrm{d}x=\int\frac{2t}{1+t}\mathrm{d}t=2\int\left(1-\frac{1}{1+t}\right)\mathrm{d}t$$
$$=2(t-\ln|1+t|)+C=2(\sqrt{x}-\ln\left|1+\sqrt{x}\right|)+C.$$

(4) $$\int\frac{x}{\sqrt{1+x-x^2}}\mathrm{d}x=\int\frac{x-1/2+1/2}{\sqrt{5/4-(x-1/2)^2}}\mathrm{d}x$$
$$=\int\frac{x-1/2}{\sqrt{5/4-(x-1/2)^2}}\mathrm{d}x+\frac{1}{2}\int\frac{1}{\sqrt{5/4-(x-1/2)^2}}\mathrm{d}\left(x-\frac{1}{2}\right)$$

$$=-\sqrt{\frac{5}{4}-\left(x-\frac{1}{2}\right)^2}+\frac{1}{2}\arcsin\frac{2x-1}{\sqrt{5}}+C$$

$$=-\sqrt{1+x-x^2}+\frac{1}{2}\arcsin\frac{2x-1}{\sqrt{5}}+C.$$

(5) 令 $t=\sqrt[6]{x}$,则 $x=t^6$,$\mathrm{d}x=6t^5\mathrm{d}t$,于是

$$\int\frac{\mathrm{d}x}{(1+\sqrt[3]{x})\sqrt{x}}=\int\frac{6t^5}{(1+t^2)t^3}\mathrm{d}t=6\int\frac{t^2}{1+t^2}\mathrm{d}t=6(t-\arctan t)+C$$

$$=6(\sqrt[6]{x}-\arctan\sqrt[6]{x})+C.$$

(6) 令 $t=\sqrt[3]{3x+1}$,则 $x=\dfrac{t^3-1}{3}$,$\mathrm{d}x=t^2\mathrm{d}t$,于是

$$\int\frac{x+1}{\sqrt[3]{3x+1}}\mathrm{d}x=\int\frac{\frac{t^3-1}{3}+1}{t}\cdot t^2\mathrm{d}t=\frac{1}{3}\int(t^3+2)t\mathrm{d}t$$

$$=\frac{1}{15}t^5+\frac{1}{3}t^2+C=\frac{1}{5}(x+2)\cdot\sqrt[3]{(3x+1)^2}+C.$$

(7) 令 $t=\sqrt{\dfrac{1-x}{1+x}}$,则 $x=\dfrac{1-t^2}{1+t^2}$,$\mathrm{d}x=\dfrac{-4t}{(1+t^2)^2}\mathrm{d}t$,于是

$$\int\sqrt{\frac{1-x}{1+x}}\frac{\mathrm{d}x}{x}=\int t\cdot\frac{1+t^2}{1-t^2}\cdot\frac{-4t}{(1+t^2)^2}\mathrm{d}t$$

$$=-4\int\frac{t^2}{(1-t^2)(1+t^2)}\mathrm{d}t=-2\int\left(\frac{1}{1-t^2}-\frac{1}{1+t^2}\right)\mathrm{d}t$$

$$=2\int\frac{1}{t^2-1}\mathrm{d}t+2\int\frac{1}{1+t^2}\mathrm{d}t=\ln\left|\frac{t-1}{t+1}\right|+2\arctan t+C$$

$$=\ln\left|\frac{\sqrt{\frac{1-x}{1+x}}-1}{\sqrt{\frac{1-x}{1+x}}+1}\right|+2\arctan\sqrt{\frac{1-x}{1+x}}+C$$

$$=\ln\left|\frac{\sqrt{1-x}-\sqrt{1+x}}{\sqrt{1-x}+\sqrt{1+x}}\right|+2\arctan\sqrt{\frac{1-x}{1+x}}+C.$$

(8) 令 $x=\sin t$,$t\in\left(-\dfrac{\pi}{2},\dfrac{\pi}{2}\right)$,则 $\mathrm{d}x=\cos t\mathrm{d}t$,于是

$$\int\frac{\sqrt{1-x^2}}{x^2}\mathrm{d}x=\int\frac{\cos^2 t}{\sin^2 t}\mathrm{d}t=\int\cot^2 t\mathrm{d}t$$

$$=\int(\csc^2 t-1)\mathrm{d}t=-\cot t-t+C$$

$$=-\frac{\sqrt{1-x^2}}{x}-\arcsin x+C.$$

(9) 当 $x>3$ 时,令 $x=3\sec t$,$t\in\left(0,\dfrac{\pi}{2}\right)$,则 $\mathrm{d}x=3\sec t\tan t\mathrm{d}t$,$t=\arccos\dfrac{3}{x}$,于是

$$\int\frac{\sqrt{x^2-9}}{x}\mathrm{d}x=\int\frac{\tan t}{\sec t}\cdot 3\sec t\tan t\mathrm{d}t=3\int\tan^2 t\mathrm{d}t$$

$$= 3\int(\sec^2 t - 1)\mathrm{d}t = 3\tan t - 3t + C$$

$$= \sqrt{x^2 - 9} - 3\arccos\frac{3}{x} + C;$$

当 $x < -3$ 时，令 $x = -u$，则 $u > 3$，且 $\mathrm{d}x = -\mathrm{d}u$，于是

$$\int\frac{\sqrt{x^2 - 9}}{x}\mathrm{d}x = \int\frac{\sqrt{u^2 - 9}}{u}\mathrm{d}u$$

$$= \sqrt{u^2 - 9} - 3\arccos\frac{3}{u} + C$$

$$= \sqrt{x^2 - 9} - 3\arccos\frac{3}{-x} + C.$$

综上所述，$\displaystyle\int\frac{\sqrt{x^2 - 9}}{x}\mathrm{d}x = \sqrt{x^2 - 9} - 3\arccos\frac{3}{|x|} + C.$

(10) 令 $x = \tan t, t \in \left(-\frac{\pi}{2}, \frac{\pi}{2}\right)$，则 $\mathrm{d}x = \sec^2 t\mathrm{d}t$，于是

$$\int\frac{\mathrm{d}x}{\sqrt{(x^2 + 1)^3}} = \int\frac{\sec^2 t\mathrm{d}t}{\sec^3 t} = \int\frac{1}{\sec t}\mathrm{d}t$$

$$= \int\cos t\mathrm{d}t = \sin t + C = \frac{x}{\sqrt{1 + x^2}} + C.$$

(11) 化简，得 $\displaystyle\int\frac{x^2 + 1}{x\sqrt{1 + x^4}}\mathrm{d}x = \int\frac{x(x^2 + 1)}{x^2\sqrt{1 + x^4}}\mathrm{d}x = \frac{1}{2}\int\frac{x^2 + 1}{x^2\sqrt{1 + x^4}}\mathrm{d}(x^2).$

令 $x^2 = \tan t, t \in \left(0, \frac{\pi}{2}\right)$，则 $\mathrm{d}(x^2) = \sec^2 t\mathrm{d}t$，于是

$$\frac{1}{2}\int\frac{x^2 + 1}{x^2\sqrt{1 + x^4}}\mathrm{d}(x^2) = \frac{1}{2}\int\frac{\tan t + 1}{\tan t\sec t}\cdot\sec^2 t\mathrm{d}t$$

$$= \frac{1}{2}\int\frac{(\tan t + 1)\sec t}{\tan t}\mathrm{d}t = \frac{1}{2}\int\sec t\mathrm{d}t + \frac{1}{2}\int\csc t\mathrm{d}t$$

$$= \frac{1}{2}\ln|\sec t + \tan t| + \frac{1}{2}\ln|\csc t - \cot t| + C$$

$$= \frac{1}{2}\ln\left|\sqrt{x^4 + 1} + x^2\right| + \frac{1}{2}\ln\left|\frac{\sqrt{x^4 + 1}}{x^2} - \frac{1}{x^2}\right| + C.$$

(12) 令 $x = \tan t, t \in \left(-\frac{\pi}{2}, \frac{\pi}{2}\right)$，则 $\mathrm{d}x = \sec^2 t\mathrm{d}t$，于是

$$\int\frac{x^3\mathrm{d}x}{(1 + x^2)^{3/2}} = \int\frac{\tan^3 t\sec^2 t\mathrm{d}t}{(\sec^2 t)^{3/2}} = \int\frac{\sin^3 t\mathrm{d}t}{\cos^2 t} = -\int\frac{(1 - \cos^2 t)\mathrm{d}(\cos t)}{\cos^2 t}$$

$$= \frac{1}{\cos t} + \cos t + C = \sqrt{1 + x^2} + \frac{1}{\sqrt{1 + x^2}} + C.$$

(13) **方法一** 当 $x > 1$ 时，令 $x = \sec t, t \in \left(0, \frac{\pi}{2}\right)$，则 $\mathrm{d}x = \sec t\tan t\mathrm{d}t, t = \arccos\frac{1}{x}$，于是

$$\int\frac{\mathrm{d}x}{x^3\sqrt{x^2 - 1}} = \int\frac{\sec t\tan t\mathrm{d}t}{\sec^3 t\tan t} = \int\cos^2 t\mathrm{d}t = \frac{t}{2} + \frac{\sin t\cos t}{2} + C$$

$$= \frac{1}{2}\arccos\frac{1}{x} + \frac{1}{2x}\sqrt{1-\frac{1}{x^2}} + C$$

$$= \frac{1}{2}\arccos\frac{1}{x} + \frac{\sqrt{x^2-1}}{2x^2} + C;$$

同理,当 $x<-1$ 时,可得

$$原式 = \frac{1}{2}\arccos\left(-\frac{1}{x}\right) + \frac{\sqrt{x^2-1}}{2x^2} + C = -\frac{1}{2}\arccos\frac{1}{x} + \frac{\sqrt{x^2-1}}{2x^2} + C.$$

方法二(倒代换) 当 $x>1$ 时,令 $x=\frac{1}{t}(0<t<1)$,则 $dx=-\frac{1}{t^2}dt$,于是

$$\int\frac{dx}{x^3\sqrt{x^2-1}} = -\int\frac{t^2dt}{\sqrt{1-t^2}} = \int\frac{1-t^2-1}{\sqrt{1-t^2}}dt = \int\sqrt{1-t^2}\,dt - \int\frac{dt}{\sqrt{1-t^2}}$$

$$= \frac{t}{2}\sqrt{1-t^2} - \frac{1}{2}\arcsin t + C$$

$$= \frac{\sqrt{x^2-1}}{2x^2} - \frac{1}{2}\arcsin\frac{1}{x} + C;$$

同理,当 $x<-1$ 时,令 $x=\frac{1}{t}(-1<t<0)$,有

$$原式 = -\frac{t}{2}\sqrt{1-t^2} + \frac{1}{2}\arcsin t + C = \frac{\sqrt{x^2-1}}{2x^2} + \frac{1}{2}\arcsin\frac{1}{x} + C.$$

(14) 令 $x=\tan t$,则 $dx=\sec^2 t dt$,于是

$$\int\frac{x^3}{\sqrt{1+x^2}}dx = \int\frac{\tan^3 t}{\sec t}\sec^2 t dt = \int\frac{\sin^3 t}{\cos^4 t}dt$$

$$= -\int\frac{1-\cos^2 t}{\cos^4 t}d(\cos t) = \frac{1}{3\cos^3 t} - \frac{1}{\cos t} + C$$

$$= \frac{1}{3}\left(\sqrt{1+x^2}\right)^3 - \sqrt{1+x^2} + C.$$

(15) **方法一(倒代换)** 令 $x=\frac{1}{t}(t\neq 0)$,则 $dx=-\frac{1}{t^2}dt$,于是

$$\int\frac{dx}{x(5+x^6)} = -\int\frac{t^5dt}{5t^6+1} = -\frac{1}{6}\int\frac{d(t^6)}{5t^6+1}$$

$$= -\frac{1}{30}\ln(5t^6+1) + C = -\frac{1}{30}\ln\frac{5+x^6}{x^6} + C.$$

方法二(凑微分法)

$$\int\frac{dx}{x(5+x^6)} = \int\frac{x^5dx}{x^6(5+x^6)} = \frac{1}{6}\int\frac{d(x^6)}{x^6(5+x^6)}$$

$$= \frac{1}{30}\int\frac{d(x^6)}{x^6} - \frac{1}{30}\int\frac{d(x^6)}{5+x^6} = \frac{1}{30}\ln\frac{x^6}{5+x^6} + C.$$

(16) 令 $x=\frac{1}{t}(t\neq 0)$,则 $dx=-\frac{1}{t^2}dt$,于是

$$\int\frac{dx}{x^8(1-x^2)} = \int\frac{t^8\left(-\frac{1}{t^2}\right)dt}{1-\frac{1}{t^2}}$$

$$=-\int\frac{t^8\mathrm{d}t}{t^2-1}=-\int\left(t^6+t^4+t^2+1+\frac{1}{t^2-1}\right)\mathrm{d}t$$

$$=-\frac{1}{7}t^7-\frac{1}{5}t^5-\frac{1}{3}t^3-t-\frac{1}{2}\ln\left|\frac{t-1}{t+1}\right|+C$$

$$=-\frac{1}{7x^7}-\frac{1}{5x^5}-\frac{1}{3x^3}-\frac{1}{x}-\frac{1}{2}\ln\left|\frac{\frac{1}{x}-1}{\frac{1}{x}+1}\right|+C$$

$$=-\frac{1}{7x^7}-\frac{1}{5x^5}-\frac{1}{3x^3}-\frac{1}{x}-\frac{1}{2}\ln\left|\frac{1-x}{1+x}\right|+C.$$

(17) 令 $t=\mathrm{e}^x$，则 $x=\ln t,\mathrm{d}x=\frac{1}{t}\mathrm{d}t$，于是

$$\int\frac{\mathrm{d}x}{1+\mathrm{e}^x+\mathrm{e}^{2x}+\mathrm{e}^{3x}}=\int\frac{\mathrm{d}t}{t(1+t+t^2+t^3)}=\int\frac{\mathrm{d}t}{t(1+t)(1+t^2)}$$

$$=\frac{1}{2}\int\left(\frac{2}{t}-\frac{1}{1+t}-\frac{1+t}{1+t^2}\right)\mathrm{d}t$$

$$=\ln t-\frac{1}{2}\ln(1+t)-\frac{1}{4}\ln(1+t^2)-\frac{1}{2}\arctan t+C$$

$$=x-\frac{1}{2}\ln(1+\mathrm{e}^x)-\frac{1}{4}\ln(1+\mathrm{e}^{2x})-\frac{1}{2}\arctan\mathrm{e}^x+C.$$

9. 求下列不定积分：

(1) $\int x^2\mathrm{e}^{-x}\mathrm{d}x$；　(2) $\int x^2\ln x\mathrm{d}x$；　(3) $\int 3^x\cos x\mathrm{d}x$；

(4) $\int x^2\cos^2\frac{x}{2}\mathrm{d}x$；　(5) $\int \ln^2 x\mathrm{d}x$；　(6) $\int x\tan^2 x\mathrm{d}x$；

(7) $\int \mathrm{e}^{-x}\cos x\mathrm{d}x$；　(8) $\int \sin\ln x\mathrm{d}x$.

解　(1) 列分部积分表 4-2 如下.

表 4-2

x^2	$2x$	2	0
e^{-x}	$-\mathrm{e}^{-x}$	e^{-x}	$-\mathrm{e}^{-x}$

所以 $\int x^2\mathrm{e}^{-x}\mathrm{d}x=(-x^2\mathrm{e}^{-x}-2x\mathrm{e}^{-x}-2\mathrm{e}^{-x})+C=-(x^2+2x+2)\mathrm{e}^{-x}+C.$

(2) $\int x^2\ln x\mathrm{d}x=\frac{1}{3}\int\ln x\mathrm{d}(x^3)=\frac{1}{3}x^3\ln x-\frac{1}{3}\int x^3\mathrm{d}(\ln x)$

$$=\frac{1}{3}x^3\ln x-\frac{1}{3}\int x^2\mathrm{d}x=\frac{1}{3}x^3\ln x-\frac{1}{9}x^3+C.$$

(3) $\int 3^x\cos x\mathrm{d}x=\int\mathrm{e}^{x\ln 3}\cos x\mathrm{d}x$，则

$$\int\mathrm{e}^{x\ln 3}\cos x\mathrm{d}x=\frac{1}{(\ln 3)^2+1}\begin{vmatrix}(\mathrm{e}^{x\ln 3})' & (\cos x)'\\ \mathrm{e}^{x\ln 3} & \cos x\end{vmatrix}+C$$

$$=\frac{1}{(\ln 3)^2+1}\begin{vmatrix}\ln 3\mathrm{e}^{x\ln 3} & -\sin x\\ \mathrm{e}^{x\ln 3} & \cos x\end{vmatrix}+C$$

$$=\frac{e^{x\ln 3}}{(\ln 3)^2+1}(\ln 3\cdot\cos x+\sin x)+C$$

$$=\frac{3^x}{(\ln 3)^2+1}(\ln 3\cdot\cos x+\sin x)+C.$$

(4) $\int x^2\cos^2\frac{x}{2}\mathrm{d}x=\int x^2\cdot\frac{1+\cos x}{2}\mathrm{d}x=\frac{1}{2}\int x^2\mathrm{d}x+\frac{1}{2}\int x^2\cos x\mathrm{d}x$

$$=\frac{1}{6}x^3+\frac{1}{2}\int x^2\cos x\mathrm{d}x,$$

对于积分$\frac{1}{2}\int x^2\cos x\mathrm{d}x$,列分部积分表 4-3 如下.

表 4-3

x^2	$2x$	2	0
$\cos x$	$\sin x$	$-\cos x$	$-\sin x$

则

$$\frac{1}{2}\int x^2\cos x\mathrm{d}x=\frac{1}{2}(x^2\sin x+2x\cos x-2\sin x)+C,$$

故 $$\text{原式}=\frac{1}{6}x^3+\frac{1}{2}x^2\sin x+x\cos x-\sin x+C.$$

(5) 直接应用分部积分公式,得

$$\int\ln^2x\mathrm{d}x=x\ln^2x-\int x\mathrm{d}(\ln^2x)$$

$$=x\ln^2x-\int x\cdot 2\ln x\cdot\frac{1}{x}\mathrm{d}x$$

$$=x\ln^2x-2\int\ln x\mathrm{d}x$$

$$=x\ln^2x-2x\ln x+2\int x\mathrm{d}(\ln x)$$

$$=x\ln^2x-2x\ln x+2\int x\cdot\frac{1}{x}\mathrm{d}x$$

$$=x\ln^2x-2x\ln x+2x+C.$$

(6) $\int x\tan^2x\mathrm{d}x=\int x(\sec^2x-1)\mathrm{d}x=\int x\sec^2x\mathrm{d}x-\int x\mathrm{d}x$

$$=\int x\mathrm{d}(\tan x)-\frac{1}{2}x^2=x\tan x-\int\tan x\mathrm{d}x-\frac{1}{2}x^2$$

$$=x\tan x+\ln|\cos x|-\frac{1}{2}x^2+C.$$

(7) $\int e^{-x}\cos x\mathrm{d}x=\frac{1}{(-1)^2+1}\begin{vmatrix}(e^{-x})' & (\cos x)'\\ e^{-x} & \cos x\end{vmatrix}+C$

$$=\frac{1}{2}\begin{vmatrix}-e^{-x} & -\sin x\\ e^{-x} & \cos x\end{vmatrix}+C$$

$$=\frac{1}{2}(-e^{-x}\cos x+e^{-x}\sin x)+C$$

$$=\frac{e^{-x}}{2}(\sin x-\cos x)+C.$$

(8) 直接应用分部积分公式,得

$$\int \sin\ln x\mathrm{d}x=x\sin\ln x-\int x\mathrm{d}(\sin\ln x)=x\sin\ln x-\int x\cdot\cos\ln x\cdot\frac{1}{x}\mathrm{d}x$$

$$=x\sin\ln x-\int\cos\ln x\mathrm{d}x=x\sin\ln x-x\cos\ln x+\int x\mathrm{d}(\cos\ln x)$$

$$=x\sin\ln x-x\cos\ln x-\int x\sin\ln x\cdot\frac{1}{x}\mathrm{d}x$$

$$=x\sin\ln x-x\cos\ln x-\int\sin\ln x\mathrm{d}x\quad(\text{循环型}),$$

故
$$\int\sin\ln x\mathrm{d}x=\frac{x}{2}(\sin\ln x-\cos\ln x)+C.$$

10. 已知 $\sin x\ln x$ 是 $f(x)$ 的原函数,求 $\int xf'(x)\mathrm{d}x$.

解 已知 $\sin x\ln x$ 是 $f(x)$ 的原函数,则

$$\int f(x)\mathrm{d}x=\sin x\ln x+C_1,$$

两边对 x 求导,得

$$f(x)=\cos x\ln x+\frac{\sin x}{x},$$

于是
$$\int xf'(x)\mathrm{d}x=\int x\mathrm{d}f(x)=xf(x)-\int f(x)\mathrm{d}x$$

$$=x\cos x\ln x+\sin x-\sin x\ln x+C\quad(C=-C_1).$$

11. 已知函数 $f(x)=\frac{e^x}{x}$,求 $\int xf''(x)\mathrm{d}x$.

解 已知 $f(x)=\frac{e^x}{x}$,则 $f'(x)=\frac{xe^x-e^x}{x^2}$,于是

$$\int xf''(x)\mathrm{d}x=\int x\mathrm{d}f'(x)=xf'(x)-\int f'(x)\mathrm{d}x$$

$$=xf'(x)-f(x)+C$$

$$=\frac{xe^x-e^x}{x}-\frac{e^x}{x}+C=e^x\left(1-\frac{2}{x}\right)+C.$$

12. 利用分部积分法求下列不定积分:

(1) $\int e^{-x}\arctan e^x\mathrm{d}x$;　(2) $\int\frac{x^2e^x}{(x+2)^2}\mathrm{d}x$;　(3) $\int\frac{x+1}{x(1+xe^x)}\mathrm{d}x$.

解 (1) $\int e^{-x}\arctan e^x\mathrm{d}x=-\int\arctan e^x\mathrm{d}(e^{-x})=-e^{-x}\arctan e^x+\int\frac{\mathrm{d}x}{1+e^{2x}}$

$$=-e^{-x}\arctan e^x+\int\frac{e^{-2x}\mathrm{d}x}{1+e^{-2x}}$$

$$=-e^{-x}\arctan e^x-\frac{1}{2}\ln(1+e^{-2x})+C.$$

(2) $\int\frac{x^2e^x}{(x+2)^2}\mathrm{d}x=\int x^2e^x\mathrm{d}\left(\frac{-1}{x+2}\right)=-\frac{x^2e^x}{x+2}+\int\frac{1}{x+2}(x^2e^x+2xe^x)\mathrm{d}x$

$$=-\frac{x^2e^x}{x+2}+\int xe^x\mathrm{d}x(\text{列表法})=-\frac{x^2e^x}{x+2}+xe^x-e^x+C.$$

(3) $\int\frac{x+1}{x(1+xe^x)}\mathrm{d}x=\int\frac{e^x(x+1)}{xe^x(1+xe^x)}\mathrm{d}x=\int\left(\frac{1}{xe^x}-\frac{1}{1+xe^x}\right)\mathrm{d}(xe^x)$

$$=\ln\left|\frac{xe^x}{1+xe^x}\right|+C.$$

13. 求下列有理函数的不定积分：

(1) $\int\frac{1}{1-2x-3x^2}\mathrm{d}x$； (2) $\int\frac{x-2}{x^2+2x+3}\mathrm{d}x$； (3) $\int\frac{2x-5}{(x-1)^2(x+2)}\mathrm{d}x$；

(4) $\int\frac{2x^2-x+4}{x^3+4x}\mathrm{d}x$； (5) $\int\frac{x^2+x}{(x-2)^3}\mathrm{d}x$； (6) $\int\frac{x^4}{(x^2+1)^2}\mathrm{d}x$.

解 (1) $\frac{1}{1-2x-3x^2}=-\frac{1}{(3x-1)(x+1)}=-\left(\frac{A}{3x-1}+\frac{B}{x+1}\right)$,

上式两边同乘分母，得 $1=A(x+1)+B(3x-1)$. 分别令 $x=\frac{1}{3}$ 和 $x=-1$，得 $1=\frac{4}{3}A$，$1=-4B$，所以 $A=\frac{3}{4}$，$B=-\frac{1}{4}$. 于是

$$\int\frac{1}{1-2x-3x^2}\mathrm{d}x=-\int\left(\frac{\frac{3}{4}}{3x-1}-\frac{\frac{1}{4}}{x+1}\right)\mathrm{d}x=-\frac{1}{4}\int\frac{1}{3x-1}\mathrm{d}(3x-1)+\frac{1}{4}\int\frac{1}{x+1}\mathrm{d}(x+1)$$

$$=\frac{1}{4}\ln\left|\frac{x+1}{3x-1}\right|+C.$$

(2) $\int\frac{x-2}{x^2+2x+3}\mathrm{d}x=\frac{1}{2}\int\frac{2x+2-6}{(x+1)^2+2}\mathrm{d}x$

$$=\frac{1}{2}\int\frac{\mathrm{d}[(x+1)^2+2]}{(x+1)^2+2}-\frac{3\sqrt{2}}{2}\int\frac{1}{\left(\frac{x+1}{\sqrt{2}}\right)^2+1}\mathrm{d}\left(\frac{x+1}{\sqrt{2}}\right)$$

$$=\frac{1}{2}\ln|(x+1)^2+2|-\frac{3\sqrt{2}}{2}\arctan\left(\frac{x+1}{\sqrt{2}}\right)+C.$$

(3) $\int\frac{2x-5}{(x-1)^2(x+2)}\mathrm{d}x=\int\left[\frac{1}{x-1}-\frac{1}{(x-1)^2}-\frac{1}{x+2}\right]\mathrm{d}x$

$$=\ln|x-1|+\frac{1}{x-1}-\ln|x+2|+C$$

$$=\ln\left|\frac{x-1}{x+2}\right|+\frac{1}{x-1}+C.$$

(4) $\int\frac{2x^2-x+4}{x^3+4x}\mathrm{d}x=\int\left(\frac{1}{x}+\frac{x-1}{x^2+4}\right)\mathrm{d}x$

$$=\ln|x|+\frac{1}{2}\ln|x^2+4|-\frac{1}{2}\arctan\frac{x}{2}+C.$$

(5) $\int\frac{x^2+x}{(x-2)^3}\mathrm{d}x=\int\frac{6}{(x-2)^3}\mathrm{d}x+\int\frac{5}{(x-2)^2}\mathrm{d}x+\int\frac{1}{x-2}\mathrm{d}x$

$$=\frac{-3}{(x-2)^2}+\frac{-5}{x-2}+\ln|x-2|+C.$$

(6) $\int \frac{x^4}{(x^2+1)^2}dx = \int\left[1-\frac{2x^2+1}{(x^2+1)^2}\right]dx = x - \int\frac{2x^2+1}{(x^2+1)^2}dx$

$= x - \frac{3}{2}\arctan x + \frac{x}{2(x^2+1)} + C,$

其中 $\int \frac{2x^2+1}{(x^2+1)^2}dx \xlongequal{令x=\tan t} \int\frac{2\tan^2 t+1}{\sec^4 t}\sec^2 t dt = \int\frac{2\sec^2 t-1}{\sec^2 t}dt$

$= 2t - \int\frac{\cos 2t+1}{2}dt = \frac{3}{2}t - \frac{1}{4}\sin 2t + C$

$= \frac{3}{2}\arctan x - \frac{1}{2}\frac{x}{x^2+1} + C_1.$

14. 求下列不定积分：

(1) $\int\frac{x^2}{x+3}dx$；　(2) $\int\frac{3}{x^3+1}dx$；　(3) $\int\frac{4x+3}{(x-2)^3}dx$；

(4) $\int\frac{4x}{(x^2+1)(x+1)}dx$；　(5) $\int\frac{xdx}{(x+2)(x+3)^2}$；　(6) $\int\frac{x+5}{x^2-6x+13}dx$；

(7) $\int\frac{x}{x^8-1}dx$；　(8) $\int\frac{xdx}{(x+1)(x+2)(x+3)}$；　(9) $\int\frac{dx}{x(x^2+1)}$.

解 (1) $\int\frac{x^2}{x+3}dx = \int\left(x-3+\frac{9}{x+3}\right)dx = \frac{1}{2}x^2 - 3x + 9\ln|x+3| + C.$

(2) $\int\frac{3}{x^3+1}dx = 3\int\frac{1}{(x+1)(x^2-x+1)}dx = 3\int\frac{\frac{1}{3}}{x+1}dx + 3\int\frac{-\frac{1}{3}x+\frac{2}{3}}{x^2-x+1}dx$

$= \int\frac{1}{x+1}dx + \int\frac{-x+2}{x^2-x+1}dx$

$= \ln|x+1| - \frac{1}{2}\int\frac{2x-1}{x^2-x+1}dx + \frac{3}{2}\int\frac{1}{x^2-x+1}dx$

$= \ln|x+1| - \frac{1}{2}\int\frac{1}{x^2-x+1}d(x^2-x+1) + \frac{3}{2}\int\frac{1}{\left(x-\frac{1}{2}\right)^2+\frac{3}{4}}dx$

$= \ln|x+1| - \frac{1}{2}\ln|x^2-x+1| + \frac{3}{2}\int\frac{1}{\left(x-\frac{1}{2}\right)^2+\left(\frac{\sqrt{3}}{2}\right)^2}d\left(x-\frac{1}{2}\right)$

$= \ln|x+1| - \frac{1}{2}\ln|x^2-x+1| + \sqrt{3}\arctan\frac{2x-1}{\sqrt{3}} + C.$

(3) $\int\frac{4x+3}{(x-2)^3}dx = \int\frac{4(x-2)+11}{(x-2)^3}dx = 4\int\frac{1}{(x-2)^2}dx + 11\int\frac{1}{(x-2)^3}dx$

$= \frac{-4}{x-2} - \frac{11}{2(x-2)^2} + C.$

(4) $\int\frac{4x}{(x^2+1)(x+1)}dx = \int\frac{2x+2}{x^2+1}dx + \int\frac{-2}{x+1}dx$

$= \int\frac{2x}{x^2+1}dx + \int\frac{2}{x^2+1}dx + \int\frac{-2}{x+1}dx$

$= \ln(1+x^2) + 2\arctan x - 2\ln|x+1| + C.$

(5) $\int \frac{x\mathrm{d}x}{(x+2)(x+3)^2} = \int \frac{-2\mathrm{d}x}{x+2} + \int \frac{3\mathrm{d}x}{(x+3)^2} + \int \frac{2\mathrm{d}x}{x+3}$

$$= -2\ln|x+2| - \frac{3}{x+3} + 2\ln|x+3| + C.$$

(6) $\int \frac{x+5}{x^2-6x+13}\mathrm{d}x = \frac{1}{2}\int \frac{2x-6}{x^2-6x+13}\mathrm{d}x + \int \frac{8}{(x-3)^2+4}\mathrm{d}x$

$$= \frac{1}{2}\ln(x^2-6x+13) + 4\arctan\frac{x-3}{2} + C.$$

(7) 利用倒代换，令 $x = \frac{1}{t}$，则 $\mathrm{d}x = -\frac{1}{t^2}\mathrm{d}t$，于是

$$\int \frac{x}{x^8-1}\mathrm{d}x = \int \frac{t^7}{1-t^8}\cdot\left(-\frac{1}{t^2}\right)\mathrm{d}t = \int \frac{t^5}{t^8-1}\mathrm{d}t = \frac{1}{2}\int \frac{t^4}{t^8-1}\mathrm{d}(t^2),$$

令 $t^2 = u$，则 $\mathrm{d}(t^2) = \mathrm{d}u$，于是

$$\begin{aligned}
\frac{1}{2}\int \frac{u^2}{u^4-1}\mathrm{d}u &= \frac{1}{2}\int \frac{u^2}{(u^2-1)(u^2+1)}\mathrm{d}u = \frac{1}{2}\int \frac{u^2+1-1}{(u^2-1)(u^2+1)}\mathrm{d}u \\
&= \frac{1}{2}\int \frac{1}{u^2-1}\mathrm{d}u - \frac{1}{2}\int \frac{1}{(u^2-1)(u^2+1)}\mathrm{d}u \\
&= \frac{1}{2}\int \frac{1}{u^2-1}\mathrm{d}u - \frac{1}{4}\int \frac{1}{u^2-1}\mathrm{d}u + \frac{1}{4}\int \frac{1}{u^2+1}\mathrm{d}u \\
&= \frac{1}{4}\int \frac{1}{u^2-1}\mathrm{d}u + \frac{1}{4}\int \frac{1}{u^2+1}\mathrm{d}u \\
&= \frac{1}{8}\ln\left|\frac{u-1}{u+1}\right| + \frac{1}{4}\arctan u + C = \frac{1}{8}\ln\left|\frac{t^2-1}{t^2+1}\right| + \frac{1}{4}\arctan t^2 + C \\
&= \frac{1}{8}\ln\left|\frac{\frac{1}{x^2}-1}{\frac{1}{x^2}+1}\right| + \frac{1}{4}\arctan\frac{1}{x^2} + C = \frac{1}{8}\ln\left|\frac{1-x^2}{1+x^2}\right| + \frac{1}{4}\arctan\frac{1}{x^2} + C.
\end{aligned}$$

(8) $\int \frac{x\mathrm{d}x}{(x+1)(x+2)(x+3)} = -\frac{1}{2}\int \frac{\mathrm{d}x}{x+1} + 2\int \frac{\mathrm{d}x}{x+2} - \frac{3}{2}\int \frac{\mathrm{d}x}{x+3}$

$$= -\frac{1}{2}\ln|x+1| + 2\ln|x+2| - \frac{3}{2}\ln|x+3| + C.$$

(9) 令 $x = \tan t, t \in \left(-\frac{\pi}{2}, \frac{\pi}{2}\right)$，则 $\mathrm{d}x = \sec^2 t\mathrm{d}t$，于是

$$\begin{aligned}
\int \frac{\mathrm{d}x}{x(x^2+1)} &= \int \frac{\sec^2 t\mathrm{d}t}{\tan t(\tan^2 t+1)} = \int \frac{\sec^2 t\mathrm{d}t}{\tan t\sec^2 t} \\
&= \int \cot t\mathrm{d}t = \ln|\sin t| + C \\
&= \ln\left|\frac{x}{\sqrt{1+x^2}}\right| + C = \ln|x| - \frac{1}{2}\ln(1+x^2) + C.
\end{aligned}$$

15. 求下列不定积分：

(1) $\int \frac{\mathrm{d}x}{3+\sin^2 x}$；　　(2) $\int \frac{\mathrm{d}x}{\sin x+\tan x}$.

解　(1) 根据万能代换公式，令 $u = \tan x$，则 $x = \arctan u, \sin^2 x = \frac{u^2}{u^2+1}, \mathrm{d}x = \frac{1}{1+u^2}\mathrm{d}u$，

于是

$$\int \frac{\mathrm{d}x}{3+\sin^2 x} = \int \frac{1}{3+\dfrac{u^2}{u^2+1}} \cdot \frac{1}{1+u^2}\mathrm{d}u = \int \frac{u^2+1}{4u^2+3} \cdot \frac{1}{1+u^2}\mathrm{d}u = \int \frac{1}{4u^2+3}\mathrm{d}u = \frac{1}{4}\int \frac{1}{u^2+\dfrac{3}{4}}\mathrm{d}u$$

$$= \frac{1}{4} \cdot \frac{2}{\sqrt{3}}\arctan\frac{2u}{\sqrt{3}} + C = \frac{1}{2\sqrt{3}}\arctan\frac{2\tan x}{\sqrt{3}} + C.$$

（2）根据万能代换公式，令 $u = \tan\dfrac{x}{2}$，则 $x = 2\arctan u$，$\mathrm{d}x = \dfrac{2}{1+u^2}\mathrm{d}u$，且

$$\sin x = 2\sin\frac{x}{2}\cos\frac{x}{2} = \frac{2\tan\dfrac{x}{2}}{1+\tan^2\dfrac{x}{2}} = \frac{2u}{1+u^2},$$

$$\cos x = 2\cos^2\frac{x}{2} - 1 = \frac{1-\tan^2\dfrac{x}{2}}{1+\tan^2\dfrac{x}{2}} = \frac{1-u^2}{1+u^2},$$

$$\tan x = \frac{\sin x}{\cos x} = \frac{2u}{1-u^2},$$

于是

$$\int \frac{\mathrm{d}x}{\sin x + \tan x} = \int \frac{1}{\dfrac{2u}{1+u^2} + \dfrac{2u}{1-u^2}} \cdot \frac{2}{1+u^2}\mathrm{d}u$$

$$= \int \frac{1}{u + \dfrac{u(1+u^2)}{1-u^2}}\mathrm{d}u = \int \frac{1-u^2}{u(1-u^2)+u(1+u^2)}\mathrm{d}u$$

$$= \int \frac{1-u^2}{2u}\mathrm{d}u = \frac{1}{2}\int \frac{1}{u}\mathrm{d}u - \frac{1}{2}\int u\mathrm{d}u$$

$$= \frac{1}{2}\ln|u| - \frac{1}{4}u^2 + C = \frac{1}{2}\ln\left|\tan\frac{x}{2}\right| - \frac{1}{4}\tan^2\frac{x}{2} + C.$$

16. 求下列三角有理函数的不定积分：

（1）$\displaystyle\int \frac{1}{1-\cos x}\mathrm{d}x$；　（2）$\displaystyle\int \cos^5 x\mathrm{d}x$；　（3）$\displaystyle\int \frac{1}{2+\sin x}\mathrm{d}x$；

（4）$\displaystyle\int \frac{\sin x}{\sin^2 x + 5\cos^2 x}\mathrm{d}x$；　（5）$\displaystyle\int \frac{1}{1+\sin x+\cos x}\mathrm{d}x$.

解　（1）$\displaystyle\int \frac{1}{1-\cos x}\mathrm{d}x = \frac{1}{2}\int \frac{1}{\sin^2\dfrac{x}{2}}\mathrm{d}x = \int \frac{1}{\sin^2\dfrac{x}{2}}\mathrm{d}\left(\frac{x}{2}\right) = -\cot\frac{x}{2} + C.$

（2）$\displaystyle\int \cos^5 x\mathrm{d}x = \int (1-\sin^2 x)^2\mathrm{d}(\sin x) = \sin x - \frac{2}{3}\sin^3 x + \frac{1}{5}\sin^5 x + C.$

（3）令 $t = \tan\dfrac{x}{2}$，则 $\sin x = \dfrac{2t}{1+t^2}$，$\mathrm{d}x = \dfrac{2}{1+t^2}\mathrm{d}t$，于是

$$\int \frac{1}{2+\sin x}\mathrm{d}x = \int \frac{1}{2+\dfrac{2t}{1+t^2}} \cdot \frac{2}{1+t^2}\mathrm{d}t = \int \frac{1}{1+t^2+t}\mathrm{d}t = \int \frac{1}{(t+1/2)^2+3/4}\mathrm{d}t$$

$$= \frac{2}{\sqrt{3}}\arctan\frac{t+1/2}{\sqrt{3}/2} + C = \frac{2}{\sqrt{3}}\arctan\frac{2\tan(x/2)+1}{\sqrt{3}} + C.$$

(4) $\int \frac{\sin x}{\sin^2 x + 5\cos^2 x}\mathrm{d}x = -\frac{1}{2}\int \frac{1}{1+(2\cos x)^2}\mathrm{d}(2\cos x) = -\frac{1}{2}\arctan(2\cos x) + C.$

(5) 令 $t = \tan\frac{x}{2}$,则

$$\int \frac{1}{1+\sin x+\cos x}\mathrm{d}x = \int \frac{1}{1+\frac{2t}{1+t^2}+\frac{1-t^2}{1+t^2}} \cdot \frac{2\mathrm{d}t}{1+t^2}$$

$$= \int \frac{1}{1+t}\mathrm{d}t = \ln|1+t| + C = \ln\left|1+\tan\frac{x}{2}\right| + C.$$

综　合　题

1. 设 $F(x)$ 是 $f(x)$ 的一个原函数,当 $x \geqslant 0$ 时,有 $f(x) \cdot F(x) = \sin^2 2x$,且 $F(0) = 1$,$F(x) \geqslant 0$,求 $f(x)$.

解　因为 $f(x) = F'(x)$,所以 $F'(x)F(x) = \sin^2 2x$,两边积分,得

$$\frac{1}{2}F^2(x) = \int F'(x)F(x)\mathrm{d}x = \int \sin^2 2x\mathrm{d}x = \frac{1}{2}\int(1-\cos 4x)\mathrm{d}x = \frac{1}{2}x - \frac{1}{8}\sin 4x + C_1,$$

故 $F^2(x) = x - \frac{1}{4}\sin 4x + C$,由 $F(0) = 1$ 得 $C = 1$,于是有

$$F(x) = \left(x - \frac{1}{4}\sin 4x + 1\right)^{\frac{1}{2}},$$

所以
$$f(x) = F'(x) = \frac{1-\cos 4x}{2\sqrt{x-\frac{1}{4}\sin 4x+1}}.$$

2. 已知函数 $f(x) = \frac{\mathrm{e}^x + \mathrm{e}^{-x}}{2}$,求 $\int\left[\frac{f'(x)}{f(x)} + \frac{f(x)}{f'(x)}\right]\mathrm{d}x$.

解　注意到 $f(x) = f''(x)$,所以

$$\text{原式} = \int\left[\frac{f'(x)}{f(x)} + \frac{f''(x)}{f'(x)}\right]\mathrm{d}x = \int \mathrm{d}[\ln f(x)] + \int \mathrm{d}[\ln f'(x)]$$

$$= \ln f(x) + \ln f'(x) + C$$

$$= \ln[f(x)f'(x)] + C = \ln\frac{\mathrm{e}^{2x} - \mathrm{e}^{-2x}}{4} + C.$$

3. 设函数 $f(\sin^2 x) = \frac{x}{\sin x}$,求 $F(x) = \int \frac{\sqrt{x}}{\sqrt{1-x}}f(x)\mathrm{d}x$.

解　令 $x = \sin^2 t$,则 $\mathrm{d}x = 2\sin t\cos t\mathrm{d}t$,$f(x) = f(\sin^2 t) = \frac{t}{\sin t}$,于是

$$F(x) = \int \frac{\sqrt{x}}{\sqrt{1-x}}f(x)\mathrm{d}x = \int \frac{\sqrt{\sin^2 t}}{\sqrt{1-\sin^2 t}} \cdot \frac{t}{\sin t} \cdot 2\sin t\cos t\mathrm{d}t$$

$$= 2\int t\sin t\mathrm{d}t = -2\int t\mathrm{d}(\cos t) = -2t\cos t + 2\int \cos t\mathrm{d}t$$

$$= -2t\cos t + 2\sin t + C = -2\sqrt{1-x} \cdot \arcsin\sqrt{x} + 2\sqrt{x} + C.$$

4. 求$\int \frac{\arcsin e^x}{e^x}dx$.

解 令 $\arcsin e^x = t$,则 $x = \ln \sin t, dx = \frac{\cos t}{\sin t}dt$,于是

$$\int \frac{\arcsin e^x}{e^x}dx = \int \frac{t}{\sin t} \cdot \frac{\cos t}{\sin t}dt = -\int t d\left(\frac{1}{\sin t}\right) = -\frac{t}{\sin t} + \int \frac{1}{\sin t}dt$$

$$= -\frac{t}{\sin t} + \ln|\csc t - \cot t| + C$$

$$= -\frac{\arcsin e^x}{e^x} + \ln\left|\frac{1}{e^x} - \frac{\sqrt{1-e^{2x}}}{e^x}\right| + C$$

$$= -\frac{\arcsin e^x}{e^x} + \ln(1 - \sqrt{1-e^{2x}}) - x + C.$$

5. 求$\int \ln\left(1 + \frac{\sqrt{1+x}}{\sqrt{x}}\right)dx (x > 0)$.

解 设$\frac{\sqrt{1+x}}{\sqrt{x}} = t$,则 $x = \frac{1}{t^2-1}$,于是

$$\int \ln\left(1 + \frac{\sqrt{1+x}}{\sqrt{x}}\right)dx = \int \ln(1+t)d\left(\frac{1}{t^2-1}\right) = \frac{\ln(1+t)}{t^2-1} - \int \frac{1}{t^2-1} \cdot \frac{1}{t+1}dt,$$

而
$$\int \frac{1}{t^2-1} \cdot \frac{1}{t+1}dt = \frac{1}{4}\int\left[\frac{1}{t-1} - \frac{1}{t+1} - \frac{2}{(t+1)^2}\right]dt$$

$$= \frac{1}{4}\ln(t-1) - \frac{1}{4}\ln(t+1) + \frac{1}{2(t+1)} + C_1,$$

所以

$$\int \ln\left(1 + \frac{\sqrt{1+x}}{\sqrt{x}}\right)dx = \frac{\ln(1+t)}{t^2-1} + \frac{1}{4}\ln\frac{t+1}{t-1} - \frac{1}{2(t+1)} + C$$

$$= x\ln\left(1 + \sqrt{\frac{1+x}{x}}\right) + \frac{1}{2}\ln(\sqrt{1+x} + \sqrt{x}) - \frac{1}{2}\frac{\sqrt{x}}{\sqrt{1+x}+\sqrt{x}} + C$$

$$= x\ln\left(1 + \sqrt{\frac{1+x}{x}}\right) + \frac{1}{2}\ln(\sqrt{1+x} + \sqrt{x}) + \frac{1}{2}x - \frac{1}{2}\sqrt{x+x^2} + C.$$

6. 求$\int e^{2x}\arctan\sqrt{e^x - 1}\,dx$.

解 令 $\sqrt{e^x-1} = t$,则 $x = \ln(1+t^2), dx = \frac{2t}{1+t^2}dt$,于是

原式$= \int (t^2+1)^2 \arctan t \cdot \frac{2t}{1+t^2}dt$

$= \int 2t(t^2+1)\arctan t dt = \frac{1}{2}\int \arctan t d[(t^2+1)^2]$

$= \frac{1}{2}\arctan t \cdot (t^2+1)^2 - \frac{1}{2}\int (t^2+1)^2 \frac{1}{t^2+1}dt$

$= \frac{1}{2}\arctan t \cdot (t^2+1)^2 - \frac{1}{6}t^3 - \frac{1}{2}t + C$

$$= \frac{1}{2}\arctan\sqrt{e^x-1}\cdot[(\sqrt{e^x-1})^2+1]^2-\frac{1}{6}(\sqrt{e^x-1})^3-\frac{1}{2}\sqrt{e^x-1}+C.$$

7. 求$\int\frac{1}{x^2\sqrt{2x-4}}dx$.

解 方法一 令$\sqrt{2x-4}=t$,则$x=\frac{t^2+4}{2}$,$dx=tdt$,于是

$$原式=\int\frac{4}{(t^2+4)^2t}\cdot tdt=4\int\frac{1}{(t^2+4)^2}dt,$$

$$\begin{aligned}\int\frac{1}{t^2+4}dt&=\frac{t}{t^2+4}-\int td\left(\frac{1}{t^2+4}\right)\\&=\frac{t}{t^2+4}+\int t\cdot\frac{1}{(t^2+4)^2}\cdot 2tdt\\&=\frac{t}{t^2+4}+2\int\frac{t^2+4-4}{(t^2+4)^2}dt\\&=\frac{t}{t^2+4}+2\int\frac{1}{t^2+4}dt-8\int\frac{1}{(t^2+4)^2}dt,\end{aligned}$$

所以 $$4\int\frac{1}{(t^2+4)^2}dt=\frac{1}{2}\frac{t}{t^2+4}+\frac{1}{2}\int\frac{1}{t^2+4}dt=\frac{1}{2}\frac{t}{t^2+4}+\frac{1}{4}\arctan\frac{t}{2}+C.$$

故原式$=\frac{1}{2}\frac{\sqrt{2x-4}}{2x}+\frac{1}{4}\arctan\frac{\sqrt{2x-4}}{2}+C=\frac{\sqrt{2x-4}}{4x}+\frac{1}{4}\arctan\sqrt{\frac{x-2}{2}}+C.$

方法二 令$\sqrt{2x-4}=t$,则$x=\frac{t^2+4}{2}$,$dx=tdt$,于是

$$原式=\int\frac{4}{(t^2+4)^2t}\cdot tdt=4\int\frac{1}{(t^2+4)^2}dt.$$

再令$t=2\tan u$,则$dt=2\sec^2udu$,于是

$$\begin{aligned}原式&=4\int\frac{1}{(t^2+4)^2}dt=4\int\frac{1}{16\sec^4u}\cdot 2\sec^2udu=\frac{1}{2}\int\cos^2udu\\&=\frac{1}{4}\int(1+\cos 2u)du=\frac{1}{4}\left(u+\frac{1}{2}\sin 2u\right)+C\\&=\frac{1}{4}\arctan\frac{t}{2}+\frac{1}{4}\frac{t}{\sqrt{t^2+4}}\cdot\frac{2}{\sqrt{t^2+4}}+C\\&=\frac{\sqrt{2x-4}}{4x}+\frac{1}{4}\arctan\sqrt{\frac{x-2}{2}}+C.\end{aligned}$$

8. 求$\int\frac{x\ln(x+\sqrt{1+x^2})}{(1+x^2)^2}dx$.

解 $$\begin{aligned}原式&=\frac{1}{2}\int\frac{\ln(x+\sqrt{1+x^2})}{(1+x^2)^2}d(1+x^2)\\&=-\frac{1}{2}\int\ln(x+\sqrt{1+x^2})d[(1+x^2)^{-1}]\\&=-\frac{1}{2}\ln(x+\sqrt{1+x^2})(1+x^2)^{-1}+\frac{1}{2}\int(1+x^2)^{-1}d[\ln(x+\sqrt{1+x^2})]\\&=-\frac{1}{2}\ln(x+\sqrt{1+x^2})(1+x^2)^{-1}+\frac{1}{2}\int(1+x^2)^{-1}\cdot\frac{1}{\sqrt{1+x^2}}dx,\end{aligned}$$

令 $x = \tan t$,则 $\mathrm{d}x = \sec^2 t\mathrm{d}t$,于是

$$\int (1+x^2)^{-1} \cdot \frac{1}{\sqrt{1+x^2}}\mathrm{d}x = \int \cos^2 t \cdot \frac{1}{\sec t} \cdot \sec^2 t\mathrm{d}t = \int \cos t\mathrm{d}t$$

$$= \sin t + C_1 = \frac{x}{\sqrt{1+x^2}} + C_1 \quad \text{(利用辅助三角形)},$$

所以,原式 $= -\dfrac{1}{2}\ln(x+\sqrt{1+x^2})(1+x^2)^{-1} + \dfrac{1}{2}\dfrac{x}{\sqrt{1+x^2}} + C.$

9. 求 $\displaystyle\int \frac{x\ln x}{(x^2-1)^{\frac{3}{2}}}\mathrm{d}x.$

解　方法一　原式 $= \dfrac{1}{2}\displaystyle\int \frac{\ln x}{(x^2-1)^{\frac{3}{2}}}\mathrm{d}(x^2-1) = -\int \ln x\mathrm{d}[(x^2-1)^{-\frac{1}{2}}]$

$$= -(x^2-1)^{-\frac{1}{2}}\ln x + \int \frac{1}{x\sqrt{x^2-1}}\mathrm{d}x$$

$$= -\frac{\ln x}{\sqrt{x^2-1}} - \int \frac{1}{\sqrt{1-\left(\frac{1}{x}\right)^2}}\mathrm{d}\left(\frac{1}{x}\right)$$

$$= -\frac{\ln x}{\sqrt{x^2-1}} - \arcsin\frac{1}{x} + C.$$

方法二　令 $x = \sec t$,则方法一中的

$$\int \frac{1}{x\sqrt{x^2-1}}\mathrm{d}x = \int \frac{1}{\sec t \cdot \tan t}\mathrm{d}(\sec t)$$

$$= \int \frac{1}{\sec t \cdot \tan t}\sec t \cdot \tan t\mathrm{d}t$$

$$= t + C = \arccos\frac{1}{x} + C,$$

所以,原式 $= -\dfrac{\ln x}{\sqrt{x^2-1}} + \arccos\dfrac{1}{x} + C.$

10. 求下列不定积分:

(1) $\displaystyle\int \frac{\mathrm{d}x}{\sqrt[3]{(x+1)^2(x-1)^4}}$;　　(2) $\displaystyle\int \frac{x\mathrm{d}x}{\sqrt{1+x^2+(1+x^2)\sqrt{1+x^2}}}.$

解　(1) 先化简,得

$$\int \frac{\mathrm{d}x}{\sqrt[3]{(x+1)^2(x-1)^4}} = \int \frac{1}{(x+1)(x-1)}\sqrt[3]{\frac{x+1}{x-1}}\mathrm{d}x,$$

令 $t = \sqrt[3]{\dfrac{x+1}{x-1}}$,则 $x = \dfrac{t^3+1}{t^3-1}$,$\mathrm{d}x = \dfrac{-6t^2}{(t^3-1)^2}\mathrm{d}t$,于是

$$\int \frac{\mathrm{d}x}{\sqrt[3]{(x+1)^2(x-1)^4}} = \int \frac{1}{(x+1)(x-1)}\sqrt[3]{\frac{x+1}{x-1}}\mathrm{d}x = \int \frac{t}{\frac{4t^3}{(t^3-1)^2}} \cdot \frac{-6t^2}{(t^3-1)^2}\mathrm{d}t$$

$$= -\frac{3}{2}\int \mathrm{d}t = -\frac{3}{2}t + C = -\frac{3}{2}\sqrt[3]{\frac{x+1}{x-1}} + C.$$

$$(2)\int\frac{x\mathrm{d}x}{\sqrt{1+x^2+(1+x^2)\sqrt{1+x^2}}}=\int\frac{x\mathrm{d}x}{\sqrt{1+x^2}\sqrt{1+\sqrt{1+x^2}}}$$

$$=\frac{1}{2}\int\frac{\mathrm{d}(1+x^2)}{\sqrt{1+x^2}\sqrt{1+\sqrt{1+x^2}}}=\int\frac{\mathrm{d}(\sqrt{1+x^2})}{\sqrt{1+\sqrt{1+x^2}}}$$

$$=\int\frac{\mathrm{d}(1+\sqrt{1+x^2})}{\sqrt{1+\sqrt{1+x^2}}}=2\sqrt{1+\sqrt{1+x^2}}+C.$$

11. 求下列不定积分：

(1) $\int\sqrt{\frac{\ln(x+\sqrt{1+x^2})}{1+x^2}}\mathrm{d}x$；　　(2) $\int\sqrt{\frac{x}{1-x\sqrt{x}}}\mathrm{d}x$.

解　(1) 令 $t=\ln(x+\sqrt{1+x^2})$，则 $\mathrm{d}t=\frac{1}{\sqrt{1+x^2}}\mathrm{d}x$，于是

$$\int\sqrt{\frac{\ln(x+\sqrt{1+x^2})}{1+x^2}}\mathrm{d}x=\int\sqrt{t}\,\mathrm{d}t=\frac{2}{3}t^{\frac{3}{2}}+C=\frac{2}{3}\left[\ln(x+\sqrt{1+x^2})\right]^{\frac{3}{2}}+C.$$

(2) 令 $t=\sqrt{1-x\sqrt{x}}$，则 $\mathrm{d}t=-\frac{3\sqrt{x}}{4\sqrt{1-x\sqrt{x}}}\mathrm{d}x$，$\mathrm{d}x=-\frac{4\sqrt{1-x\sqrt{x}}}{3\sqrt{x}}\mathrm{d}t$，于是

$$\int\sqrt{\frac{x}{1-x\sqrt{x}}}\mathrm{d}x=-\frac{4}{3}\int\mathrm{d}t=-\frac{4}{3}t+C=-\frac{4}{3}\sqrt{1-x\sqrt{x}}+C.$$

12. 求代数多项式 $F(x)$ 和 $G(x)$，使得

$$\int[(2x^4-1)\cos x+(8x^3-x^2-1)\sin x]\mathrm{d}x=F(x)\cos x+G(x)\sin x+C.$$

解　**方法一**　对原式左端第一项列表 4-4 如下.

表 4-4

u	$2x^4-1$	$8x^3$	$24x^2$	$48x$	48	0
$v^{(n+1)}$	$\cos x$	$\sin x$	$-\cos x$	$-\sin x$	$\cos x$	$\sin x$

所以

$$\int(2x^4-1)\cos x\mathrm{d}x=(2x^4-1)\sin x+8x^3\cos x-24x^2\sin x-48x\cos x+48\sin x+C;$$

对原式左端第二项列表 4-5 如下.

表 4-5

u	$8x^3-x^2-1$	$24x^2-2x$	$48x-2$	48	0
$v^{(n+1)}$	$\sin x$	$-\cos x$	$-\sin x$	$\cos x$	$\sin x$

所以

$$\int(8x^3-x^2-1)\sin x\mathrm{d}x=-(8x^3-x^2-1)\cos x+(24x^2-2x)\sin x+(48x-2)\cos x$$
$$-48\sin x+C.$$

以上两式相加，得

$$\int[(2x^4-1)\cos x+(8x^3-x^2-1)\sin x]\mathrm{d}x=\cos x(x^2-1)+\sin x(2x^4-2x-1)+C,$$

比较系数，得 $F(x)=x^2-1, G(x)=2x^4-2x-1$.

方法二 对等式两边求导，得

$$(2x^4-1)\cos x+(8x^3-x^2-1)\sin x=F'(x)\cos x-F(x)\sin x+G'(x)\sin x+G(x)\cos x,$$

比较系数，整理得

$$F'(x)+G(x)=2x^4-1, \qquad ①$$

$$G'(x)-F(x)=8x^3-x^2-1, \qquad ②$$

① 式两边求导，得 $$F''(x)+G'(x)=8x^3, \qquad ③$$

③ 式 − ② 式，得 $$F''(x)+F(x)=x^2+1.$$

设 $F(x)=ax^2+bx+c$，代入上式，得 $ax^2+bx+c+2a=x^2+1$，比较系数，得 $a=1$，$b=0, c=-1$，所以 $F(x)=x^2-1$.

再由 ① 式得，$G(x)=2x^4-1-F'(x)=2x^4-1-2x$.

13. 求 $\int\frac{x^3}{(x-1)^{100}}\mathrm{d}x$.

解　方法一

$$\int\frac{x^3}{(x-1)^{100}}\mathrm{d}x=\int\frac{(x-1+1)^3}{(x-1)^{100}}\mathrm{d}x=\int\frac{(x-1)^3+3(x-1)^2+3(x-1)+1}{(x-1)^{100}}\mathrm{d}x$$

$$=\int\frac{1}{(x-1)^{97}}\mathrm{d}x+\int\frac{3}{(x-1)^{98}}\mathrm{d}x+\int\frac{3}{(x-1)^{99}}\mathrm{d}x+\int\frac{1}{(x-1)^{100}}\mathrm{d}x$$

$$=-\frac{1}{96}\frac{1}{(x-1)^{96}}-\frac{3}{97}\frac{1}{(x-1)^{97}}-\frac{3}{98}\frac{1}{(x-1)^{98}}-\frac{1}{99}\frac{1}{(x-1)^{99}}+C.$$

方法二 由长除法得

$$\frac{x^3}{(x-1)^{100}}=\frac{x^3}{(x-1)^3\cdot(x-1)^{97}}=\left[1+\frac{3x^2-3x+1}{(x-1)^3}\right]\frac{1}{(x-1)^{97}}$$

$$=\left[1+\frac{3(x-1)^2+3(x-1)+1}{(x-1)^3}\right]\cdot\frac{1}{(x-1)^{97}}$$

$$=\frac{1}{(x-1)^{97}}+\frac{3}{(x-1)^{98}}+\frac{3}{(x-1)^{99}}+\frac{1}{(x-1)^{100}},$$

积分结果和方法一中的相同.

14. 求 $\int\frac{\cos\theta}{\sin\theta-2\cos\theta}\mathrm{d}\theta$.

解 令 $x=\tan\theta$，则 $\theta=\arctan x, \mathrm{d}\theta=\frac{1}{1+x^2}\mathrm{d}x$，于是

$$\text{原式}=\int\frac{1}{\tan\theta-2}\mathrm{d}\theta=\int\frac{1}{x-2}\cdot\frac{1}{1+x^2}\mathrm{d}x=\frac{1}{5}\left(\int\frac{1}{x-2}\mathrm{d}x-\int\frac{x+2}{1+x^2}\mathrm{d}x\right)$$

$$=\frac{1}{5}\left[\ln|x-2|-\frac{1}{2}\ln(1+x^2)-2\arctan x\right]+C$$

$$=\frac{1}{5}\left[\ln|\tan\theta-2|-\frac{1}{2}\ln(1+\tan^2\theta)-2\theta\right]+C$$

$$=\frac{1}{5}\left[\ln\left|\frac{\sin\theta}{\cos\theta}-2\right|+\ln\cos\theta-2\theta\right]+C$$

$$= \frac{1}{5}(\ln|\sin\theta - 2\cos\theta| - 2\theta) + C.$$

注:若令 $x = \tan\frac{\theta}{2}$(万能代换),则计算困难.

15. 求$\int \frac{1}{a^2\sin^2 x + b^2\cos^2 x}\mathrm{d}x$,其中 a、b 是不全为 0 的非负常数.

解 当 $a \neq 0, b \neq 0$ 时,

$$原式 = \int \frac{1}{a^2\tan^2 x + b^2} \cdot \frac{1}{\cos^2 x}\mathrm{d}x$$

$$= \int \frac{1}{a^2\tan^2 x + b^2}\mathrm{d}(\tan x) = \frac{1}{a^2}\int \frac{1}{\tan^2 x + \left(\frac{b}{a}\right)^2}\mathrm{d}(\tan x)$$

$$= \frac{1}{a^2} \cdot \frac{a}{b}\arctan\left(\frac{a}{b}\tan x\right) + C = \frac{1}{ab}\arctan\left(\frac{a}{b}\tan x\right) + C;$$

当 $a = 0, b \neq 0$ 时,原式 $= \int \frac{1}{b^2} \cdot \frac{1}{\cos^2 x}\mathrm{d}x = \frac{1}{b^2}\tan x + C$;

当 $a \neq 0, b = 0$ 时,原式 $= \int \frac{1}{a^2} \cdot \frac{1}{\sin^2 x}\mathrm{d}x = -\frac{1}{a^2}\cot x + C$.

16. 求$\int \frac{2x+1}{x^2}\mathrm{e}^{-2x}\mathrm{d}x$.

解 原式 $= 2\int \frac{1}{x}\mathrm{e}^{-2x}\mathrm{d}x + \int \frac{1}{x^2}\mathrm{e}^{-2x}\mathrm{d}x$,其中

$$\int \frac{1}{x^2}\mathrm{e}^{-2x}\mathrm{d}x = -\int \mathrm{e}^{-2x}\mathrm{d}\left(\frac{1}{x}\right) = -\mathrm{e}^{-2x}\frac{1}{x} + \int \frac{1}{x}\mathrm{d}(\mathrm{e}^{-2x})$$

$$= -\mathrm{e}^{-2x}\frac{1}{x} - 2\int \frac{1}{x}\mathrm{e}^{-2x}\mathrm{d}x,$$

所以,原式 $= -\mathrm{e}^{-2x}\frac{1}{x} + C$.

17. 求$\int \frac{x + \sin x}{1 + \cos x}\mathrm{d}x$.

解 **方法一** 原式 $= \int \frac{x}{1+\cos x}\mathrm{d}x + \int \frac{\sin x}{1+\cos x}\mathrm{d}x$,其中

$$\int \frac{\sin x}{1+\cos x}\mathrm{d}x = \frac{x\sin x}{1+\cos x} - \int x\mathrm{d}\left(\frac{\sin x}{1+\cos x}\right)$$

$$= \frac{x\sin x}{1+\cos x} - \int x\frac{\cos x(1+\cos x) + \sin^2 x}{(1+\cos x)^2}\mathrm{d}x$$

$$= \frac{x\sin x}{1+\cos x} - \int x\frac{\cos x + 1}{(1+\cos x)^2}\mathrm{d}x = \frac{x\sin x}{1+\cos x} - \int \frac{x}{1+\cos x}\mathrm{d}x,$$

所以,原式 $= \frac{x\sin x}{1+\cos x} + C$.

方法二 原式 $= \int \frac{x}{1+\cos x}\mathrm{d}x + \int \frac{\sin x}{1+\cos x}\mathrm{d}x$

$$= \int \frac{x}{2\cos^2\frac{x}{2}}\mathrm{d}x - \int \frac{1}{1+\cos x}\mathrm{d}(1+\cos x)$$

$$= \frac{1}{2}\int x\sec^2\frac{x}{2}\mathrm{d}x - \ln|1+\cos x| = \int x\mathrm{d}\left(\tan\frac{x}{2}\right) - \ln|1+\cos x|$$

$$= x\tan\frac{x}{2} - \int\tan\frac{x}{2}\mathrm{d}x - \ln|1+\cos x|$$

$$= x\tan\frac{x}{2} + 2\ln\left|\cos\frac{x}{2}\right| - \ln|1+\cos x| + C = x\tan\frac{x}{2} + C.$$

方法三　原式 $= \int\frac{x}{1+\cos x}\mathrm{d}x + \int 2\frac{\sin\frac{x}{2}\cos\frac{x}{2}}{2\cos^2\frac{x}{2}}\mathrm{d}x$

$$= \frac{1}{2}\int x\sec^2\frac{x}{2}\mathrm{d}x + \int\tan\frac{x}{2}\mathrm{d}x = \int x\mathrm{d}\left(\tan\frac{x}{2}\right) + \int\tan\frac{x}{2}\mathrm{d}x = x\tan\frac{x}{2} + C.$$

18. 求 $\int \mathrm{e}^x\left(\frac{1-x}{1+x^2}\right)^2\mathrm{d}x$.

解　$\int \mathrm{e}^x\left(\frac{1-x}{1+x^2}\right)^2\mathrm{d}x = \int\mathrm{e}^x\frac{1-2x+x^2}{(1+x^2)^2}\mathrm{d}x = \int\mathrm{e}^x\frac{1}{1+x^2}\mathrm{d}x - \int\mathrm{e}^x\frac{2x}{(1+x^2)^2}\mathrm{d}x$，其中

$$-\int\mathrm{e}^x\frac{2x}{(1+x^2)^2}\mathrm{d}x = \int\mathrm{e}^x\mathrm{d}\left(\frac{1}{1+x^2}\right) = \frac{\mathrm{e}^x}{1+x^2} - \int\frac{1}{1+x^2}\mathrm{d}(\mathrm{e}^x)$$

$$= \frac{\mathrm{e}^x}{1+x^2} - \int\frac{\mathrm{e}^x}{1+x^2}\mathrm{d}x,$$

所以，原式 $= \frac{\mathrm{e}^x}{1+x^2} + C$.

第5章 定积分

知识点总结

一、定积分的定义

$$\int_a^b f(x)\mathrm{d}x = I = \lim_{\lambda \to 0} \sum_{i=1}^{n} f(\xi_i)\Delta x_i,$$

其中 $\lambda = \max\limits_{1 \leqslant i \leqslant n}\{\Delta x_i\}$.

二、积分上限的函数

(1) 定义：

$$\Phi(x) = \int_a^x f(t)\mathrm{d}t, \quad x \in [a,b],$$

其中 $f(x)$ 在 $[a,b]$ 上连续.

推广：$\Phi(x) = \int_{v(x)}^{u(x)} f(t)\mathrm{d}t$.

(2) 求导公式：

$$\frac{\mathrm{d}}{\mathrm{d}x}\int_a^x f(t)\mathrm{d}t = f(x),$$

$$\frac{\mathrm{d}}{\mathrm{d}x}\int_{v(x)}^{u(x)} f(t)\mathrm{d}t = u'(x)f[u(x)] - v'(x)f[v(x)].$$

三、定积分的性质

(1) 和差运算：$\int_a^b [f(x) \pm g(x)]\mathrm{d}x = \int_a^b f(x)\mathrm{d}x \pm \int_a^b g(x)\mathrm{d}x$.

推广：$\int_a^b [f_1(x) \pm f_2(x) \pm \cdots \pm f_n(x)]\mathrm{d}x = \int_a^b f_1(x)\mathrm{d}x \pm \int_a^b f_2(x)\mathrm{d}x \pm \cdots \pm \int_a^b f_n(x)\mathrm{d}x$.

(2) 数乘运算：$\int_a^b kf(x)\mathrm{d}x = k\int_a^b f(x)\mathrm{d}x$（$k$ 是常数）.

(3) 积分区间可加性：$\int_a^b f(x)\mathrm{d}x = \int_a^c f(x)\mathrm{d}x + \int_c^b f(x)\mathrm{d}x$.

(4) $\int_a^b 1\mathrm{d}x = \int_a^b \mathrm{d}x = b - a$.

(5) 函数的奇偶性、积分区间的对称性：设 $f(x)$ 在 $[-a,a]$ 上连续，则

① 当 $f(x)$ 为奇函数时，有 $\int_{-a}^{a} f(x)\mathrm{d}x = 0$；

② 当 $f(x)$ 为偶函数时，有 $\int_{-a}^{a} f(x)\mathrm{d}x = 2\int_{0}^{a} f(x)\mathrm{d}x$.

(6) 定积分的周期性：设 $f(x)$ 是以 T 为周期的连续函数，则对任意实数 a，有

$$\int_{a}^{a+T} f(x)\mathrm{d}x = \int_{0}^{T} f(x)\mathrm{d}x.$$

(7)① 如果在 $[a,b]$ 上 $f(x) \geqslant 0$，则 $\int_{a}^{b} f(x)\mathrm{d}x \geqslant 0 (a < b)$；

② 如果在 $[a,b]$ 上 $f(x) \geqslant g(x)$，则 $\int_{a}^{b} f(x)\mathrm{d}x \geqslant \int_{a}^{b} g(x)\mathrm{d}x (a < b)$；

③ $\left|\int_{a}^{b} f(x)\mathrm{d}x\right| \leqslant \int_{a}^{b} |f(x)|\mathrm{d}x (a < b)$.

(8) 估值定理：设 M、m 分别是函数 $f(x)$ 在 $[a,b]$ 上的最大值和最小值，则

$$m(b-a) \leqslant \int_{a}^{b} f(x)\mathrm{d}x \leqslant M(b-a) \quad (a < b).$$

(9) 定积分中值定理：如果函数 $f(x)$ 在 $[a,b]$ 上连续，则在 $[a,b]$ 上至少存在一点 ξ，使得

$$\int_{a}^{b} f(x)\mathrm{d}x = f(\xi)(b-a) \quad (a \leqslant \xi \leqslant b).$$

(10) 定积分的几何意义：

① 如果在 $[a,b]$ 上 $f(x) \geqslant 0$，则定积分 $\int_{a}^{b} f(x)\mathrm{d}x$ 表示由 $y = f(x)$，$x = a$，$x = b$ 及 x 轴围成的曲边梯形的面积；

② 如果在 $[a,b]$ 上 $f(x) \leqslant 0$，则定积分 $\int_{a}^{b} f(x)\mathrm{d}x$ 表示曲边梯形面积的相反数；

③ 如果在 $[a,b]$ 上 $f(x)$ 非恒正或非恒负，则定积分 $\int_{a}^{b} f(x)\mathrm{d}x$ 表示 x 轴上方图形的面积与 x 轴下方图形的面积之差.

四、定积分的计算方法

(1) 牛顿-莱布尼茨公式：设 $F(x)$ 是连续函数 $f(x)$ 在 $[a,b]$ 上的一个原函数，则

$$\int_{a}^{b} f(x)\mathrm{d}x = F(x)\Big|_{a}^{b} = F(b) - F(a).$$

(2) 换元积分法：设 $f(x)$ 在 $[a,b]$ 上连续，函数 $x = \varphi(t)$ 满足条件：

① $\varphi(\alpha) = a$，$\varphi(\beta) = b$，且 $a \leqslant \varphi(t) \leqslant b$；

② $\varphi(t)$ 在 $[\alpha,\beta]$（或 $[\beta,\alpha]$）上具有连续导数，

则有

$$\int_{a}^{b} f(x)\mathrm{d}x = \int_{\alpha}^{\beta} f[\varphi(t)]\varphi'(t)\mathrm{d}t.$$

(3) 分部积分法：$\int_{a}^{b} u\mathrm{d}v = (uv)\Big|_{a}^{b} - \int_{a}^{b} v\mathrm{d}u$.

五、反常积分

(1) 无穷限的反常积分：设 $F(x)$ 为 $f(x)$ 在相应区间上的一个原函数，则

$$\int_a^{+\infty} f(x)\mathrm{d}x = F(x)\Big|_a^{+\infty} = \lim_{x\to+\infty} F(x) - F(a),$$

$$\int_{-\infty}^{b} f(x)\mathrm{d}x = F(x)\Big|_{-\infty}^{b} = F(b) - \lim_{x\to-\infty} F(x),$$

$$\int_{-\infty}^{+\infty} f(x)\mathrm{d}x = F(x)\Big|_{-\infty}^{+\infty} = \lim_{x\to+\infty} F(x) - \lim_{x\to-\infty} F(x).$$

(2) 无界函数的反常积分:设 $F(x)$ 为 $f(x)$ 在相应区间上的一个原函数.

① 若点 a 是 $f(x)$ 的唯一瑕点,则

$$\int_a^b f(x)\mathrm{d}x = F(x)\Big|_{a^+}^{b} = F(b) - \lim_{x\to a^+} F(x);$$

② 若点 b 是 $f(x)$ 的唯一瑕点,则

$$\int_a^b f(x)\mathrm{d}x = F(x)\Big|_a^{b^-} = \lim_{x\to b^-} F(x) - F(a);$$

③ 若点 $c\in(a,b)$ 是 $f(x)$ 的唯一瑕点,则

$$\int_a^b f(x)\mathrm{d}x = F(x)\Big|_a^{c^-} + F(x)\Big|_{c^+}^{b} = \left[\lim_{x\to c^-} F(x) - F(a)\right] + \left[F(b) - \lim_{x\to c^+} F(x)\right].$$

基 础 题

1. 把下列极限表示为定积分的形式:

(1) $\lim\limits_{n\to\infty}\sum\limits_{i=1}^{n}\dfrac{i^4}{n^5}$;　　(2) $\lim\limits_{n\to\infty}\dfrac{1}{n}\sum\limits_{i=1}^{n}\dfrac{1}{1+\left(\dfrac{i}{n}\right)^2}$.

解 (1) 定积分的定义式为

$$\int_a^b f(x)\mathrm{d}x = I = \lim_{\lambda\to0}\sum_{i=1}^{n} f(\xi_i)\Delta x_i,$$

其中 $\lambda = \max\limits_{1\leqslant i\leqslant n}\{\Delta x_i\}$. 当将积分区间[0,1]进行 n 等分, $\Delta x_i = \dfrac{1}{n}$, $\lambda\to0$ 等价于 $n\to\infty$,且取 $\xi_i = \dfrac{i}{n}$ 时,有

$$\int_0^1 f(x)\mathrm{d}x = \lim_{\lambda\to0}\sum_{i=1}^{n} f(\xi_i)\Delta x_i = \lim_{n\to\infty}\sum_{i=1}^{n} f\left(\frac{i}{n}\right)\cdot\frac{1}{n},$$

故
$$\lim_{n\to\infty}\sum_{i=1}^{n}\frac{i^4}{n^5} = \lim_{n\to\infty}\sum_{i=1}^{n}\frac{i^4}{n^4}\cdot\frac{1}{n} = \lim_{n\to\infty}\sum_{i=1}^{n}\left(\frac{i}{n}\right)^4\cdot\frac{1}{n} = \int_0^1 x^4\,\mathrm{d}x.$$

(2) $\lim\limits_{n\to\infty}\dfrac{1}{n}\sum\limits_{i=1}^{n}\dfrac{1}{1+\left(\dfrac{i}{n}\right)^2} = \lim\limits_{n\to\infty}\sum\limits_{i=1}^{n}\dfrac{1}{1+\left(\dfrac{i}{n}\right)^2}\cdot\dfrac{1}{n} = \displaystyle\int_0^1\dfrac{1}{1+x^2}\mathrm{d}x.$

2. 利用定积分的几何意义计算下列定积分:

(1) $\displaystyle\int_{-1}^{1}|x|\,\mathrm{d}x$;　　(2) $\displaystyle\int_{-\frac{\pi}{2}}^{\frac{\pi}{2}}\sin x\mathrm{d}x$;　　(3) $\displaystyle\int_0^2\sqrt{2x-x^2}\,\mathrm{d}x$.

解 (1) 已知积分区间[−1,1]关于原点对称,被积函数 $f(x)=|x|$ 是偶函数,由定积分

的几何意义知，$\int_{-1}^{1}|x|\mathrm{d}x$ 表示 $f(x)=|x|$ 及 $x=-1, x=1$ 与 x 轴围成的曲边梯形的面积，故 $\int_{-1}^{1}|x|\mathrm{d}x=1$.

(2) 已知积分区间 $\left[-\frac{\pi}{2},\frac{\pi}{2}\right]$ 关于原点对称，被积函数 $f(x)=\sin x$ 是奇函数，由定积分的几何意义知，$\int_{-\frac{\pi}{2}}^{\frac{\pi}{2}}\sin x\mathrm{d}x$ 表示 $f(x)=\sin x$ 及 $x=-\frac{\pi}{2}, x=\frac{\pi}{2}$ 与 x 轴围成的在 x 轴上方的曲边梯形的面积与 x 轴下方的曲边梯形的面积之差，故 $\int_{-\frac{\pi}{2}}^{\frac{\pi}{2}}\sin x\mathrm{d}x=0$.

(3) 已知被积函数 $f(x)=\sqrt{2x-x^2}$ 是以点(1,0)为圆心、1为半径的上半圆周，积分区间为[0,2]，由定积分的几何意义知，$\int_{0}^{2}\sqrt{2x-x^2}\mathrm{d}x$ 表示 $f(x)=\sqrt{2x-x^2}$ 与 x 轴围成的半圆的面积，故 $\int_{0}^{2}\sqrt{2x-x^2}\mathrm{d}x=\frac{\pi}{2}$.

3. 根据定积分的性质比较下列每组积分的大小：

(1) $\int_{3}^{4}\ln x\mathrm{d}x, \int_{3}^{4}\ln^2 x\mathrm{d}x$；　(2) $\int_{0}^{1}\mathrm{e}^{-x}\mathrm{d}x, \int_{0}^{1}\mathrm{e}^{-x^2}\mathrm{d}x$；　(3) $\int_{0}^{\frac{\pi}{2}}x\mathrm{d}x, \int_{0}^{\frac{\pi}{2}}\sin x\mathrm{d}x$.

解　(1) 因为在[3,4]上 $\ln x>1$，所以有 $\ln x<\ln^2 x$，由定积分的性质得

$$\int_{3}^{4}\ln x\mathrm{d}x<\int_{3}^{4}\ln^2 x\mathrm{d}x.$$

(2) 因为在[0,1]上 $\mathrm{e}^{-x}<1$，且 e^{-x} 是单调减少函数，有 $\mathrm{e}^{-x}<\mathrm{e}^{-x^2}$，由定积分的性质得

$$\int_{0}^{1}\mathrm{e}^{-x}\mathrm{d}x<\int_{0}^{1}\mathrm{e}^{-x^2}\mathrm{d}x.$$

(3) 因为在 $\left[0,\frac{\pi}{2}\right]$ 上 $x>\sin x$，由定积分的性质得

$$\int_{0}^{\frac{\pi}{2}}x\mathrm{d}x>\int_{0}^{\frac{\pi}{2}}\sin x\mathrm{d}x.$$

4. 设函数 $f(x)$ 在[0,1]上连续，在(0,1)内可导，且 $2\int_{\frac{1}{2}}^{1}f(x)\mathrm{d}x=f(0)$，证明：在(0,1)内至少存在一点 ξ，使得 $f'(\xi)=0$.

证明　由定积分中值定理得，至少存在一点 $\eta\in\left(\frac{1}{2},1\right)$，使得 $\int_{\frac{1}{2}}^{1}f(x)\mathrm{d}x=f(\eta)\left(1-\frac{1}{2}\right)=\frac{1}{2}f(\eta)$，即

$$f(\eta)=2\int_{\frac{1}{2}}^{1}f(x)\mathrm{d}x,$$

又因为 $2\int_{\frac{1}{2}}^{1}f(x)\mathrm{d}x=f(0)$，所以

$$f(\eta)=f(0),$$

因为函数 $f(x)$ 在[0,1]上连续，在(0,1)内可导，$f(\eta)=f(0)$，由罗尔定理知，在(0,1)内至少存在一点 ξ，使得 $f'(\xi)=0$.

5. 已知$\int_{-1}^{2} f(x)\mathrm{d}x = 1$，$\int_{1}^{2} f(x)\mathrm{d}x = 2$，$\int_{-1}^{1} g(x)\mathrm{d}x = 2$，求$\int_{-1}^{1}[2f(x)+3g(x)]\mathrm{d}x$.

解 由定积分的线性性质与积分区间可加性得，

$$\begin{aligned}\int_{-1}^{1}[2f(x)+3g(x)]\mathrm{d}x &= 2\int_{-1}^{1} f(x)\mathrm{d}x + 3\int_{-1}^{1} g(x)\mathrm{d}x \\ &= 2\int_{-1}^{2} f(x)\mathrm{d}x + 2\int_{2}^{1} f(x)\mathrm{d}x + 3\int_{-1}^{1} g(x)\mathrm{d}x \\ &= 2\int_{-1}^{2} f(x)\mathrm{d}x - 2\int_{1}^{2} f(x)\mathrm{d}x + 3\int_{-1}^{1} g(x)\mathrm{d}x \\ &= 2-4+6 = 4.\end{aligned}$$

6. 求极限$\lim\limits_{n\to\infty}\int_{0}^{1}\frac{x^n \mathrm{e}^x}{1+\mathrm{e}^x}\mathrm{d}x$.

解 由定积分中值定理知，在[0,1]上至少存在一点ξ，使得

$$\int_{0}^{1}\frac{x^n \mathrm{e}^x}{1+\mathrm{e}^x}\mathrm{d}x = \frac{\xi^n \mathrm{e}^\xi}{1+\mathrm{e}^\xi}(1-0) = \frac{\xi^n \mathrm{e}^\xi}{1+\mathrm{e}^\xi},$$

则

$$\lim_{n\to\infty}\int_{0}^{1}\frac{x^n \mathrm{e}^x}{1+\mathrm{e}^x}\mathrm{d}x = \lim_{n\to\infty}\frac{\xi^n \mathrm{e}^\xi}{1+\mathrm{e}^\xi} = \frac{\mathrm{e}^\xi}{1+\mathrm{e}^\xi}\lim_{n\to\infty}\xi^n = 0.$$

7. 计算下列导数：

(1) $\frac{\mathrm{d}}{\mathrm{d}x}\int_{\cos x}^{\sin x}\mathrm{e}^{t^2}\,\mathrm{d}t$；　　(2) $\frac{\mathrm{d}}{\mathrm{d}x}\int_{0}^{\sqrt[3]{x}}\sqrt{2+u^3}\,\mathrm{d}u$.

解 (1) $$\begin{aligned}\frac{\mathrm{d}}{\mathrm{d}x}\int_{\cos x}^{\sin x}\mathrm{e}^{t^2}\,\mathrm{d}t &= \mathrm{e}^{\sin^2 x}(\sin x)' - \mathrm{e}^{\cos^2 x}(\cos x)' \\ &= \mathrm{e}^{\sin^2 x}\cos x + \mathrm{e}^{\cos^2 x}\sin x.\end{aligned}$$

(2) $$\begin{aligned}\frac{\mathrm{d}}{\mathrm{d}x}\int_{0}^{\sqrt[3]{x}}\sqrt{2+u^3}\,\mathrm{d}u &= \sqrt{2+(\sqrt[3]{x})^3}\cdot(\sqrt[3]{x})' \\ &= \sqrt{2+x}\cdot\frac{1}{3}x^{-\frac{2}{3}} = \frac{1}{3}x^{-\frac{2}{3}}\sqrt{2+x}.\end{aligned}$$

8. 设函数$f(x)$在$[0,+\infty)$上可导，且$\int_{0}^{x^2} f(t)\mathrm{d}t = x^2(1+x)$，求$f'(2)$.

解 对$\int_{0}^{x^2} f(t)\mathrm{d}t = x^2(1+x)$两边同时关于$x$求导，得

$$f(x^2)\cdot 2x = 2x + 3x^2,$$

即

$$f(x^2) = 1 + \frac{3}{2}x,$$

上式两边同时对x求导，得

$$f'(x^2)\cdot 2x = \frac{3}{2},$$

取$x=\sqrt{2}$，则$f'(2) = \frac{3\sqrt{2}}{8}$.

9. 求下列由参数方程确定的函数 y 对 x 的导数$\frac{dy}{dx}$：

(1)$\begin{cases} x=\int_0^t \sin u du \\ y=\int_0^t \cos u du \end{cases}$；　(2)$\begin{cases} x=\int_0^t (1-\cos u) du \\ y=\int_0^t \sin u du \end{cases}$.

解　(1) 由参数方程求导公式及积分上限函数的求导公式得

$$\frac{dy}{dx}=\frac{\frac{dy}{dt}}{\frac{dx}{dt}}=\frac{\frac{d}{dt}\int_0^t \cos u du}{\frac{d}{dt}\int_0^t \sin u du}=\frac{\cos t}{\sin t}=\cot t.$$

(2) 由参数方程求导公式得

$$\frac{dy}{dx}=\frac{\frac{dy}{dt}}{\frac{dx}{dt}}=\frac{\frac{d}{dt}\int_0^t \sin u du}{\frac{d}{dt}\int_0^t (1-\cos u) du}=\frac{\sin t}{1-\cos t}.$$

10. 求下列隐函数的导数：

(1) 设函数 $y=f(x)$ 由方程$\int_0^{y^2} e^{t^2} dt+\int_x^0 \sin t dt=0$ 确定，求$\frac{dy}{dx}$；

(2) 设函数 $y=f(x)$ 由方程$\int_1^y e^{t^2} dt+\int_0^x \cos t^2 dt=x^2$ 确定，求$\frac{dy}{dx}$.

解　(1) 由隐函数求导法则，方程两边同时对 x 求导，并把 y 看作 x 的函数，得

$$\frac{d}{dx}\left(\int_0^{y^2} e^{t^2} dt\right)+\frac{d}{dx}\left(\int_x^0 \sin t dt\right)=0,$$

即

$$e^{y^4}\cdot(2y)\cdot\frac{dy}{dx}+(-\sin x)=0,$$

故

$$\frac{dy}{dx}=\frac{\sin x}{2ye^{y^4}}.$$

(2) 由隐函数求导法则，方程两边同时对 x 求导，并把 y 看作 x 的函数，得

$$\frac{d}{dx}\left(\int_1^y e^{t^2} dt\right)+\frac{d}{dx}\left(\int_0^x \cos t^2 dt\right)=2x,$$

即

$$e^{y^2}\cdot\frac{dy}{dx}+\cos x^2=2x,$$

故

$$\frac{dy}{dx}=\frac{2x-\cos x^2}{e^{y^2}}.$$

11. 求函数 $f(x)=\int_1^{x^2}(x^2-t)e^{-t^2} dt$ 的单调区间与极值.

解　$f(x)$ 的定义域为$(-\infty,+\infty)$，且

$$f(x)=x^2\int_1^{x^2} e^{-t^2} dt-\int_1^{x^2} te^{-t^2} dt,$$

则 $f'(x)=2x\int_1^{x^2} e^{-t^2} dt$.

令 $f'(x)=2x\int_1^{x^2}\mathrm{e}^{-t^2}\,\mathrm{d}t=0$,得 $f(x)$ 的驻点为 $x=0,x=1,x=-1$.

当 $x<-1$ 时,$f'(x)<0$;当 $-1<x<0$ 时,$f'(x)>0$;当 $0<x<1$ 时,$f'(x)<0$;当 $x>1$ 时,$f'(x)>0$.

故函数的单调增加区间为$[-1,0]$和$[1,+\infty)$,单调减少区间为$(-\infty,-1]$和$[0,1]$;极小值为 $f(-1)=f(1)=0$,极大值为

$$f(0)=\int_0^1 t\mathrm{e}^{-t^2}\,\mathrm{d}t=-\frac{\mathrm{e}^{-t^2}}{2}\bigg|_0^1=\frac{1}{2}(1-\mathrm{e}^{-1}).$$

12. 求函数 $I(x)=\int_1^x t(1+2\ln t)\mathrm{d}t$ 在$[1,\mathrm{e}]$上的最大值与最小值.

解 由积分上限函数的求导公式得

$$I'(x)=x(1+2\ln x),$$

当 $1<x<\mathrm{e}$ 时,$I'(x)>0$,故 $I(x)$ 在$[1,\mathrm{e}]$上单调增加. 于是当 $x=1$ 时,$I(x)$ 取得最小值,即

$$I(1)=\int_1^1 t(1+2\ln t)\mathrm{d}t=0;$$

当 $x=\mathrm{e}$ 时,$I(x)$ 取得最大值,即

$$\begin{aligned}I(\mathrm{e})&=\int_1^{\mathrm{e}} t(1+2\ln t)\mathrm{d}t\\&=\int_1^{\mathrm{e}}(t+2t\ln t)\mathrm{d}t=\frac{1}{2}t^2\bigg|_1^{\mathrm{e}}+(t^2\ln t)\Big|_1^{\mathrm{e}}-\frac{1}{2}t^2\bigg|_1^{\mathrm{e}}=\mathrm{e}^2.\end{aligned}$$

13. 求曲线 $y=1+\int_0^x \mathrm{e}^{-t^2}\,\mathrm{d}t$ 的拐点.

解 由题可知,函数的定义域为$(-\infty,+\infty)$,求导,得

$$y'=\mathrm{e}^{-x^2},\quad y''=-2x\mathrm{e}^{-x^2}.$$

令 $y''=0$,得 $x=0$. 当 $x<0$ 时,$y''>0$;当 $x>0$ 时,$y''<0$,故$(0,1)$为曲线的拐点.

14. 设函数 $f(x)=1+x\int_0^1 f(x)\mathrm{d}x$,求 $f(x)$.

解 由定积分的定义知,$\int_0^1 f(x)\mathrm{d}x$ 是一个常数,故设 $A=\int_0^1 f(x)\mathrm{d}x$,即

$$f(x)=1+Ax,$$

则

$$A=\int_0^1 f(x)\mathrm{d}x=\int_0^1(1+Ax)\mathrm{d}x=\left(x+\frac{1}{2}Ax^2\right)\bigg|_0^1=1+\frac{1}{2}A,$$

即 $A=1+\frac{1}{2}A$,故 $A=2$,则 $f(x)=1+2x$.

15. 计算下列极限:

(1) $\lim\limits_{x\to 0}\dfrac{\int_0^x \sin t\mathrm{d}t}{x^2}$;　(2) $\lim\limits_{x\to 0}\dfrac{\left(\int_0^x \mathrm{e}^{t^2}\,\mathrm{d}t\right)^2}{\int_0^x t\mathrm{e}^{2t^2}\,\mathrm{d}t}$;　(3) $\lim\limits_{x\to 0}\dfrac{\int_0^{x^2}\sin t\mathrm{d}t}{\int_x^0 t^3\mathrm{d}t}$.

解 (1) 此极限为$\frac{0}{0}$型未定式,利用洛必达法则,有

$$\lim_{x\to 0}\frac{\int_0^x \sin t\mathrm{d}t}{x^2}=\lim_{x\to 0}\frac{\sin x}{2x}=\frac{1}{2}.$$

(2) 此极限为$\frac{0}{0}$型未定式，利用洛必达法则，有

$$\lim_{x\to 0}\frac{\left(\int_0^x \mathrm{e}^{t^2}\mathrm{d}t\right)^2}{\int_0^x t\mathrm{e}^{2t^2}\mathrm{d}t}=\lim_{x\to 0}\frac{2\int_0^x \mathrm{e}^{t^2}\mathrm{d}t\cdot \mathrm{e}^{x^2}}{x\mathrm{e}^{2x^2}}$$

$$=\lim_{x\to 0}\frac{\mathrm{e}^{x^2}}{\mathrm{e}^{2x^2}}\cdot\lim_{x\to 0}\frac{2\int_0^x \mathrm{e}^{t^2}\mathrm{d}t}{x}$$

$$=\lim_{x\to 0}\frac{2\int_0^x \mathrm{e}^{t^2}\mathrm{d}t}{x},$$

再利用洛必达法则，有

$$\text{原式}=\lim_{x\to 0}\frac{2\int_0^x \mathrm{e}^{t^2}\mathrm{d}t}{x}=\lim_{x\to 0}\frac{2\mathrm{e}^{x^2}}{1}=2.$$

(3) 此极限为$\frac{0}{0}$型未定式，利用洛必达法则，有

$$\lim_{x\to 0}\frac{\int_0^{x^2}\sin t\mathrm{d}t}{\int_x^0 t^3\mathrm{d}t}=\lim_{x\to 0}\frac{2x\sin x^2}{-x^3}=-2\lim_{x\to 0}\frac{\sin x^2}{x^2}=-2.$$

16. 求正常数 a、b，使得$\lim\limits_{x\to 0}\left(\frac{1}{bx-\sin x}\int_0^x\frac{t^2}{\sqrt{a+t^2}}\mathrm{d}t\right)=3.$

解　极限$\lim\limits_{x\to 0}\left(\frac{1}{bx-\sin x}\int_0^x\frac{t^2}{\sqrt{a+t^2}}\mathrm{d}t\right)=\lim\limits_{x\to 0}\frac{\int_0^x\frac{t^2}{\sqrt{a+t^2}}\mathrm{d}t}{bx-\sin x}$为$\frac{0}{0}$型未定式，利用洛必达法则，有

$$\lim_{x\to 0}\frac{\int_0^x\frac{t^2}{\sqrt{a+t^2}}\mathrm{d}t}{bx-\sin x}=\lim_{x\to 0}\frac{x^2}{(b-\cos x)\sqrt{a+x^2}}$$

$$=\lim_{x\to 0}\frac{1}{\sqrt{a+x^2}}\cdot\lim_{x\to 0}\frac{x^2}{b-\cos x}$$

$$=\frac{1}{\sqrt{a}}\lim_{x\to 0}\frac{x^2}{b-\cos x}=3.$$

分析上式，易知$\lim\limits_{x\to 0}(b-\cos x)=0$，得 $b=1$，代入上式，得

$$\frac{1}{\sqrt{a}}\lim_{x\to 0}\frac{x^2}{1-\cos x}=\frac{1}{\sqrt{a}}\lim_{x\to 0}\frac{x^2}{\frac{1}{2}x^2}=\frac{2}{\sqrt{a}}=3,$$

故 $a=\frac{4}{9}$.

17. 计算下列定积分：

(1) $\int_1^2 \left(x+\frac{1}{x}\right)^2 \mathrm{d}x$；　　(2) $\int_{\frac{\pi}{6}}^{\frac{\pi}{3}} \sec x(\sec x+\tan x)\mathrm{d}x$；

(3) $\int_0^{\frac{\pi}{2}} \frac{\cos 2x}{\cos x-\sin x}\mathrm{d}x$；　　(4) $\int_0^1 \frac{x^4+x^2+1}{x^2+1}\mathrm{d}x$；

(5) $\int_{-2}^2 \max\{x,x^2\}\mathrm{d}x$；　　(6) $\int_0^2 f(x)\mathrm{d}x$,其中 $f(x)=\begin{cases}\sqrt{x}, & 0\leqslant x<1\\ x^2, & 1\leqslant x\leqslant 2\end{cases}$；

(7) $\int_0^{\pi} \sqrt{\sin^3 x-\sin^5 x}\,\mathrm{d}x$.

解　(1) 利用定积分的线性性质及基本公式,得

$$\int_1^2 \left(x+\frac{1}{x}\right)^2 \mathrm{d}x=\int_1^2 (x^2+2+x^{-2})\mathrm{d}x=\left(\frac{x^3}{3}+2x-x^{-1}\right)\Big|_1^2=\frac{29}{6}.$$

(2) $$\int_{\frac{\pi}{6}}^{\frac{\pi}{3}} \sec x(\sec x+\tan x)\mathrm{d}x=\int_{\frac{\pi}{6}}^{\frac{\pi}{3}}(\sec^2 x+\sec x\tan x)\mathrm{d}x$$

$$=(\tan x+\sec x)\Big|_{\frac{\pi}{6}}^{\frac{\pi}{3}}=(\sqrt{3}+2)-\left(\frac{\sqrt{3}}{3}+\frac{2}{\sqrt{3}}\right)=2.$$

(3) $$\int_0^{\frac{\pi}{2}} \frac{\cos 2x}{\cos x-\sin x}\mathrm{d}x=\int_0^{\frac{\pi}{2}} \frac{\cos^2 x-\sin^2 x}{\cos x-\sin x}\mathrm{d}x$$

$$=\int_0^{\frac{\pi}{2}}(\cos x+\sin x)\mathrm{d}x=(\sin x-\cos x)\Big|_0^{\frac{\pi}{2}}=2.$$

(4) $$\int_0^1 \frac{x^4+x^2+1}{x^2+1}\mathrm{d}x=\int_0^1 \frac{x^2(x^2+1)+1}{x^2+1}\mathrm{d}x$$

$$=\int_0^1 x^2\mathrm{d}x+\int_0^1 \frac{1}{x^2+1}\mathrm{d}x=\frac{1}{3}x^3\Big|_0^1+\arctan x\Big|_0^1=\frac{1}{3}+\frac{\pi}{4}.$$

(5) 被积函数 $\max\{x,x^2\}$ 在 $[-2,2]$ 内是一个分段函数：

$$\max\{x,x^2\}=\begin{cases}x^2, & -2\leqslant x\leqslant 0\\ x, & 0<x<1\\ x^2, & 1\leqslant x\leqslant 2\end{cases},$$

所以

$$\int_{-2}^2 \max\{x,x^2\}\mathrm{d}x=\int_{-2}^0 x^2\mathrm{d}x+\int_0^1 x\mathrm{d}x+\int_1^2 x^2\mathrm{d}x$$

$$=\frac{1}{3}x^3\Big|_{-2}^0+\frac{1}{2}x^2\Big|_0^1+\frac{1}{3}x^3\Big|_1^2$$

$$=\frac{8}{3}+\frac{1}{2}+\frac{7}{3}=\frac{11}{2}.$$

(6) 因 $f(x)$ 为分段函数,故

$$\int_0^2 f(x)\mathrm{d}x=\int_0^1 f(x)\mathrm{d}x+\int_1^2 f(x)\mathrm{d}x$$

$$=\int_0^1 \sqrt{x}\,\mathrm{d}x+\int_1^3 x^2\mathrm{d}x$$

$$=\frac{2}{3}x^{\frac{3}{2}}\Big|_0^1+\frac{1}{3}x^3\Big|_1^2=\frac{2}{3}+\frac{7}{3}=3.$$

(7) 被积函数可化为

$$\sqrt{\sin^3 x-\sin^5 x}=\sqrt{\sin^3 x(1-\sin^2 x)}=|\cos x|(\sin x)^{\frac{3}{2}},$$

故

$$\begin{aligned}\int_0^{\pi}\sqrt{\sin^3 x-\sin^5 x}\,dx&=\int_0^{\pi}|\cos x|(\sin x)^{\frac{3}{2}}dx\\&=\int_0^{\frac{\pi}{2}}\cos x(\sin x)^{\frac{3}{2}}dx-\int_{\frac{\pi}{2}}^{\pi}\cos x(\sin x)^{\frac{3}{2}}dx\\&=\int_0^{\frac{\pi}{2}}(\sin x)^{\frac{3}{2}}d(\sin x)-\int_{\frac{\pi}{2}}^{\pi}(\sin x)^{\frac{3}{2}}d(\sin x)\\&=\frac{2}{5}(\sin x)^{\frac{5}{2}}\Big|_0^{\frac{\pi}{2}}-\frac{2}{5}(\sin x)^{\frac{5}{2}}\Big|_{\frac{\pi}{2}}^{\pi}=\frac{4}{5}.\end{aligned}$$

18. 计算下列定积分：

(1) $\int_0^{\frac{\pi}{2}}e^{\cos 2x}\sin x\cos x\,dx$； (2) $\int_0^{\frac{\pi}{6}}\frac{dx}{\cos^4 x}$； (3) $\int_0^{\pi}\sqrt{\sin^2 x-\sin^4 x}\,dx$；

(4) $\int_{-3}^{-1}\frac{dx}{x^2+4x+5}$； (5) $\int_0^1\frac{\arcsin\sqrt{x}}{\sqrt{x(1-x)}}dx$； (6) $\int_9^{64}\sqrt{\frac{1+\sqrt{x}}{x}}\,dx$；

(7) $\int_0^{16}\frac{dx}{\sqrt{x+9}-\sqrt{x}}$； (8) $\int_0^{\ln 2}\sqrt{e^x-1}\,dx$； (9) $\int_5^{10}\frac{x}{\sqrt{x-1}}dx$；

(10) $\int_0^1 x^4\sqrt{1-x^2}\,dx$； (11) $\int_{\sqrt{2}}^2\frac{dx}{x\sqrt{x^2-1}}$； (12) $\int_0^1\frac{dx}{\sqrt{(1+x^2)^3}}$.

解 (1) $\int_0^{\frac{\pi}{2}}e^{\cos 2x}\sin x\cos x\,dx=\frac{1}{2}\int_0^{\frac{\pi}{2}}e^{\cos 2x}\sin 2x\,dx=\frac{1}{4}\int_0^{\frac{\pi}{2}}e^{\cos 2x}\sin 2x\,d(2x)$

$$=-\frac{1}{4}\int_0^{\frac{\pi}{2}}e^{\cos 2x}d(\cos 2x)=-\frac{1}{4}e^{\cos 2x}\Big|_0^{\frac{\pi}{2}}=\frac{1}{4}\left(e-\frac{1}{e}\right).$$

(2) $\int_0^{\frac{\pi}{6}}\frac{dx}{\cos^4 x}=\int_0^{\frac{\pi}{6}}\sec^4 x\,dx=\int_0^{\frac{\pi}{6}}\sec^2 x\cdot\sec^2 x\,dx=\int_0^{\frac{\pi}{6}}\sec^2 x\,d(\tan x)$

$$=\int_0^{\frac{\pi}{6}}(1+\tan^2 x)d(\tan x)=\left(\tan x+\frac{1}{3}\tan^3 x\right)\Big|_0^{\frac{\pi}{6}}=\frac{10\sqrt{3}}{27}.$$

(3) $\int_0^{\pi}\sqrt{\sin^2 x-\sin^4 x}\,dx=\int_0^{\pi}\sqrt{\sin^2 x(1-\sin^2 x)}\,dx=\int_0^{\pi}\sqrt{\sin^2 x\cos^2 x}\,dx$

$$\begin{aligned}&=\int_0^{\pi}|\sin x\cos x|\,dx=\int_0^{\frac{\pi}{2}}\sin x\cos x\,dx-\int_{\frac{\pi}{2}}^{\pi}\sin x\cos x\,dx\\&=\frac{1}{2}\sin^2 x\Big|_0^{\frac{\pi}{2}}-\frac{1}{2}\sin^2 x\Big|_{\frac{\pi}{2}}^{\pi}=1.\end{aligned}$$

(4) $\int_{-3}^{-1}\frac{dx}{x^2+4x+5}=\int_{-3}^{-1}\frac{dx}{(x+2)^2+1}=\arctan(x+2)\Big|_{-3}^{-1}$

$$=\arctan 1-\arctan(-1)=\frac{\pi}{4}-\left(-\frac{\pi}{4}\right)=\frac{\pi}{2}.$$

(5) $\int_0^1\frac{\arcsin\sqrt{x}}{\sqrt{x(1-x)}}dx=2\int_0^1\frac{\arcsin\sqrt{x}}{\sqrt{1-x}}d(\sqrt{x})=2\int_0^1\arcsin\sqrt{x}\,d(\arcsin\sqrt{x})$

$$=\arcsin^2\sqrt{x}\Big|_0^1=\frac{\pi^2}{4}.$$

(6) $\int_9^{64}\sqrt{\frac{1+\sqrt{x}}{x}}\,dx = 2\int_9^{64}\sqrt{1+\sqrt{x}}\,d(\sqrt{x}) = 2\int_9^{64}\sqrt{1+\sqrt{x}}\,d(\sqrt{x}+1)$

$$= \frac{4}{3}(\sqrt{x}+1)^{\frac{3}{2}}\Big|_9^{64} = \frac{4}{3}(27-8) = \frac{76}{3}.$$

(7) $\int_0^{10}\frac{dx}{\sqrt{x+9}-\sqrt{x}} = \int_0^{16}\frac{\sqrt{x+9}+\sqrt{x}}{(\sqrt{x+9}-\sqrt{x})(\sqrt{x+9}+\sqrt{x})}dx$

$$= \frac{1}{9}\int_0^{16}(\sqrt{x+9}+\sqrt{x})dx = \frac{1}{9}\left[\frac{2}{3}(x+9)^{\frac{3}{2}}+\frac{2}{3}x^{\frac{3}{2}}\right]\Big|_0^{16} = 12.$$

(8) 令 $\sqrt{e^x-1}=t$,则 $x=\ln(1+t^2)$,当 $x=0$ 时 $t=0$,当 $x=\ln 2$ 时 $t=1$,于是

$$\int_0^{\ln 2}\sqrt{e^x-1}\,dx = \int_0^1 t\,d[\ln(1+t^2)] = \int_0^1 t\cdot\frac{2t}{1+t^2}dt = 2\int_0^1\frac{t^2}{1+t^2}dt$$

$$= 2\int_0^1\frac{t^2+1-1}{1+t^2}dt = (2t-\arctan t)\Big|_0^1 = 2\left(1-\frac{\pi}{4}\right).$$

(9) 令 $\sqrt{x-1}=t$,则 $x=1+t^2$,当 $x=5$ 时 $t=2$,当 $x=10$ 时 $t=3$,于是

$$\int_5^{10}\frac{x}{\sqrt{x-1}}dx = \int_2^3\frac{1+t^2}{t}d(1+t^2) = \int_2^3\frac{1+t^2}{t}\cdot 2t\,dt$$

$$= 2\int_2^3(1+t^2)dt = 2\left(t+\frac{1}{3}t^3\right)\Big|_2^3 = \frac{44}{3}.$$

(10) 令 $x=\sin t$,则当 $x=0$ 时 $t=0$,当 $x=1$ 时 $t=\frac{\pi}{2}$,于是

$$\int_0^1 x^4\sqrt{1-x^2}\,dx = \int_0^{\frac{\pi}{2}}\sin^4 t\cdot\cos t\,d(\sin t) = \int_0^{\frac{\pi}{2}}\sin^4 t\cdot\cos^2 t\,dt$$

$$= \int_0^{\frac{\pi}{2}}\sin^4 t\cdot(1-\sin^2 t)dt = \int_0^{\frac{\pi}{2}}\sin^4 t\,dt - \int_0^{\frac{\pi}{2}}\sin^6 t\,dt$$

$$= \frac{3}{4}\cdot\frac{1}{2}\cdot\frac{\pi}{2} - \frac{5}{6}\cdot\frac{3}{4}\cdot\frac{1}{2}\cdot\frac{\pi}{2} = \frac{\pi}{32}.$$

(11) 令 $x=\sec t, t\in\left(0,\frac{\pi}{2}\right)$,则当 $x=\sqrt{2}$ 时 $t=\frac{\pi}{4}$,当 $x=2$ 时 $t=\frac{\pi}{3}$,于是

$$\int_{\sqrt{2}}^2\frac{dx}{x\sqrt{x^2-1}} = \int_{\frac{\pi}{4}}^{\frac{\pi}{3}}\frac{d(\sec t)}{\sec t\cdot\tan t} = \int_{\frac{\pi}{4}}^{\frac{\pi}{3}}\frac{\sec t\cdot\tan t}{\sec t\cdot\tan t}dt$$

$$= \int_{\frac{\pi}{4}}^{\frac{\pi}{3}}dt = \frac{\pi}{3}-\frac{\pi}{4} = \frac{\pi}{12}.$$

(12) 令 $x=\tan t, t\in\left(-\frac{\pi}{2},\frac{\pi}{2}\right)$,则当 $x=0$ 时 $t=0$,当 $x=1$ 时 $t=\frac{\pi}{4}$,于是

$$\int_0^1\frac{dx}{\sqrt{(1+x^2)^3}} = \int_0^{\frac{\pi}{4}}\frac{d(\tan t)}{\sqrt{(1+\tan^2 t)^3}} = \int_0^{\frac{\pi}{4}}\frac{\sec^2 t}{\sec^3 t}dt$$

$$= \int_0^{\frac{\pi}{4}}\frac{1}{\sec t}dt = \int_0^{\frac{\pi}{4}}\cos t\,dt = \sin t\Big|_0^{\frac{\pi}{4}} = \frac{\sqrt{2}}{2}.$$

19. 利用函数的奇偶性计算下列定积分:

(1) $\int_{-1}^1(x^2+e^{x^2}\arctan x)dx$; (2) $\int_{-\frac{1}{2}}^{\frac{1}{2}}\cos x\ln\frac{1+x}{1-x}dx$; (3) $\int_{-\frac{\pi}{2}}^{\frac{\pi}{2}}\sin^6 x\,dx$.

解 (1) $\int_{-1}^{1}(x^2+e^{x^2}\arctan x)dx=\int_{-1}^{1}x^2dx+\int_{-1}^{1}e^{x^2}\arctan x dx$,

其中 x^2 是偶函数,$e^{x^2}\arctan x$ 是奇函数,故

$$\begin{aligned}原式&=\int_{-1}^{1}x^2dx+\int_{-1}^{1}e^{x^2}\arctan x dx\\&=2\int_{0}^{1}x^2dx+0=\frac{2}{3}x^3\Big|_0^1=\frac{2}{3}.\end{aligned}$$

(2) 设 $f(x)=\ln\frac{1+x}{1-x}$,$f(-x)=\ln\frac{1-x}{1+x}=\ln\left(\frac{1+x}{1-x}\right)^{-1}=-\ln\frac{1+x}{1-x}=-f(x)$,故 $f(x)=\ln\frac{1+x}{1-x}$ 是奇函数,而 $\cos x$ 是偶函数,所以 $\cos x\ln\frac{1+x}{1-x}$ 是奇函数,故

$$\int_{-\frac{1}{2}}^{\frac{1}{2}}\cos x\ln\frac{1+x}{1-x}dx=0.$$

(3)$\sin^6 x$ 是偶函数,故

$$\int_{-\frac{\pi}{2}}^{\frac{\pi}{2}}\sin^6 xdx=2\int_{0}^{\frac{\pi}{2}}\sin^6 xdx=2\cdot\frac{5}{6}\cdot\frac{3}{4}\cdot\frac{1}{2}\cdot\frac{\pi}{2}=\frac{5}{16}\pi.$$

20. 计算下列定积分:

(1) $\int_{0}^{\frac{\pi}{2}}x^2\cos xdx$; (2) $\int_{\frac{\pi}{4}}^{\frac{\pi}{2}}x\csc^2 xdx$; (3) $\int_{0}^{1}te^{-2t}dt$; (4) $\int_{1}^{e}\sin\ln xdx$;

(5) $\int_{0}^{1}\arctan xdx$; (6) $\int_{1}^{e}x\ln xdx$; (7) $\int_{0}^{\frac{1}{2}}\frac{x\arcsin x}{\sqrt{1-x^2}}dx$; (8) $\int_{0}^{\frac{\pi}{2}}e^x\cos xdx$.

解 (1) 列分部积分表 5-1 如下.

表 5-1

x^2	$2x$	2	0
$\cos x$	$\sin x$	$-\cos x$	$-\sin x$

所以

$$\int_{0}^{\frac{\pi}{2}}x^2\cos xdx=(x^2\sin x+2x\cos x-2\sin x)\Big|_0^{\frac{\pi}{2}}=\frac{\pi^2}{4}-2.$$

(2) $$\begin{aligned}\int_{\frac{\pi}{4}}^{\frac{\pi}{2}}x\csc^2 xdx&=-\int_{\frac{\pi}{4}}^{\frac{\pi}{2}}xd(\cot x)=(-x\cot x)\Big|_{\frac{\pi}{4}}^{\frac{\pi}{2}}+\int_{\frac{\pi}{4}}^{\frac{\pi}{2}}\cot xdx\\&=\frac{\pi}{4}+\ln|\sin x|\Big|_{\frac{\pi}{4}}^{\frac{\pi}{2}}=\frac{\pi}{4}-\ln\frac{\sqrt{2}}{2}.\end{aligned}$$

(3) 列分部积分表 5-2 如下.

表 5-2

t	1	0
e^{-2t}	$-\frac{1}{2}e^{-2t}$	$\frac{1}{4}e^{-2t}$

所以

$$\int_{0}^{1}te^{-2t}dt=\left(-\frac{1}{2}te^{-2t}-\frac{1}{4}e^{-2t}\right)\Big|_0^1=-\frac{3}{4}e^{-2}+\frac{1}{4}=\frac{1}{4}\left(1-\frac{3}{e^2}\right).$$

(4) 因为 $\int \sin \ln x\mathrm{d}x = x\sin \ln x - \int x\mathrm{d}(\sin \ln x) = x\sin \ln x - \int x \cdot \cos \ln x \cdot \frac{1}{x}\mathrm{d}x$

$$= x\sin \ln x - \int \cos \ln x\mathrm{d}x = x\sin \ln x - x\cos \ln x + \int x\mathrm{d}(\cos \ln x)$$

$$= x\sin \ln x - x\cos \ln x - \int x\sin \ln x \cdot \frac{1}{x}\mathrm{d}x$$

$$= x\sin \ln x - x\cos \ln x - \int \sin \ln x\mathrm{d}x \quad (\text{循环型}),$$

故 $\int \sin \ln x\mathrm{d}x = \frac{x}{2}(\sin \ln x - \cos \ln x) + C$，则

$$\int_1^{\mathrm{e}} \sin \ln x\mathrm{d}x = \left[\frac{x}{2}(\sin \ln x - \cos \ln x)\right]\Big|_1^{\mathrm{e}} = \frac{\mathrm{e}}{2}(\sin 1 - \cos 1) + \frac{1}{2}.$$

(5) $\int_0^1 \arctan x\mathrm{d}x = (x\arctan x)\big|_0^1 - \int_0^1 x\mathrm{d}(\arctan x)$

$$= \frac{\pi}{4} - \int_0^1 \frac{x}{1+x^2}\mathrm{d}x = \frac{\pi}{4} - \frac{1}{2}\int_0^1 \frac{1}{1+x^2}\mathrm{d}(x^2+1)$$

$$= \frac{\pi}{4} - \frac{1}{2}\ln(x^2+1)\big|_0^1 = \frac{\pi}{4} - \frac{1}{2}\ln 2.$$

(6) $\int_1^{\mathrm{e}} x\ln x\mathrm{d}x = \int_1^{\mathrm{e}} \ln x\mathrm{d}\left(\frac{x^2}{2}\right) = \left(\frac{x^2}{2}\ln x\right)\Big|_1^{\mathrm{e}} - \int_1^{\mathrm{e}} \frac{x^2}{2}\mathrm{d}(\ln x)$

$$= \frac{\mathrm{e}^2}{2} - \int_1^{\mathrm{e}} \frac{x^2}{2} \cdot \frac{1}{x}\mathrm{d}x = \frac{\mathrm{e}^2}{2} - \int_1^{\mathrm{e}} \frac{x}{2}\mathrm{d}x$$

$$= \frac{\mathrm{e}^2}{2} - \frac{x^2}{4}\Big|_1^{\mathrm{e}} = \frac{\mathrm{e}^2}{2} - \left(\frac{\mathrm{e}^2}{4} - \frac{1}{4}\right) = \frac{1}{4}(\mathrm{e}^2+1).$$

(7) 令 $x = \sin t$，则当 $x = 0$ 时 $t = 0$，当 $x = \frac{1}{2}$ 时 $t = \frac{\pi}{6}$，于是

$$\int_0^{\frac{1}{2}} \frac{x\arcsin x}{\sqrt{1-x^2}}\mathrm{d}x = \int_0^{\frac{\pi}{6}} \frac{\sin t \cdot t}{\cos t}\mathrm{d}(\sin t) = \int_0^{\frac{\pi}{6}} \frac{\sin t \cdot t}{\cos t} \cdot \cos t\mathrm{d}t = \int_0^{\frac{\pi}{6}} t\sin t\mathrm{d}t,$$

列分部积分表 5-3 如下.

表 5-3

t	1	0
$\sin t$	$-\cos t$	$-\sin t$

所以 $$\int_0^{\frac{\pi}{6}} t\sin t\mathrm{d}t = (-t\cos t + \sin t)\big|_0^{\frac{\pi}{6}} = \frac{1}{2} - \frac{\sqrt{3}\pi}{12}.$$

(8) 因为 $\int \mathrm{e}^x \cos x\mathrm{d}x = \frac{1}{(-1)^2+1}\begin{vmatrix} (\mathrm{e}^x)' & (\cos x)' \\ \mathrm{e}^x & \cos x \end{vmatrix} + C$

$$= \frac{1}{2}\begin{vmatrix} \mathrm{e}^x & -\sin x \\ \mathrm{e}^x & \cos x \end{vmatrix} + C = \frac{1}{2}(\mathrm{e}^x\cos x + \mathrm{e}^x\sin x) + C$$

$$= \frac{\mathrm{e}^x}{2}(\sin x + \cos x) + C,$$

故
$$\int_0^{\frac{\pi}{2}} e^x \cos x dx = \left[\frac{e^x}{2}(\sin x + \cos x)\right]\Big|_0^{\frac{\pi}{2}} = \frac{1}{2}(e^{\frac{\pi}{2}} - 1).$$

21. 计算下列定积分：

(1) $\int_0^2 \frac{2x^3}{\sqrt[3]{8+2x^2}}dx$；　(2) $\int_{-1}^0 \frac{x}{\sqrt{3-2x-x^2}}dx$；　(3) $\int_{\frac{1}{2}}^1 \frac{1+x^2}{1+x^4}dx$；

(4) $\int_0^4 \frac{x+2}{\sqrt{2x+1}}dx$；　(5) $\int_0^2 x\sqrt{2x-x^2}\,dx$；　(6) $\int_{-1}^1 \frac{2x^2+x\cos x}{1+\sqrt{1-x^2}}dx$；

(7) $\int_0^{\frac{\pi}{4}} \frac{xdx}{1+\cos 2x}$；　(8) $\int_a^x \ln(x+\sqrt{x^2-a^2})dx$.

解　(1)
$$\int_0^2 \frac{2x^3}{\sqrt[3]{8+2x^2}}dx = \frac{1}{4}\int_0^2 \frac{2x^2}{\sqrt[3]{8+2x^2}}d(2x^2) \xlongequal{令 t=2x^2} \frac{1}{4}\int_0^8 \frac{t}{\sqrt[3]{8+t}}dt$$
$$= \frac{1}{4}\int_0^8 \left[(8+t)^{\frac{2}{3}} - \frac{8}{\sqrt[3]{8+t}}\right]dt$$
$$= \frac{1}{4}\left[\frac{3}{5}(8+t)^{\frac{5}{3}} - 12(8+t)^{\frac{2}{3}}\right]\Big|_0^8$$
$$= \frac{36}{5} - \frac{12\sqrt[3]{4}}{5}.$$

(2) **方法一**
$$\int_{-1}^0 \frac{x}{\sqrt{3-2x-x^2}}dx = -\frac{1}{2}\int_{-1}^0 \frac{-2x-2+2}{\sqrt{3-2x-x^2}}dx$$
$$= -\frac{1}{2}\int_{-1}^0 \frac{d(3-2x-x^2)}{\sqrt{3-2x-x^2}} - \int_{-1}^0 \frac{d(1+x)}{\sqrt{4-(1+x)^2}}$$
$$= (-\sqrt{3-2x-x^2})\big|_{-1}^0 - \arcsin\frac{1+x}{2}\Big|_{-1}^0$$
$$= 2-\sqrt{3}-\frac{\pi}{6}.$$

方法二　令 $x+1=2\sin t$，则 $\sqrt{3-2x-x^2}=\sqrt{4-(1+x)^2}=2\cos t$，$dx=2\cos t dt$，于是
$$\int_{-1}^0 \frac{x}{\sqrt{3-2x-x^2}}dx = \int_0^{\frac{\pi}{6}} \frac{2\sin t-1}{2\cos t}\cdot 2\cos t dt = \int_0^{\frac{\pi}{6}}(2\sin t-1)dt$$
$$= -2\cos t\big|_0^{\frac{\pi}{6}} - \frac{\pi}{6} = 2-\sqrt{3}-\frac{\pi}{6}.$$

(3)
$$\int_{\frac{1}{2}}^1 \frac{1+x^2}{1+x^4}dx = \int_{\frac{1}{2}}^1 \frac{\frac{1}{x^2}+1}{\frac{1}{x^2}+x^2}dx = \int_{\frac{1}{2}}^1 \frac{1}{\left(x-\frac{1}{x}\right)^2+2}d\left(x-\frac{1}{x}\right)$$
$$= \frac{1}{\sqrt{2}}\arctan\frac{\left(x-\frac{1}{x}\right)}{\sqrt{2}}\Bigg|_{\frac{1}{2}}^1 = \frac{1}{\sqrt{2}}\arctan\frac{3}{2\sqrt{2}}.$$

(4) **方法一**　令 $t=\sqrt{2x+1}$，则 $x=\frac{t^2-1}{2}$，$dx=tdt$，且当 $x=0$ 时 $t=1$，当 $x=4$ 时 $t=3$，于是

$$\int_0^4 \frac{x+2}{\sqrt{2x+1}}\mathrm{d}x = \int_1^3 \frac{\frac{t^2-1}{2}+2}{t}t\,\mathrm{d}t = \frac{1}{2}\int_1^3 (t^2+3)\mathrm{d}t$$

$$= \frac{1}{2}\left(\frac{1}{3}t^3+3t\right)\Big|_1^3 = \frac{1}{2}\left[\left(\frac{27}{3}+9\right)-\left(\frac{1}{3}+3\right)\right] = \frac{22}{3}.$$

方法二 $\int_0^4 \frac{x+2}{\sqrt{2x+1}}\mathrm{d}x = \int_0^4 \left(\frac{1}{2}\cdot\frac{2x+1}{\sqrt{2x+1}}+\frac{3}{2}\cdot\frac{1}{\sqrt{2x+1}}\right)\mathrm{d}x$

$$= \frac{1}{4}\int_0^4 \sqrt{2x+1}\,\mathrm{d}(2x+1)+\frac{3}{4}\int_0^4 \frac{1}{\sqrt{2x+1}}\mathrm{d}(2x+1)$$

$$= \frac{1}{6}(2x+1)^{\frac{3}{2}}\Big|_0^4+\frac{3}{2}\sqrt{2x+1}\Big|_0^4 = \frac{22}{3}.$$

(5) **方法一** 令 $x-1=\sin t$,则 $\sqrt{2x-x^2}=\sqrt{1-(x-1)^2}=\cos t$,结合定积分的区间对称性、函数的奇偶性,可得

$$\int_0^2 x\sqrt{2x-x^2}\,\mathrm{d}x = \int_{-\frac{\pi}{2}}^{\frac{\pi}{2}} (1+\sin t)\cos t\,\mathrm{d}(\sin t) = \int_{-\frac{\pi}{2}}^{\frac{\pi}{2}} \cos^2 t\,\mathrm{d}t + \int_{-\frac{\pi}{2}}^{\frac{\pi}{2}} \sin t\cos^2 t\,\mathrm{d}t$$

$$= 2\int_0^{\frac{\pi}{2}} \cos^2 t\,\mathrm{d}t = \int_0^{\frac{\pi}{2}} (1+\cos 2t)\mathrm{d}t = \frac{\pi}{2}.$$

方法二 令 $x-1=t$,结合定积分的区间对称性、函数的奇偶性与定积分的几何意义,可得

$$\int_0^2 x\sqrt{2x-x^2}\,\mathrm{d}x = \int_0^2 x\sqrt{1-(x-1)^2}\,\mathrm{d}x = \int_{-1}^1 (t+1)\sqrt{1-t^2}\,\mathrm{d}t$$

$$= \int_{-1}^1 t\sqrt{1-t^2}\,\mathrm{d}t + \int_{-1}^1 \sqrt{1-t^2}\,\mathrm{d}t = 0+2\int_0^1 \sqrt{1-t^2}\,\mathrm{d}t = \frac{\pi}{2}.$$

(6) 由定积分的区间对称性和函数的奇偶性得

$$\int_{-1}^1 \frac{2x^2+x\cos x}{1+\sqrt{1-x^2}}\mathrm{d}x = \int_{-1}^1 \frac{2x^2}{1+\sqrt{1-x^2}}\mathrm{d}x + \int_{-1}^1 \frac{x\cos x}{1+\sqrt{1-x^2}}\mathrm{d}x$$

$$= 4\int_0^1 \frac{x^2}{1+\sqrt{1-x^2}}\mathrm{d}x = 4\int_0^1 \frac{x^2(1-\sqrt{1-x^2})}{1-(1-x^2)}\mathrm{d}x$$

$$= 4\int_0^1 (1-\sqrt{1-x^2})\mathrm{d}x = 4-4\int_0^1 \sqrt{1-x^2}\,\mathrm{d}x = 4-\pi.$$

(7) 由分部积分法得

$$\int_0^{\frac{\pi}{4}} \frac{x\mathrm{d}x}{1+\cos 2x} = \int_0^{\frac{\pi}{4}} \frac{x\mathrm{d}x}{2\cos^2 x} = \int_0^{\frac{\pi}{4}} \frac{x}{2}\mathrm{d}(\tan x)$$

$$= \left(\frac{1}{2}x\tan x\right)\Big|_0^{\frac{\pi}{4}} - \frac{1}{2}\int_0^{\frac{\pi}{4}} \tan x\,\mathrm{d}x$$

$$= \frac{\pi}{8}+\frac{1}{2}\ln|\cos x|\Big|_0^{\frac{\pi}{4}} = \frac{\pi}{8}-\frac{\ln 2}{4}.$$

(8) 被积函数是一个比较复杂的函数,利用分部积分法,得

$$\int_a^x \ln(x+\sqrt{x^2-a^2})\mathrm{d}x = [x\ln(x+\sqrt{x^2-a^2})]\Big|_a^x - \int_a^x x\cdot\frac{1}{x+\sqrt{x^2-a^2}}\cdot\left(1+\frac{x}{\sqrt{x^2-a^2}}\right)\mathrm{d}x$$

$$= x\ln(x+\sqrt{x^2-a^2})-a\ln a-\int_a^x \frac{x}{\sqrt{x^2-a^2}}\mathrm{d}x$$

$$= x\ln(x+\sqrt{x^2-a^2}) - a\ln a - \frac{1}{2}\int_a^x (x^2-a^2)^{-\frac{1}{2}}\mathrm{d}(x^2-a^2)$$

$$= x\ln(x+\sqrt{x^2-a^2}) - a\ln a - \sqrt{x^2-a^2}\,\Big|_a^x$$

$$= x\ln(x+\sqrt{x^2-a^2}) - a\ln a + \sqrt{x^2-a^2}.$$

22. 利用周期性计算下列定积分：

(1) $\int_0^{4\pi}\frac{\sin x}{1+\cos^4 x}\mathrm{d}x$；　　(2) $\int_0^{n\pi}\sqrt{1-\sin 2x}\,\mathrm{d}x$.

解　(1) 由于 $\sin x$、$\cos x$ 均是以 4π 为周期的函数，故 $\frac{\sin x}{1+\cos^4 x}$ 也是以 4π 为周期的函数，且 $\frac{\sin x}{1+\cos^4 x}$ 为奇函数. 于是由定积分的周期性和区间对称性、函数的奇偶性，可得

$$\int_0^{4\pi}\frac{\sin x}{1+\cos^4 x}\mathrm{d}x = \int_{-2\pi}^{2\pi}\frac{\sin x}{1+\cos^4 x}\mathrm{d}x = 0.$$

(2) 被积函数 $\sqrt{1-\sin 2x} = |\cos x - \sin x|$ 是以 π 为周期的函数，则

$$\int_0^{n\pi}\sqrt{1-\sin 2x}\,\mathrm{d}x = \sum_{k=0}^{n-1}\int_{k\pi}^{(k+1)\pi}|\cos x-\sin x|\,\mathrm{d}x = n\int_0^{\pi}|\cos x-\sin x|\,\mathrm{d}x$$

$$= n\int_0^{\frac{\pi}{4}}(\cos x-\sin x)\mathrm{d}x + n\int_{\frac{\pi}{4}}^{\pi}(\sin x-\cos x)\mathrm{d}x = 2\sqrt{2}n.$$

23. 设 $f(u)$、$g(u)$ 都是连续函数，证明：$\int_0^x f(t)g(x-t)\mathrm{d}t = \int_0^x g(t)f(x-t)\mathrm{d}t$.

证明　作变量代换，令 $x-t=u$，则当 $t=0$ 时 $u=x$，当 $t=x$ 时 $u=0$，于是

$$\int_0^x f(t)g(x-t)\mathrm{d}t = \int_x^0 f(x-u)g(u)\mathrm{d}(x-u)$$

$$= -\int_x^0 f(x-u)g(u)\mathrm{d}u = \int_0^x f(x-u)g(u)\mathrm{d}u,$$

因为定积分的积分变量与字母表示无关，所以

$$\int_0^x f(x-u)g(u)\mathrm{d}u = \int_0^x f(x-t)g(t)\mathrm{d}t,$$

即

$$\int_0^x f(t)g(x-t)\mathrm{d}t = \int_0^x g(t)f(x-t)\mathrm{d}t.$$

24. 设 $f(x)$ 为连续函数，且 $\int_0^8 f(x)\mathrm{d}x = 9$，求 $\int_0^2 x^2 f(x^3)\mathrm{d}x$.

解　凑微分，得

$$\int_0^2 x^2 f(x^3)\mathrm{d}x = \frac{1}{3}\int_0^2 f(x^3)\mathrm{d}(x^3),$$

作变量代换，令 $x^3=t$，则

$$\int_0^2 x^2 f(x^3)\mathrm{d}x = \frac{1}{3}\int_0^2 f(x^3)\mathrm{d}(x^3) = \frac{1}{3}\int_0^8 f(t)\mathrm{d}t = \frac{1}{3}\int_0^8 f(x)\mathrm{d}x = 3.$$

25. 设 $f(x)$ 有一个原函数为 $\frac{\sin x}{x}$，求 $\int_{\frac{\pi}{2}}^{\pi} xf'(x)\mathrm{d}x$.

解　因为 $f(x)$ 有一个原函数为 $\frac{\sin x}{x}$，所以由不定积分的定义有

$$\int f(x)\mathrm{d}x=\frac{\sin x}{x}+C,$$

对上式求导,得

$$f(x)=\frac{x\cos x-\sin x}{x^2},$$

对$\int_{\frac{\pi}{2}}^{\pi}xf'(x)\mathrm{d}x$凑微分,再分部积分,得

$$\begin{aligned}\int_{\frac{\pi}{2}}^{\pi}xf'(x)\mathrm{d}x&=\int_{\frac{\pi}{2}}^{\pi}x\mathrm{d}f(x)=[xf(x)]\Big|_{\frac{\pi}{2}}^{\pi}-\int_{\frac{\pi}{2}}^{\pi}f(x)\mathrm{d}x\\&=\frac{x\cos x-\sin x}{x}\Big|_{\frac{\pi}{2}}^{\pi}-\int_{\frac{\pi}{2}}^{\pi}f(x)\mathrm{d}x\\&=(-1)-\left(-\frac{2}{\pi}\right)-\frac{\sin x}{x}\Big|_{\frac{\pi}{2}}^{\pi}\\&=\frac{2}{\pi}-1-\left(0-\frac{2}{\pi}\right)=\frac{4}{\pi}-1.\end{aligned}$$

26. 设 $f(x)$ 为连续函数,若 $f(x)$ 满足$\int_0^1 f(xt)\mathrm{d}t=f(x)+x\mathrm{e}^x$,求 $f(x)$.

解 令 $xt=u$,则

$$\int_0^1 f(xt)\mathrm{d}t=\int_0^x f(u)\mathrm{d}\left(\frac{u}{x}\right)=\frac{1}{x}\int_0^x f(u)\mathrm{d}u=f(x)+x\mathrm{e}^x,$$

于是

$$\int_0^x f(u)\mathrm{d}u=xf(x)+x^2\mathrm{e}^x,$$

上式两边对 x 求导,得

$$f(x)=f(x)+xf'(x)+2x\mathrm{e}^x+x^2\mathrm{e}^x,$$

化简,得

$$f'(x)=-2\mathrm{e}^x-x\mathrm{e}^x,$$

所以

$$f(x)=\int f'(x)\mathrm{d}x=-\int(2\mathrm{e}^x+x\mathrm{e}^x)\mathrm{d}x=-(x+1)\mathrm{e}^x+C.$$

27. 设函数 $f(x)=\int_1^{x^2}\frac{\mathrm{e}^t}{t}\mathrm{d}t$,求$\int_0^1 xf(x)\mathrm{d}x$.

解 易知 $f(1)=\int_1^1\frac{\mathrm{e}^t}{t}\mathrm{d}t=0$,$f(x)=\int_1^{x^2}\frac{\mathrm{e}^t}{t}\mathrm{d}t$,两边对 x 求导,得

$$f'(x)=\frac{\mathrm{e}^{x^2}}{x^2}\cdot 2x=\frac{2\mathrm{e}^{x^2}}{x},$$

$$\begin{aligned}\int_0^1 xf(x)\mathrm{d}x&=\int_0^1 f(x)\mathrm{d}\left(\frac{x^2}{2}\right)=\left[\frac{x^2}{2}f(x)\right]\Big|_0^1-\int_0^1\frac{x^2}{2}\mathrm{d}f(x)\\&=\frac{1}{2}f(1)-\int_0^1\frac{x^2}{2}\cdot f'(x)\mathrm{d}x=-\int_0^1 x\mathrm{e}^{x^2}\mathrm{d}x\\&=-\frac{1}{2}\int_0^1\mathrm{e}^{x^2}\mathrm{d}(x^2)=-\frac{1}{2}\mathrm{e}^{x^2}\Big|_0^1=\frac{1}{2}(1-\mathrm{e}).\end{aligned}$$

28. 判断下列反常积分的敛散性，若收敛，则计算其值：

(1) $\int_0^{+\infty} x\mathrm{e}^{-x^2}\mathrm{d}x$；　(2) $\int_1^{+\infty} \frac{\arctan x}{x^2}\mathrm{d}x$；　(3) $\int_{-\infty}^{+\infty} \frac{1}{x^2+2x+2}\mathrm{d}x$；

(4) $\int_0^{+\infty} \mathrm{e}^{-\sqrt{x}}\mathrm{d}x$；　(5) $\int_{\frac{2}{\pi}}^{+\infty} \frac{1}{x^2}\sin\frac{1}{x}\mathrm{d}x$；　(6) $\int_1^{+\infty} \frac{\mathrm{d}x}{x\sqrt{1+x^5+x^{10}}}$；

(7) $\int_1^2 \frac{\mathrm{d}x}{x\ln x}$；　(8) $\int_1^2 \frac{x}{\sqrt{x-1}}\mathrm{d}x$；　(9) $\int_0^2 \frac{x}{\sqrt{4-x^2}}\mathrm{d}x$.

解　(1) $\int_0^{+\infty} x\mathrm{e}^{-x^2}\mathrm{d}x = \frac{1}{2}\int_0^{+\infty}\mathrm{e}^{-x^2}\mathrm{d}(x^2) = -\frac{1}{2}\mathrm{e}^{-x^2}\Big|_0^{+\infty} = -\frac{1}{2}(0-1) = \frac{1}{2}$.

(2)
$$\int_1^{+\infty}\frac{\arctan x}{x^2}\mathrm{d}x = -\int_1^{+\infty}\arctan x\,\mathrm{d}\left(\frac{1}{x}\right) = -\frac{\arctan x}{x}\Big|_1^{+\infty} + \int_1^{+\infty}\frac{1}{x}\mathrm{d}(\arctan x)$$
$$= \frac{\pi}{4} + \int_1^{+\infty}\frac{1}{x}\cdot\frac{1}{1+x^2}\mathrm{d}x$$
$$= \frac{\pi}{4} + \int_1^{+\infty}\left(\frac{1}{x} - \frac{x}{1+x^2}\right)\mathrm{d}x$$
$$= \frac{\pi}{4} + \left[\ln|x| - \frac{1}{2}\ln(1+x^2)\right]\Big|_1^{+\infty}$$
$$= \frac{\pi}{4} + \ln\frac{x}{\sqrt{1+x^2}}\Big|_1^{+\infty} = \frac{\pi}{4} - \ln\frac{\sqrt{2}}{2}.$$

(3) $\int_{-\infty}^{+\infty}\frac{1}{x^2+2x+2}\mathrm{d}x = \int_{-\infty}^{+\infty}\frac{1}{(x+1)^2+1}\mathrm{d}x = \arctan(x+1)\Big|_{-\infty}^{+\infty} = \frac{\pi}{2} - \left(-\frac{\pi}{2}\right) = \pi$.

(4) 令$\sqrt{x} = t$，则
$$\int_0^{+\infty}\mathrm{e}^{-\sqrt{x}}\mathrm{d}x = \int_0^{+\infty}\mathrm{e}^{-t}\mathrm{d}(t^2) = 2\int_0^{+\infty} t\mathrm{e}^{-t}\mathrm{d}t,$$
列分部积分表 5-4 如下.

表 5-4

t	1	0
e^{-t}	$-\mathrm{e}^{-t}$	e^{-t}

所以 $2\int_0^{+\infty} t\mathrm{e}^{-t}\mathrm{d}t = 2(-t\mathrm{e}^{-t} - \mathrm{e}^{-t})\Big|_0^{+\infty} = -2\lim\limits_{x\to+\infty}(t+1)\mathrm{e}^{-t} - (-2) = 2$.

(5)
$$\int_{\frac{2}{\pi}}^{+\infty}\frac{1}{x^2}\sin\frac{1}{x}\mathrm{d}x = -\int_{\frac{2}{\pi}}^{+\infty}\sin\frac{1}{x}\mathrm{d}\left(\frac{1}{x}\right) = -\lim_{b\to+\infty}\int_{\frac{2}{\pi}}^{b}\sin\frac{1}{x}\mathrm{d}\left(\frac{1}{x}\right)$$
$$= \lim_{b\to+\infty}\cos\frac{1}{x}\Big|_{\frac{2}{\pi}}^{b} = \lim_{b\to+\infty}\left(\cos\frac{1}{b} - \cos\frac{\pi}{2}\right) = 1.$$

(6) 分母的阶数远高于分子，可利用倒代换，令 $x = \frac{1}{t}$，则
$$\int_1^{+\infty}\frac{\mathrm{d}x}{x\sqrt{1+x^5+x^{10}}} = \int_1^0\frac{-t^4}{\sqrt{1+t^5+t^{10}}}\mathrm{d}t = \int_0^1\frac{t^4\mathrm{d}t}{\sqrt{1+t^5+t^{10}}},$$
再令 $u = t^5$，则

$$\int_1^{+\infty}\frac{\mathrm{d}x}{x\sqrt{1+x^5+x^{10}}}=\frac{1}{5}\int_0^1\frac{\mathrm{d}(t^5)}{\sqrt{1+t^5+t^{10}}}=\frac{1}{5}\int_0^1\frac{\mathrm{d}u}{\sqrt{u^2+u+1}}$$

$$=\frac{1}{5}\int_0^1\frac{\mathrm{d}u}{\sqrt{\left(u+\frac{1}{2}\right)^2+\frac{3}{4}}}=\frac{1}{5}\ln\left(u+\frac{1}{2}+\sqrt{u^2+u+1}\right)\Big|_0^1$$

$$=\frac{1}{5}\ln\left(1+\frac{2\sqrt{3}}{3}\right).$$

(7) 此题是关于无界函数的反常积分,$x=1$ 为瑕点,则

$$\int_1^2\frac{\mathrm{d}x}{x\ln x}=\int_1^2\frac{\mathrm{d}(\ln x)}{\ln x}=\ln\ln x\Big|_{1^+}^2=\ln\ln 2-\lim_{t\to1^+}\ln\ln t=\infty,$$

故该反常积分发散.

(8) 令 $\sqrt{x-1}=t$,则

$$\int_1^2\frac{x}{\sqrt{x-1}}\mathrm{d}x=\int_0^1\frac{t^2+1}{t}\mathrm{d}(t^2+1)$$

$$=\int_0^1\frac{t^2+1}{t}\cdot 2t\mathrm{d}t=2\int_0^1(t^2+1)\mathrm{d}t=\frac{8}{3}.$$

(9) 令 $x=2\sin t$,则

$$\int_0^2\frac{x}{\sqrt{4-x^2}}\mathrm{d}x=\int_0^{\frac{\pi}{2}}\frac{2\sin t}{2\cos t}\mathrm{d}(2\sin t)=\int_0^{\frac{\pi}{2}}\frac{\sin t}{\cos t}\cdot 2\cos t\mathrm{d}t$$

$$=2\int_0^{\frac{\pi}{2}}\sin t\mathrm{d}t=-2\cos t\Big|_0^{\frac{\pi}{2}}=2.$$

29. 当 k 为何值时,反常积分 $\int_2^{+\infty}\frac{\mathrm{d}x}{x(\ln x)^k}$ 收敛?当 k 为何值时,该反常积分发散?

解　当 $k\neq1$ 时,$\int_2^{+\infty}\frac{\mathrm{d}x}{x(\ln x)^k}=\int_2^{+\infty}\frac{\mathrm{d}(\ln x)}{(\ln x)^k}=\frac{1}{1-k}(\ln x)^{-k+1}\Big|_2^{+\infty}$.

当 $-k+1<0$ 时,极限 $\lim\limits_{x\to+\infty}(\ln x)^{-k+1}=0$,即

$$\int_2^{+\infty}\frac{\mathrm{d}x}{x(\ln x)^k}=\int_2^{+\infty}\frac{\mathrm{d}(\ln x)}{(\ln x)^k}=\frac{1}{1-k}(\ln x)^{-k+1}\Big|_2^{+\infty}$$

$$=\frac{1}{1-k}[0-(\ln 2)^{-k+1}]=\frac{1}{k-1}(\ln 2)^{-k+1},$$

故当 $k>1$ 时,反常积分收敛;

当 $-k+1>0$ 时,极限 $\lim\limits_{x\to+\infty}(\ln x)^{-k+1}$ 不存在,故当 $k<1$ 时,反常积分发散;

当 $k=1$ 时,$\int_2^{+\infty}\frac{\mathrm{d}x}{x\ln x}=\int_2^{+\infty}\frac{\mathrm{d}(\ln x)}{\ln x}=\ln|\ln x|\Big|_2^{+\infty}=+\infty$,反常积分发散.

综上所述,当 $k>1$ 时,反常积分收敛,当 $k\leqslant1$ 时,反常积分发散.

30. 利用递推公式计算反常积分 $I_n=\int_0^{+\infty}x^n\mathrm{e}^{-x}\mathrm{d}x$.

解　列分部积分表 5-5 如下.

表 5-5

x^n	nx^{n-1}	$n(n-1)x^{n-2}$	…	$n!$	0
e^{-x}	$-\mathrm{e}^{-x}$	e^{-x}	…	$-\mathrm{e}^{-x}$ 或 e^{-x}	e^{-x} 或 $-\mathrm{e}^{-x}$

所以 $$I_n=\int_0^{+\infty}x^n\mathrm{e}^{-x}\mathrm{d}x=-(x^n\mathrm{e}^{-x}+nx^{n-1}\mathrm{e}^{-x}+\cdots+n!\mathrm{e}^{-x})\Big|_0^{+\infty}$$
$$=-\lim_{x\to+\infty}(x^n\mathrm{e}^{-x}+nx^{n-1}\mathrm{e}^{-x}+\cdots+n!\mathrm{e}^{-x})+n!=n!.$$

31. 已知$\int_{-\infty}^{+\infty}\mathrm{e}^{-x^2}\mathrm{d}x=\sqrt{\pi}$,且$\int_{-\infty}^{+\infty}a\mathrm{e}^{-x^2-x}\mathrm{d}x=1$,求 a 的值.

解 $$\int_{-\infty}^{+\infty}\mathrm{e}^{-x^2-x}\mathrm{d}x=\int_{-\infty}^{+\infty}\mathrm{e}^{-\left(x+\frac{1}{2}\right)^2+\frac{1}{4}}\mathrm{d}x=\mathrm{e}^{\frac{1}{4}}\int_{-\infty}^{+\infty}\mathrm{e}^{-\left(x+\frac{1}{2}\right)^2}\mathrm{d}\left(x+\frac{1}{2}\right)$$
$$=\mathrm{e}^{\frac{1}{4}}\int_{-\infty}^{+\infty}\mathrm{e}^{-t^2}\mathrm{d}t=\mathrm{e}^{\frac{1}{4}}\sqrt{\pi},$$

由$\int_{-\infty}^{+\infty}a\mathrm{e}^{-x^2-x}\mathrm{d}x=1$得
$$a=\frac{1}{\int_{-\infty}^{+\infty}\mathrm{e}^{-x^2-x}\mathrm{d}x}=\frac{1}{\mathrm{e}^{\frac{1}{4}}\sqrt{\pi}}.$$

32. 证明:$\int_0^1\frac{x^{p-1}}{x+1}\mathrm{d}x=\int_1^{+\infty}\frac{x^{-p}}{x+1}\mathrm{d}x\ (p>0)$.

证明 令 $x=\frac{1}{t}$,则
$$\int_0^1\frac{x^{p-1}}{x+1}\mathrm{d}x=\int_{+\infty}^1\frac{t^{-p+1}}{\frac{1}{t}+1}\mathrm{d}\left(\frac{1}{t}\right)=\int_{+\infty}^1\frac{t^{-p+2}}{1+t}\left(-\frac{1}{t^2}\right)\mathrm{d}t$$
$$=\int_1^{+\infty}\frac{t^{-p}}{1+t}\mathrm{d}t=\int_1^{+\infty}\frac{x^{-p}}{1+x}\mathrm{d}x.$$

33. 当 p 为何值时,反常积分$\int_a^b\frac{\mathrm{d}x}{(b-x)^p}\ (a<b,\ p>0)$收敛?当 p 为何值时,该反常积分发散?

解 当 $p\neq1$ 时,$\int_a^b\frac{\mathrm{d}x}{(b-x)^p}=-\int_a^b\frac{\mathrm{d}(b-x)}{(b-x)^p}=\frac{1}{p-1}(b-x)^{-p+1}\Big|_a^{b^-}$.

当 $p<1$ 时,$\frac{1}{p-1}(b-x)^{-p+1}\Big|_a^{b^-}=0-\frac{1}{p-1}(b-a)^{-p+1}=\frac{1}{1-p}(b-a)^{-p+1}$,故反常积分收敛;

当 $p>1$ 时,$\frac{1}{p-1}(b-x)^{-p+1}\Big|_a^{b^-}=\infty$,故反常积分发散;

当 $p=1$ 时,$\int_a^b\frac{\mathrm{d}x}{(b-x)^p}=-\int_a^b\frac{\mathrm{d}(b-x)}{b-x}=-\ln|b-x|\Big|_a^{b^-}=+\infty$,故反常积分发散.

综上所述,当 $p<1$ 时,反常积分收敛于$\frac{1}{1-p}(b-a)^{-p+1}$;当 $p\geqslant1$ 时,反常积分发散.

综 合 题

1. 设 $f(x)$ 是连续函数,试求以下函数的导数:

(1)$F(x)=\int_{\cos x}^{\sin x}\mathrm{e}^{f(t)}\mathrm{d}t$; (2)$F(x)=\int_0^x xf(t)\mathrm{d}t$; (3)$F(x)=\int_0^x f(x-t)\mathrm{d}t$.

解 (1)$F'(x)=e^{f(\sin x)}(\sin x)'-e^{f(\cos x)}(\cos x)'=e^{f(\sin x)}\cos x+e^{f(\cos x)}\sin x$.

(2) 因为

$$F(x)=x\int_0^x f(t)\mathrm{d}t,$$

所以

$$F'(x)=\frac{\mathrm{d}}{\mathrm{d}x}x\cdot\int_0^x f(t)\mathrm{d}t+x\cdot\frac{\mathrm{d}}{\mathrm{d}x}\int_0^x f(t)\mathrm{d}t=\int_0^x f(t)\mathrm{d}t+xf(x).$$

(3) 令 $u=x-t$,则

$$F(x)=\int_0^x f(x-t)\mathrm{d}t=-\int_x^0 f(u)\mathrm{d}u=\int_0^x f(u)\mathrm{d}u,$$

所以

$$F'(x)=\frac{\mathrm{d}}{\mathrm{d}x}\int_0^x f(u)\mathrm{d}u=f(x).$$

2. 设函数 $g(x)$ 可导,且当 $x\to 0$ 时,$g(x)$ 是 x 的高阶无穷小,则当 $x\to 0$ 时,必有( ).

(A)$g'(x)$ 是无穷小

(B) $\dfrac{x}{g(x)}$ 是无穷大

(C) 若 $G'(x)=g(x)$,则 $G(x)$ 是 x 的高阶无穷小

(D) $\int_0^x g(t)\mathrm{d}t$ 是 x^2 的高阶无穷小

解 对于(A) 与(B),取 $g(x)=x^2\sin\dfrac{1}{x}$,则

$$g'(x)=2x\sin\frac{1}{x}-\cos\frac{1}{x}$$

不是无穷小,

$$\frac{x}{g(x)}=\frac{1}{x\sin\frac{1}{x}}$$

不是无穷大;

对于(C),$G(x)$ 中含有任意常数 C,所以 $G(x)$ 不是 x 的高阶无穷小;对于(D),由洛必达法则得

$$\lim_{x\to 0}\frac{\int_0^x g(t)\mathrm{d}t}{x^2}=\lim_{x\to 0}\frac{g(x)}{2x}=0,$$

故选(D).

3. 设函数 $f(x)$ 可导,且 $\lim\limits_{x\to+\infty}f(x)=1$,求 $\lim\limits_{x\to+\infty}\int_x^{x+2}t\sin\dfrac{3}{t}f(t)\mathrm{d}t$.

解 由定积分中值定理知,存在 $\xi\in[x,x+2]$,使得

$$\int_x^{x+2}t\sin\frac{3}{t}f(t)\mathrm{d}t=\xi\sin\frac{3}{\xi}f(\xi)(x+2-x),$$

故

$$\lim_{x\to+\infty}\int_x^{x+2}t\sin\frac{3}{t}f(t)\mathrm{d}t=2\lim_{\xi\to+\infty}\left[\xi\sin\frac{3}{\xi}f(\xi)\right]=2\lim_{\xi\to+\infty}[3f(\xi)]=6.$$

4. 求$\lim\limits_{x\to 0}\dfrac{\int_0^x \sqrt{x-t}\,\mathrm{e}^t\,\mathrm{d}t}{\sqrt{x^3}}$.

解 被积函数中含有不能直接提出的、极限的变量 x,需对其中的积分进行变量代换. 令 $x-t=u$,则

$$\lim_{x\to 0}\frac{\int_0^x \sqrt{x-t}\,\mathrm{e}^t\,\mathrm{d}t}{\sqrt{x^3}}=\lim_{x\to 0}\frac{-\int_x^0 \sqrt{u}\,\mathrm{e}^{x-u}\,\mathrm{d}u}{\sqrt{x^3}}$$

$$=\lim_{x\to 0}\frac{\mathrm{e}^x\cdot\int_0^x \sqrt{u}\,\mathrm{e}^{-u}\,\mathrm{d}u}{\sqrt{x^3}}=\lim_{x\to 0}\frac{\int_0^x \sqrt{u}\,\mathrm{e}^{-u}\,\mathrm{d}u}{\sqrt{x^3}},$$

再利用洛必达法则,可得

$$\lim_{x\to 0}\frac{\int_0^x \sqrt{x-t}\,\mathrm{e}^t\,\mathrm{d}t}{\sqrt{x^3}}=\lim_{x\to 0}\frac{\sqrt{x}\,\mathrm{e}^{-x}}{\frac{3}{2}\sqrt{x}}=\frac{2}{3}.$$

5. 设函数 $f(x)$ 连续,且 $f(0)\neq 0$,求极限$\lim\limits_{x\to 0}\dfrac{\int_0^x (x-t)f(t)\,\mathrm{d}t}{x\int_0^x f(x-t)\,\mathrm{d}t}$.

解 令 $x-t=u$,则

$$\lim_{x\to 0}\frac{\int_0^x (x-t)f(t)\,\mathrm{d}t}{x\int_0^x f(x-t)\,\mathrm{d}t}=\lim_{x\to 0}\frac{x\int_0^x f(t)\,\mathrm{d}t-\int_0^x tf(t)\,\mathrm{d}t}{x\int_0^x f(x-t)\,\mathrm{d}t}$$

$$=\lim_{x\to 0}\frac{x\int_0^x f(t)\,\mathrm{d}t-\int_0^x tf(t)\,\mathrm{d}t}{-x\int_x^0 f(u)\,\mathrm{d}u}$$

$$=\lim_{x\to 0}\frac{x\int_0^x f(t)\,\mathrm{d}t-\int_0^x tf(t)\,\mathrm{d}t}{x\int_0^x f(u)\,\mathrm{d}u},$$

由洛必达法则有

$$\lim_{x\to 0}\frac{\int_0^x (x-t)f(t)\,\mathrm{d}t}{x\int_0^x f(x-t)\,\mathrm{d}t}=\lim_{x\to 0}\frac{\int_0^x f(t)\,\mathrm{d}t+xf(x)-xf(x)}{xf(x)+\int_0^x f(u)\,\mathrm{d}u}=\lim_{x\to 0}\frac{\int_0^x f(t)\,\mathrm{d}t}{xf(x)+\int_0^x f(u)\,\mathrm{d}u}.$$

由于 $f(x)$ 的可导性未知,因此不能再用洛必达法则. 由定积分中值定理得

$$\lim_{x\to 0}\frac{\int_0^x (x-t)f(t)\,\mathrm{d}t}{x\int_0^x f(x-t)\,\mathrm{d}t}=\lim_{x\to 0}\frac{xf(\xi)}{xf(x)+xf(\xi)}=\lim_{\substack{\xi\to 0\\ x\to 0}}\frac{f(\xi)}{f(x)+f(\xi)}=\frac{f(0)}{f(0)+f(0)}=\frac{1}{2}.$$

6. 设在 $x=0$ 的某去心邻域内 $f(x)=\dfrac{\int_0^3 x\sqrt{9-x^2t^2}\,\mathrm{d}t-9x}{\arctan^3 x}$，又 $f(0)=a$，若 $f(x)$ 在 $x=0$ 处连续，求 a 的值.

解 令 $xt=u$，有

$$\lim_{x\to0}f(x)=\lim_{x\to0}\frac{\int_0^3 x\sqrt{9-x^2t^2}\,\mathrm{d}t-9x}{x^3}=\lim_{x\to0}\frac{\int_0^{3x}\sqrt{9-u^2}\,\mathrm{d}u-9x}{x^3},$$

由洛必达法则得

$$\lim_{x\to0}f(x)=\lim_{x\to0}\frac{3\cdot\sqrt{9-9x^2}-9}{3x^2}=\lim_{x\to0}\frac{3\cdot\sqrt{1-x^2}-3}{x^2},$$

再由等价无穷小代换得

$$\lim_{x\to0}f(x)=\lim_{x\to0}\frac{3\cdot\left(-\frac{1}{2}x^2\right)}{x^2}=-\frac{3}{2}.$$

根据 $f(x)$ 在 $x=0$ 处连续，有 $a=f(0)=\lim\limits_{x\to0}f(x)=-\dfrac{3}{2}$.

7. 设函数 $f(x)=x-[x]$，其中$[x]$表示不超过 x 的最大整数，求极限 $\lim\limits_{x\to+\infty}\dfrac{1}{x}\int_0^x f(t)\mathrm{d}t$.

解 因 $f(x)$ 是以 1 为周期的函数，故

$$\begin{aligned}\int_0^n(t-[t])\mathrm{d}t&=\int_0^1 t\mathrm{d}t+\int_1^2(t-1)\mathrm{d}t+\int_2^3(t-2)\mathrm{d}t+\cdots+\int_{n-1}^n(t-n+1)\mathrm{d}t\\&=\int_0^n t\mathrm{d}t-\frac{n(n-1)}{2}=\frac{n}{2},\end{aligned}$$

同理，有

$$\begin{aligned}\int_0^{n+1}(t-[t])\mathrm{d}t&=\int_0^1 t\mathrm{d}t+\int_1^2(t-1)\mathrm{d}t+\int_2^3(t-2)\mathrm{d}t+\cdots+\int_n^{n+1}(t-n)\mathrm{d}t\\&=\int_0^{n+1}t\mathrm{d}t-(1+2+\cdots+n)=\frac{n+1}{2}.\end{aligned}$$

又当 $n\leqslant x<n+1$ 时，有

$$\int_0^n f(t)\mathrm{d}t\leqslant\int_0^x f(t)\mathrm{d}t<\int_0^{n+1}f(t)\mathrm{d}t,$$

故

$$\frac{n}{2}\leqslant\int_0^x f(t)\mathrm{d}t<\frac{n+1}{2},$$

所以当 $n\leqslant x<n+1$ 时，

$$\frac{n}{2(n+1)}=\frac{1}{n+1}\int_0^n f(t)\mathrm{d}t<\frac{1}{x}\int_0^x f(t)\mathrm{d}t<\frac{1}{n}\int_0^{n+1}f(t)\mathrm{d}t=\frac{n+1}{2n},$$

当 $x\to+\infty$ 时，$n\to+\infty$，再由夹逼准则得

$$\lim_{x\to+\infty}\frac{1}{x}\int_0^x f(t)\mathrm{d}t=\frac{1}{2}.$$

8. 已知函数 $f(x)$ 满足方程

$$f(x) = 3x - \sqrt{1-x^2}\int_0^1 f^2(x)\mathrm{d}x,$$

求 $f(x)$.

解 设$\int_0^1 f^2(x)\mathrm{d}x = C$,则 $f(x) = 3x - C\sqrt{1-x^2}$. 代回假设,有

$$\begin{aligned} C &= \int_0^1 f^2(x)\mathrm{d}x = \int_0^1 \left(3x - C\sqrt{1-x^2}\right)^2\mathrm{d}x \\ &= \int_0^1 \left[(9-C^2)x^2 - 6Cx\sqrt{1-x^2} + C^2\right]\mathrm{d}x \\ &= \frac{9-C^2}{3}x^3\Big|_0^1 + C^2 + 3C\int_0^1 \sqrt{1-x^2}\,\mathrm{d}(1-x^2) \\ &= \frac{9-C^2}{3}x^3\Big|_0^1 + C^2 + 2C(1-x^2)^{\frac{3}{2}}\Big|_0^1 \\ &= \frac{2}{3}C^2 - 2C + 3, \end{aligned}$$

解得 $C = 3$ 或 $C = \frac{3}{2}$,所以 $f(x) = 3x - 3\sqrt{1-x^2}$ 或 $f(x) = 3x - \frac{3}{2}\sqrt{1-x^2}$.

9. 设函数 $f(x)$ 在$(-\infty, +\infty)$ 内连续且 $f(x) > 0$. 证明:函数

$$F(x) = \frac{\int_0^x tf(t)\mathrm{d}t}{\int_0^x f(t)\mathrm{d}t}$$

在$(0, +\infty)$ 内为单调增加函数.

证明 由于

$$\frac{\mathrm{d}}{\mathrm{d}x}\int_0^x tf(t)\mathrm{d}t = xf(x), \quad \frac{\mathrm{d}}{\mathrm{d}x}\int_0^x f(t)\mathrm{d}t = f(x),$$

所以

$$F'(x) = \frac{xf(x)\int_0^x f(t)\mathrm{d}t - f(x)\int_0^x tf(t)\mathrm{d}t}{\left[\int_0^x f(t)\mathrm{d}t\right]^2} = \frac{f(x)\int_0^x (x-t)f(t)\mathrm{d}t}{\left[\int_0^x f(t)\mathrm{d}t\right]^2}.$$

已知 $f(x) > 0$,所以当 $x > 0$ 时 $0 < t < x$,且$\int_0^x (x-t)f(t)\mathrm{d}t > 0$,于是 $F'(x) > 0(x > 0)$. 故 $F(x)$ 在$(0, +\infty)$ 内为单调增加函数.

10. 设函数 $S(x) = \int_0^x |\cos t|\mathrm{d}t$.

(1) 当 n 为正整数,且 $n\pi \leqslant x < (n+1)\pi$ 时,证明 $2n \leqslant S(x) < 2(n+1)$;

(2) 求 $\lim\limits_{x\to+\infty}\frac{S(x)}{x}$.

证明 (1) 因为$|\cos x| \geqslant 0$,故当 $n\pi \leqslant x < (n+1)\pi$ 时,

$$\int_0^{n\pi}|\cos t|\mathrm{d}t \leqslant \int_0^x |\cos t|\mathrm{d}t < \int_0^{(n+1)\pi}|\cos t|\mathrm{d}t.$$

又因为$|\cos x|$是以 π 为周期的函数,所以由定积分的周期性有

$$\int_0^{n\pi}|\cos x|\mathrm{d}x = n\int_0^{\pi}|\cos x|\mathrm{d}x = 2n,$$

同理可得

$$\int_0^{(n+1)\pi}|\cos x|\mathrm{d}x = (n+1)\int_0^{\pi}|\cos x|\mathrm{d}x = 2(n+1),$$

故 $2n \leqslant S(x) < 2(n+1)$.

(2) 由(1) 的结论，当 $n\pi \leqslant x < (n+1)\pi$ 时，

$$\frac{2n}{(n+1)\pi} < \frac{S(x)}{x} < \frac{2(n+1)}{n\pi},$$

且当 $x \to +\infty$ 时，$n \to +\infty$，故由夹逼准则得

$$\lim_{x\to+\infty}\frac{S(x)}{x} = \frac{2}{\pi}.$$

11. 设函数

$$f(x) = \begin{cases} x^2, & 0 \leqslant x < 1 \\ x, & 1 \leqslant x \leqslant 2 \end{cases},$$

求 $\Phi(x) = \int_0^x f(t)\mathrm{d}t$ 在 $[0,2]$ 上的表达式，并讨论 $\Phi(x)$ 在 $(0,2)$ 内的连续性.

解 当 $0 \leqslant x < 1$ 时，

$$\Phi(x) = \int_0^x f(t)\mathrm{d}t = \int_0^x t^2\mathrm{d}t = \frac{1}{3}t^3\Big|_0^x = \frac{1}{3}x^3;$$

当 $1 \leqslant x \leqslant 2$ 时，

$$\Phi(x) = \int_0^x f(t)\mathrm{d}t = \int_0^1 t^2\mathrm{d}t + \int_1^x t\mathrm{d}t = \frac{1}{3}t^3\Big|_0^1 + \frac{1}{2}t^2\Big|_1^x = \frac{1}{2}x^2 - \frac{1}{6}.$$

故

$$\Phi(x) = \begin{cases} \frac{1}{3}x^3, & 0 \leqslant x < 1 \\ \frac{1}{2}x^2 - \frac{1}{6}, & 1 \leqslant x \leqslant 2 \end{cases}.$$

当 $0 < x < 1$ 或 $1 < x < 2$ 时，$\Phi(x)$ 为初等函数，从而 $\Phi(x)$ 在区间 $(0,1)$、$(1,2)$ 内必连续. 又因为

$$\lim_{x\to1^-}\Phi(x) = \lim_{x\to1^-}\frac{1}{3}x^3 = \frac{1}{3}, \quad \lim_{x\to1^+}\Phi(x) = \lim_{x\to1^+}\left(\frac{1}{2}x^2 - \frac{1}{6}\right) = \frac{1}{3},$$

故

$$\lim_{x\to1^-}\Phi(x) = \lim_{x\to1^+}\Phi(x) = \Phi(1) = \frac{1}{3},$$

即 $\Phi(x)$ 在 $x = 1$ 处连续，于是 $\Phi(x)$ 在 $(0,2)$ 内连续.

12. 求 $\int_0^3 xf(x-1)\mathrm{d}x$，其中 $f(x) = \begin{cases} 0, & |x| \leqslant 1 \\ \frac{1}{x^2}, & |x| > 1 \end{cases}$.

解 令 $t = x - 1$，则

$$\int_0^3 xf(x-1)\mathrm{d}x = \int_{-1}^2 (1+t)f(t)\mathrm{d}t$$

$$=\int_{-1}^{1}(1+t)f(t)\mathrm{d}t+\int_{1}^{2}(1+t)f(t)\mathrm{d}t$$

$$=\int_{-1}^{1}(1+t)\cdot 0\mathrm{d}t+\int_{1}^{2}(1+t)\cdot\frac{1}{t^2}\mathrm{d}t=\frac{1}{2}+\ln 2.$$

13. 求 $I=\int_{0}^{2\,024}x(x-1)(x-2)\cdots(x-2\,024)\mathrm{d}x$.

解 方法一 令 $x-1\,012=t$，得

$$I=\int_{-1\,012}^{1\,012}(t+1\,012)(t+1\,011)\cdots(t+1)t(t-1)\cdots(t-1\,011)(t-1\,012)\mathrm{d}t$$

$$=\int_{-1\,012}^{1\,012}(t^2-1\,012^2)(t^2-1\,011^2)\cdots(t^2-1)t\mathrm{d}t,$$

由积分区间的对称性、被积函数的奇偶性可得 $I=0$.

方法二 令 $x-2\,024=t$，得

$$I=\int_{-2\,024}^{0}(t+2\,024)(t+2\,023)\cdots(t+1)t\mathrm{d}t,$$

再令 $x=-t$，得

$$I=\int_{0}^{-2\,024}-t(-t-1)(-t-2)\cdots(-t-2\,024)\mathrm{d}(-t)$$

$$=\int_{0}^{-2\,024}t(t+1)(t+2)\cdots(t+2\,024)\mathrm{d}t,$$

结合这两个积分，可得 $I=0$.

14. 设 $\int_{0}^{\pi}[f(x)+f''(x)]\sin x\mathrm{d}x=5$，$f(\pi)=2$，求 $f(0)$.

解 由分部积分公式得

$$\int_{0}^{\pi}f''(x)\sin x\mathrm{d}x=\int_{0}^{\pi}\sin x\mathrm{d}[f'(x)]=[f'(x)\sin x]\Big|_{0}^{\pi}-\int_{0}^{\pi}f'(x)\cos x\mathrm{d}x$$

$$=-\int_{0}^{\pi}\cos x\mathrm{d}[f(x)]=[-f(x)\cos x]\Big|_{0}^{\pi}-\int_{0}^{\pi}f(x)\sin x\mathrm{d}x$$

$$=f(\pi)+f(0)-\int_{0}^{\pi}f(x)\sin x\mathrm{d}x$$

$$=2+f(0)-\int_{0}^{\pi}f(x)\sin x\mathrm{d}x,$$

所以

$$5=\int_{0}^{\pi}[f(x)+f''(x)]\sin x\mathrm{d}x=\int_{0}^{\pi}f(x)\sin x\mathrm{d}x+\int_{0}^{\pi}f''(x)\sin x\mathrm{d}x=2+f(0),$$

从而 $f(0)=3$.

15. 求 $\int_{\frac{1}{2}}^{1}\mathrm{e}^{-\sqrt{2x-1}}\mathrm{d}x$.

解 令 $t=\sqrt{2x-1}$，则 $x=\frac{1}{2}(t^2+1)$，$\mathrm{d}x=t\mathrm{d}t$，当 $x=\frac{1}{2}$ 时 $t=0$，当 $x=1$ 时 $t=1$，于是

$$\int_{\frac{1}{2}}^{1}\mathrm{e}^{-\sqrt{2x-1}}\mathrm{d}x=\int_{0}^{1}t\mathrm{e}^{-t}\mathrm{d}t,$$

利用分部积分法，可得

$$\int_{\frac{1}{2}}^{1} e^{-\sqrt{2x-1}}\,dx = \int_0^1 te^{-t}\,dt = -\int_0^1 t\,d(e^{-t})$$

$$= -(te^{-t})\Big|_0^1 + \int_0^1 e^{-t}\,dt$$

$$= -\frac{1}{e} - e^{-t}\Big|_0^1 = 1 - \frac{2}{e}.$$

16. 求$\int_0^{2\pi} \dfrac{\sec^2 x}{2+\tan^2 x}\,dx$.

解 所求积分是无界函数的反常积分,被积函数在积分区间内的瑕点分别是 $x=\dfrac{\pi}{2}$ 和 $x=\dfrac{3\pi}{2}$,则

$$\int_0^{\frac{\pi}{2}} \frac{\sec^2 x}{2+\tan^2 x}\,dx = \int_0^{\frac{\pi}{2}} \frac{1}{2+\tan^2 x}\,d(\tan x) = \frac{1}{\sqrt{2}}\arctan\left(\frac{\tan x}{\sqrt{2}}\right)\Big|_0^{\frac{\pi}{2}^-}$$

$$= \frac{1}{\sqrt{2}} \lim_{x\to\frac{\pi}{2}^-} \arctan\left(\frac{\tan x}{\sqrt{2}}\right) = \frac{\pi}{2\sqrt{2}},$$

类似地,有

$$\int_{\frac{\pi}{2}}^{\frac{3\pi}{2}} \frac{\sec^2 x}{2+\tan^2 x}\,dx = \frac{1}{\sqrt{2}}\arctan\left(\frac{\tan x}{\sqrt{2}}\right)\Big|_{\frac{\pi}{2}^+}^{\frac{3\pi}{2}^-}$$

$$= \frac{1}{\sqrt{2}} \lim_{x\to\frac{3\pi}{2}^-} \arctan\left(\frac{\tan x}{\sqrt{2}}\right) - \frac{1}{\sqrt{2}} \lim_{x\to\frac{\pi}{2}^+} \arctan\left(\frac{\tan x}{\sqrt{2}}\right) = \frac{\pi}{\sqrt{2}},$$

$$\int_{\frac{3\pi}{2}}^{2\pi} \frac{\sec^2 x}{2+\tan^2 x}\,dx = \frac{1}{\sqrt{2}}\arctan\left(\frac{\tan x}{\sqrt{2}}\right)\Big|_{\frac{3\pi}{2}^+}^{2\pi} = -\frac{1}{\sqrt{2}} \lim_{x\to\frac{3\pi}{2}^+} \arctan\left(\frac{\tan x}{\sqrt{2}}\right) = \frac{\pi}{2\sqrt{2}}.$$

故原积分

$$\int_0^{2\pi} \frac{\sec^2 x}{2+\tan^2 x}\,dx = \int_0^{\frac{\pi}{2}} \frac{\sec^2 x}{2+\tan^2 x}\,dx + \int_{\frac{\pi}{2}}^{\frac{3\pi}{2}} \frac{\sec^2 x}{2+\tan^2 x}\,dx + \int_{\frac{3\pi}{2}}^{2\pi} \frac{\sec^2 x}{2+\tan^2 x}\,dx$$

$$= \frac{\pi}{\sqrt{2}}\left(\frac{1}{2}+1+\frac{1}{2}\right) = \sqrt{2}\,\pi.$$

17. 计算极限 $I=\lim\limits_{n\to\infty} \dfrac{1^\alpha+2^\alpha+\cdots+(n-1)^\alpha}{n^{\alpha+1}}$,其中 $\alpha>0$.

解 极限可整理为

$$I = \lim_{n\to\infty}\left\{\left[\left(\frac{1}{n}\right)^\alpha + \left(\frac{2}{n}\right)^\alpha + \cdots + \left(\frac{n-1}{n}\right)^\alpha\right]\cdot \frac{1}{n}\right\} - \lim_{n\to\infty}\left[\sum_{i=1}^{n} \left(\frac{i-1}{n}\right)^\alpha \cdot \frac{1}{n}\right],$$

该和式的极限可以看作函数 $f(x)=x^\alpha$ 在区间$[0,1]$上的定积分,即把闭区间$[0,1]$分成 n 等份,则 $\Delta x_i=\dfrac{1}{n}$;取小区间$\left[\dfrac{i-1}{n},\dfrac{i}{n}\right]$的左端点$\dfrac{i-1}{n}$为 ξ_i. 因为 $f(x)=x^\alpha$ 在区间$[0,1]$上连续,所以它在$[0,1]$上可积,故由定积分的定义得

$$I = \lim_{n\to\infty}\left[\sum_{i=1}^{n} \left(\frac{i-1}{n}\right)^\alpha \cdot \frac{1}{n}\right] = \int_0^1 x^\alpha\,dx = \frac{x^{\alpha+1}}{\alpha+1}\Big|_0^1 = \frac{1}{\alpha+1}.$$

18. 设函数 $f(x)=\begin{cases}\lim\limits_{n\to\infty}\left[\dfrac{1}{n}\left(1+\cos\dfrac{x}{n}+\cos\dfrac{2x}{n}+\cdots+\cos\dfrac{n-1}{n}x\right)\right], & x>0\\ 1, & x=0\\ f(-x), & x<0\end{cases}$,

(1) 求 $f'(0)$； (2) 求 $f(x)$ 在$[-\pi,\pi]$上的最大值.

解 (1) 当 $x>0$ 时，

$$f(x)=\lim_{n\to\infty}\left[\frac{1}{n}\left(1+\cos\frac{x}{n}+\cos\frac{2x}{n}+\cdots+\cos\frac{n-1}{n}x\right)\right]$$
$$=\lim_{n\to\infty}\left(\frac{1}{x}\sum_{i=0}^{n-1}\cos\frac{ix}{n}\cdot\frac{x}{n}\right)=\frac{1}{x}\int_0^x\cos t\mathrm{d}t=\frac{\sin x}{x};$$

当 $x<0$ 时，$f(x)=f(-x)=\dfrac{\sin x}{x}$，所以

$$f(x)=\begin{cases}\dfrac{\sin x}{x}, & x\neq 0\\ 1, & x=0\end{cases},$$

$$f'(0)=\lim_{x\to 0}\frac{f(x)-f(0)}{x}=\lim_{x\to 0}\frac{\dfrac{\sin x}{x}-1}{x}=\lim_{x\to 0}\frac{\sin x-x}{x^2}=0.$$

(2) $f'(x)=\dfrac{x\cos x-\sin x}{x^2}$，令 $g(x)=x\cos x-\sin x$，则

$$g'(x)=\cos x-x\sin x-\cos x=-x\sin x\leqslant 0,\quad x\in(-\pi,\pi),$$

故当 $-\pi<x<0$ 时，$g(x)>g(0)=0$，$f'(x)>0$，$f(x)$ 单调增加；当 $0<x<\pi$ 时，$g(x)<g(0)=0$，$f'(x)<0$，$f(x)$ 单调减少. 又 $f(-\pi)=f(\pi)=0$，$f(0)=1$，所以 $f(x)$ 在$[-\pi,\pi]$上的最大值为 $f(0)=1$.

19. 设 $f''(1)$ 存在，且 $\lim\limits_{x\to 1}\dfrac{f(x)}{x-1}=0$. 记 $\varphi(x)=\int_0^1 f'[1+(x-1)t]\mathrm{d}t$. 求 $\varphi(x)$ 在 $x=1$ 的某个邻域内的导数，并讨论 $\varphi'(x)$ 在 $x=1$ 处的连续性.

解 由 $\lim\limits_{x\to 1}\dfrac{f(x)}{x-1}=0$，可得 $f(1)=0$，$f'(1)=0$，令 $1+(x-1)t=u$，则当 $x\neq 1$ 时，

$$\varphi(x)=\int_0^1 f'[1+(x-1)t]\mathrm{d}t$$
$$=\int_1^x f'(u)\mathrm{d}\left(\frac{u}{x-1}\right)=\frac{1}{x-1}\int_1^x f'(u)\mathrm{d}u=\frac{f(x)}{x-1},$$
$$\varphi'(x)=\frac{f'(x)(x-1)-f(x)}{(x-1)^2};$$

当 $x=1$ 时，

$$\varphi'(1)=\lim_{x\to 1}\frac{\varphi(x)-\varphi(1)}{x-1}$$
$$=\lim_{x\to 1}\frac{f(x)}{(x-1)^2}=\lim_{x\to 1}\frac{f'(x)}{2(x-1)}$$
$$=\frac{1}{2}\lim_{x\to 1}\frac{f'(x)-f'(1)}{x-1}=\frac{1}{2}f''(1),$$

于是

$$\begin{aligned}\lim_{x\to 1}\varphi'(x) &= \lim_{x\to 1}\frac{f'(x)}{x-1}-\lim_{x\to 1}\frac{f(x)}{(x-1)^2}\\ &= \lim_{x\to 1}\frac{f'(x)-f'(1)}{x-1}-\lim_{x\to 1}\frac{f'(x)}{2(x-1)}\\ &= \frac{1}{2}f''(1)=\varphi'(1),\end{aligned}$$

故 $\varphi'(x)$ 在 $x=1$ 处连续.

20. 设函数 $f(x)=\int_{-1}^{x}(1-|t|)\mathrm{d}t(x\geqslant -1)$,求曲线 $y=f(x)$ 与 x 轴围成的平面图形的面积.

解 当 $x>0$ 时,

$$\begin{aligned}f(x) &= \int_{-1}^{0}(1+t)\mathrm{d}t+\int_{0}^{x}(1-t)\mathrm{d}t\\ &= \frac{1}{2}+x-\frac{1}{2}x^2=-\frac{1}{2}(x-1)^2+1;\end{aligned}$$

当 $-1\leqslant x\leqslant 0$ 时,

$$f(x)=\int_{-1}^{x}(1+t)\mathrm{d}t=\frac{1}{2}x^2+x+\frac{1}{2}=\frac{1}{2}(x+1)^2.$$

曲线 $y=f(x)$ 与 x 轴的交点分别为 $(-1,0)$ 和 $(\sqrt{2}+1,0)$,故由定积分的几何意义知,曲线 $y=f(x)$ 与 x 轴围成的平面图形的面积为

$$\begin{aligned}A &= \int_{-1}^{0}\frac{1}{2}(x+1)^2\mathrm{d}x+\int_{0}^{\sqrt{2}+1}\left[-\frac{1}{2}(x-1)^2+1\right]\mathrm{d}x\\ &= \left(\frac{1}{6}x^3+\frac{1}{2}x^2+\frac{1}{2}x\right)\Big|_{-1}^{0}+\left(-\frac{1}{6}x^3+\frac{1}{2}x^2+\frac{1}{2}x\right)\Big|_{0}^{\sqrt{2}+1}\\ &= 1+\frac{2\sqrt{2}}{3}.\end{aligned}$$

21. 证明:$\int_{0}^{+\infty}x^n\mathrm{e}^{-x^2}\mathrm{d}x=\frac{n-1}{2}\int_{0}^{+\infty}x^{n-2}\mathrm{e}^{-x^2}\mathrm{d}x$,并求 $\int_{0}^{+\infty}x^5\mathrm{e}^{-x^2}\mathrm{d}x$.

证明 记 $I_n=\int_{0}^{+\infty}x^n\mathrm{e}^{-x^2}\mathrm{d}x$,欲证 $I_n=\frac{n-1}{2}I_{n-2}$,可采用分部积分法.

$$\begin{aligned}I_{n-2} &= \int_{0}^{+\infty}x^{n-2}\mathrm{e}^{-x^2}\mathrm{d}x=\frac{1}{n-1}\int_{0}^{+\infty}\mathrm{e}^{-x^2}\mathrm{d}(x^{n-1})\\ &= \left(\frac{x^{n-1}}{n-1}\mathrm{e}^{-x^2}\right)\Big|_{0}^{+\infty}-\frac{1}{n-1}\int_{0}^{+\infty}x^{n-1}(-2x)\mathrm{e}^{-x^2}\mathrm{d}x\\ &= \frac{2}{n-1}\int_{0}^{+\infty}x^n\mathrm{e}^{-x^2}\mathrm{d}x=\frac{2}{n-1}I_n,\end{aligned}$$

即

$$\int_{0}^{+\infty}x^n\mathrm{e}^{-x^2}\mathrm{d}x=\frac{n-1}{2}\int_{0}^{+\infty}x^{n-2}\mathrm{e}^{-x^2}\mathrm{d}x.$$

于是

$$I_5=\int_{0}^{+\infty}x^5\mathrm{e}^{-x^2}\mathrm{d}x=\frac{4}{2}I_3=\frac{4}{2}\cdot\frac{2}{2}I_1=2\int_{0}^{+\infty}x\mathrm{e}^{-x^2}\mathrm{d}x=-\mathrm{e}^{-x^2}\Big|_{0}^{+\infty}=1.$$

22. 若函数 $f(x)$ 在 $[0,1]$ 上连续，证明

$$\int_0^\pi xf(\sin x)\mathrm{d}x = \frac{\pi}{2}\int_0^\pi f(\sin x)\mathrm{d}x,$$

并由此计算 $\int_0^\pi \frac{x\sin x}{1+\cos^2 x}\mathrm{d}x$.

证明　令 $x=\pi-t$，则 $\mathrm{d}x=-\mathrm{d}t$，当 $x=0$ 时 $t=\pi$，当 $x=\pi$ 时 $t=0$，于是

$$\begin{aligned}\int_0^\pi xf(\sin x)\mathrm{d}x &= -\int_\pi^0(\pi-t)f[\sin(\pi-t)]\mathrm{d}t=\int_0^\pi(\pi-t)f(\sin t)\mathrm{d}t\\ &=\pi\int_0^\pi f(\sin t)\mathrm{d}t-\int_0^\pi tf(\sin t)\mathrm{d}t\\ &=\pi\int_0^\pi f(\sin x)\mathrm{d}x-\int_0^\pi xf(\sin x)\mathrm{d}x,\end{aligned}$$

故

$$\int_0^\pi xf(\sin x)\mathrm{d}x=\frac{\pi}{2}\int_0^\pi f(\sin x)\mathrm{d}x.$$

从而

$$\begin{aligned}\int_0^\pi \frac{x\sin x}{1+\cos^2 x}\mathrm{d}x &= \frac{\pi}{2}\int_0^\pi\frac{\sin x}{1+\cos^2 x}\mathrm{d}x\\ &=-\frac{\pi}{2}\int_0^\pi\frac{1}{1+\cos^2 x}\mathrm{d}(\cos x)\\ &=-\frac{\pi}{2}\arctan(\cos x)\Big|_0^\pi\\ &=-\frac{\pi}{2}\left(-\frac{\pi}{4}-\frac{\pi}{4}\right)=\frac{\pi^2}{4}.\end{aligned}$$

23. 设 $x_1=1, x_n=\int_0^1\min\{x,x_{n-1}\}\mathrm{d}x, n=2,3,\cdots$，证明 $\lim\limits_{n\to\infty}x_n$ 存在，并求其极限值.

证明　由题可知，$x_1=1, x_2=\int_0^1\min\{x,x_1\}\mathrm{d}x=\int_0^1 x\mathrm{d}x=\frac{1}{2}$，

$$\begin{aligned}x_3&=\int_0^1\min\{x,x_2\}\mathrm{d}x=\int_0^1\min\left\{x,\frac{1}{2}\right\}\mathrm{d}x=\int_0^{\frac{1}{2}}\min\left\{x,\frac{1}{2}\right\}\mathrm{d}x+\int_{\frac{1}{2}}^1\min\left\{x,\frac{1}{2}\right\}\mathrm{d}x\\ &=\frac{3}{8}\in(0,1).\end{aligned}$$

根据数学归纳法，假设 $x_{n-1}\in(0,1)$，则

$$\begin{aligned}x_n&=\int_0^1\min\{x,x_{n-1}\}\mathrm{d}x\\ &=\int_0^{x_{n-1}}\min\{x,x_{n-1}\}\mathrm{d}x+\int_{x_{n-1}}^1\min\{x,x_{n-1}\}\mathrm{d}x\\ &=\int_0^{x_{n-1}}x\mathrm{d}x+\int_{x_{n-1}}^1 x_{n-1}\mathrm{d}x\\ &=\frac{x_{n-1}^2}{2}+x_{n-1}(1-x_{n-1})=x_{n-1}-\frac{x_{n-1}^2}{2},\end{aligned}$$

则 $x_n-x_{n-1}<0$，即 $\{x_n\}$ 单调减少. 令 $f(x)=x-\frac{x^2}{2}\in\left(0,\frac{1}{2}\right)\subset(0,1)$，即 $\{x_n\}$ 有界. 由单调

有界准则知，$\lim\limits_{n\to\infty} x_n$ 存在.

设$\lim\limits_{n\to\infty} x_n = A$，则 $A = A - \dfrac{A^2}{2}$，解得 $A = 0$，故$\lim\limits_{n\to\infty} x_n = 0$.

24.(1) 证明：当 $x \geqslant 1$ 时，$\dfrac{1}{1+x} < \ln\left(1+\dfrac{1}{x}\right) < \dfrac{1}{x}$，

(2) 设函数 $f(x)$ 在区间$[1,+\infty)$上连续、可导，且 $f'(x) = \dfrac{1}{1+f^2(x)}\left[\sqrt{\dfrac{1}{x}} - \sqrt{\ln\left(1+\dfrac{1}{x}\right)}\right]$，证明：$\lim\limits_{x\to+\infty} f(x)$ 存在.

证明 (1) 当 $x \geqslant 1$ 时，对 $\ln x$ 在$[x, x+1]$上应用拉格朗日中值定理，有

$$\ln(x+1) - \ln x = \frac{1}{\xi},\quad \xi \in (x, x+1),$$

所以

$$\frac{1}{x+1} < \ln(x+1) - \ln x < \frac{1}{x},$$

即

$$\frac{1}{1+x} < \ln\left(1+\frac{1}{x}\right) < \frac{1}{x}.$$

(2) 由(1) 的结论知

$$\sqrt{\frac{1}{x}} - \sqrt{\ln\left(1+\frac{1}{x}\right)} > 0,$$

所以 $f'(x) > 0$，即 $f(x)$ 在区间$[1, +\infty)$上为单调增加函数. 又

$$f'(x) \leqslant \sqrt{\frac{1}{x}} - \sqrt{\ln\left(1+\frac{1}{x}\right)} < \sqrt{\frac{1}{x}} - \sqrt{\frac{1}{x+1}},$$

则

$$\int_1^x f'(t)\mathrm{d}t = f(x) - f(1) < \int_1^x \left(\sqrt{\frac{1}{t}} - \sqrt{\frac{1}{t+1}}\right)\mathrm{d}t < \int_1^{+\infty} \left(\sqrt{\frac{1}{t}} - \sqrt{\frac{1}{t+1}}\right)\mathrm{d}t = 2(\sqrt{2}-1),$$

所以 $f(x) < 2(\sqrt{2}-1) + f(1)$，故 $f(x)$ 有上界. 再由单调有界准则知，$\lim\limits_{x\to+\infty} f(x)$ 存在.

25.(1) 证明：当 $x \to 0^+$ 时，不等式 $0 < \tan^2 x - x^2 < x^4$ 成立；

(2) 设 $x_n = \sum\limits_{k=1}^{n} \tan^2 \dfrac{1}{\sqrt{n+k}}$，求$\lim\limits_{n\to\infty} x_n$.

证明 (1) **方法一** 当 $x \to 0^+$ 时，$\tan x > x$，则 $\tan^2 x > x^2$. 且当 $x \to 0^+$ 时，

$$\tan x = x + \frac{1}{3}x^3 + o(x^3),$$

则 $$\tan^2 x = x^2 + \frac{2}{3}x^4 + o(x^4),\quad 0 < \tan^2 x - x^2 = \frac{2}{3}x^4 + o(x^4) < x^4.$$

方法二 应用方法一可得 $\tan^2 x > x^2$，下面对于 $\tan^2 x - x^2 < x^4$ 给出另一个证明方法.

$$\lim_{x\to0^+} \frac{\tan^2 x - x^2}{x^4} = \lim_{x\to0^+} \frac{\tan x - x}{x^3} \cdot \lim_{x\to0^+} \frac{\tan x + x}{x} = \frac{2}{3} < 1,$$

故 $\tan^2 x - x^2 < x^4$.

(2) 由(1) 知，当 n 足够大时，

$$\frac{1}{n+k}<\tan^2\frac{1}{\sqrt{n+k}}<\frac{1}{n+k}+\frac{1}{(n+k)^2},$$

则

$$\sum_{k=1}^{n}\frac{1}{n+k}<x_n<\sum_{k=1}^{n}\frac{1}{n+k}+\sum_{k=1}^{n}\frac{1}{(n+k)^2},$$

而当 $n\to\infty$ 时，

$$\sum_{k=1}^{n}\frac{1}{n+k}=\sum_{k=1}^{n}\frac{1}{1+\frac{k}{n}}\cdot\frac{1}{n}\to\int_0^1\frac{1}{1+x}\mathrm{d}x=\ln 2,$$

$$\sum_{k=1}^{n}\frac{1}{n+k}+\sum_{k=1}^{n}\frac{1}{(n+k)^2}<\sum_{k=1}^{n}\frac{1}{1+\frac{k}{n}}\cdot\frac{1}{n}+\sum_{k=1}^{n}\frac{1}{n^2}=\sum_{k=1}^{n}\frac{1}{1+\frac{k}{n}}\cdot\frac{1}{n}+\frac{1}{n}\to\ln 2,$$

故由夹逼准则得 $\lim\limits_{n\to\infty}x_n=\ln 2$.

26. 设函数 $f(x)$ 在 $[0,1]$ 上二阶可导，且 $f''(x)<0$，证明：$\int_0^1 f(x^2)\mathrm{d}x\leqslant f\left(\frac{1}{3}\right)$.

证明　方法一　已知 $f(x)$ 二阶可导，可考虑利用 $f(x)$ 在 $x_0=\frac{1}{3}$ 处的一阶泰勒公式估计. 即

$$f(x)=f\left(\frac{1}{3}\right)+f'\left(\frac{1}{3}\right)\left(x-\frac{1}{3}\right)+\frac{1}{2!}f''(\xi)\left(x-\frac{1}{3}\right)^2,$$

其中 ξ 在 x 与 $\frac{1}{3}$ 之间. 已知 $f''(x)<0$，故

$$f(x)\leqslant f\left(\frac{1}{3}\right)+f'\left(\frac{1}{3}\right)\left(x-\frac{1}{3}\right).$$

又由于 $x\in[0,1]$ 时，必有 $x^2\in[0,1]$，于是

$$f(x^2)\leqslant f\left(\frac{1}{3}\right)+f'\left(\frac{1}{3}\right)\left(x^2-\frac{1}{3}\right),$$

上式两边从 0 到 1 积分，得

$$\begin{aligned}\int_0^1 f(x^2)\mathrm{d}x&\leqslant\int_0^1\left[f\left(\frac{1}{3}\right)+f'\left(\frac{1}{3}\right)\left(x^2-\frac{1}{3}\right)\right]\mathrm{d}x\\&=f\left(\frac{1}{3}\right)+f'\left(\frac{1}{3}\right)\int_0^1\left(x^2-\frac{1}{3}\right)\mathrm{d}x=f\left(\frac{1}{3}\right).\end{aligned}$$

方法二　曲线 $y=f(x)$ 在点 $\left(\frac{1}{3},f\left(\frac{1}{3}\right)\right)$ 处的切线方程为

$$y=f\left(\frac{1}{3}\right)+f'\left(\frac{1}{3}\right)\left(x-\frac{1}{3}\right).$$

已知 $f''(x)<0$，故曲线 $y=f(x)$ 在 $[0,1]$ 上的图形是凸的，从而几何上曲线在切线下方，即

$$f(x)\leqslant f\left(\frac{1}{3}\right)+f'\left(\frac{1}{3}\right)\left(x-\frac{1}{3}\right),$$

故

$$f(x^2)\leqslant f\left(\frac{1}{3}\right)+f'\left(\frac{1}{3}\right)\left(x^2-\frac{1}{3}\right),$$

上式两边在[0,1]上积分,得

$$\int_0^1 f(x^2)\mathrm{d}x \leqslant \int_0^1 \left[f\left(\frac{1}{3}\right)+f'\left(\frac{1}{3}\right)\left(x^2-\frac{1}{3}\right)\right]\mathrm{d}x$$

$$= f\left(\frac{1}{3}\right)+f'\left(\frac{1}{3}\right)\int_0^1\left(x^2-\frac{1}{3}\right)\mathrm{d}x = f\left(\frac{1}{3}\right).$$

27. 设函数 $f(x)$ 在区间$[-a,a](a>0)$ 上具有二阶连续导数,$f(0)=0$.

(1) 写出 $f(x)$ 的带拉格朗日余项的一阶麦克劳林公式;

(2) 证明:在$[-a,a]$ 上至少存在一点 η,使得 $a^3 f''(\eta)=3\int_{-a}^{a} f(x)\mathrm{d}x$.

解 (1) 对任意 $x\in[-a,a]$,麦克劳林公式为

$$f(x)=f(0)+f'(0)x+\frac{f''(\xi)}{2!}x^2=f'(0)x+\frac{f''(\xi)}{2!}x^2,$$

其中 ξ 在 0 与 x 之间.

(2) $\int_{-a}^{a} f(x)\mathrm{d}x=\int_{-a}^{a} f'(0)x\mathrm{d}x+\int_{-a}^{a}\frac{x^2}{2!}f''(\xi)\mathrm{d}x=0+\frac{1}{2}\int_{-a}^{a}x^2 f''(\xi)\mathrm{d}x$,

因为 $f(x)$ 在$[-a,a](a>0)$ 上具有二阶连续导数,所以 $f''(x)$ 在$[-a,a]$上存在最大值M与最小值 m,即 $m\leqslant f''(x)\leqslant M$,故

$$\frac{m}{2}\int_{-a}^{a}x^2\mathrm{d}x\leqslant\int_{-a}^{a}f(x)\mathrm{d}x=\frac{1}{2}\int_{-a}^{a}x^2 f''(\xi)\mathrm{d}x\leqslant\frac{M}{2}\int_{-a}^{a}x^2\mathrm{d}x,$$

即

$$m\leqslant\frac{3}{a^3}\int_{-a}^{a}f(x)\mathrm{d}x\leqslant M,$$

再由介值定理知,存在点 $\eta\in[-a,a]$,使得

$$f''(\eta)=\frac{3}{a^3}\int_{-a}^{a}f(x)\mathrm{d}x,$$

即

$$a^3 f''(\eta)=3\int_{-a}^{a}f(x)\mathrm{d}x.$$

28. 设函数 $f(x)$ 在$[2,4]$ 上一阶可导,且 $f'(x)\geqslant M>0$,$f(2)>0$. 证明:

(1) 对任意 $x\in[3,4]$,均有 $f(x)>M$;

(2) 存在点 $\xi\in(3,4)$,使得 $f(\xi)>M\dfrac{\mathrm{e}^{\xi-3}}{\mathrm{e}-1}$.

证明 (1) 在$[2,3]$上应用拉格朗日中值定理,则存在点 $\eta\in(2,3)$,使得

$$f'(\eta)=\frac{f(3)-f(2)}{3-2}=f(3)-f(2)\geqslant M>0\Rightarrow f(3)>M,$$

因为 $f'(x)\geqslant M>0$,知 $f(x)$ 单调增加,所以 $f(x)>M,x\in[3,4]$.

(2) 令 $F(x)=\int_3^x f(t)\mathrm{d}t$,$G(x)=\mathrm{e}^x$,在$[3,4]$上应用柯西中值定理,则存在点 $\xi\in(3,4)$,使得

$$\frac{F(4)-F(3)}{G(4)-G(3)}=\frac{F'(\xi)}{G'(\xi)}\Rightarrow\frac{\int_3^4 f(t)\mathrm{d}t}{\mathrm{e}^3(\mathrm{e}-1)}=\frac{f(\xi)}{\mathrm{e}^{\xi}},$$

又

$$\int_3^4 f(t)\mathrm{d}t > M\int_3^4 \mathrm{d}t = M,$$

则

$$\frac{f(\xi)}{\mathrm{e}^{\xi}} = \frac{\int_3^4 f(t)\mathrm{d}t}{\mathrm{e}^3(\mathrm{e}-1)} > \frac{M}{\mathrm{e}^3(\mathrm{e}-1)},$$

即

$$f(\xi) > M\frac{\mathrm{e}^{\xi-3}}{\mathrm{e}-1}.$$

29. 设函数 $f(x)$、$g(x)$ 均在$[a,b]$上连续，且 $g(x)$ 在$[a,b]$上不变号，证明：存在点 $\xi\in[a,b]$，满足

$$\int_a^b f(x)g(x)\mathrm{d}x = f(\xi)\int_a^b g(x)\mathrm{d}x.$$

证明 题目即证存在点 $\xi\in[a,b]$，使得

$$\frac{\int_a^b f(x)g(x)\mathrm{d}x}{\int_a^b g(x)\mathrm{d}x} = f(\xi),$$

可应用介值定理，只需证明$\dfrac{\int_a^b f(x)g(x)\mathrm{d}x}{\int_a^b g(x)\mathrm{d}x}$介于函数最值之间.

若 $g(x)\equiv 0$，则

$$\int_a^b g(x)\mathrm{d}x = 0,\quad \int_a^b f(x)g(x)\mathrm{d}x = 0,$$

所以对任意 $\xi\in[a,b]$，都使得等式成立. 否则，根据已知 $g(x)$ 不变号，不妨设 $g(x)>0$. 由于 $f(x)$ 在闭区间$[a,b]$上连续，故由最值定理知，存在最小值 m、最大值 M，使得 $m\leqslant f(x)\leqslant M$，则 $mg(x)\leqslant f(x)g(x)\leqslant g(x)M$，于是

$$\int_a^b mg(x)\mathrm{d}x \leqslant \int_a^b f(x)g(x)\mathrm{d}x \leqslant \int_a^b g(x)M\mathrm{d}x,$$

则

$$m\leqslant \frac{\int_a^b f(x)g(x)\mathrm{d}x}{\int_a^b g(x)\mathrm{d}x}\leqslant M.$$

由介值定理知，存在点 $\xi\in[a,b]$，使得

$$\frac{\int_a^b f(x)g(x)\mathrm{d}x}{\int_a^b g(x)\mathrm{d}x} = f(\xi).$$

同理，可得当 $g(x)<0$ 结论仍然成立.

30. 设函数 $f(x)$ 在$[0,\pi]$上连续，且$\int_0^{\pi} f(x)\mathrm{d}x = 0$，$\int_0^{\pi} f(x)\cos x\mathrm{d}x = 0$. 证明：在$(0,\pi)$内

至少存在两个不同的点 ξ_1、ξ_2，使得 $f(\xi_1)=f(\xi_2)=0$.

证明 令

$$F(x)=\int_0^x f(t)\mathrm{d}t,$$

则有 $F(0)-F(\pi)=0$. 由分部积分公式有

$$\begin{aligned}0&=\int_0^\pi f(x)\cos x\mathrm{d}x\\&=\int_0^\pi \cos x\mathrm{d}[F(x)]\\&=[F(x)\cos x]\Big|_0^\pi+\int_0^\pi F(x)\sin x\mathrm{d}x\\&=\int_0^\pi F(x)\sin x\mathrm{d}x,\end{aligned}$$

再由定积分中值定理知，存在点 $\xi\in(0,\pi)$，使得

$$\int_0^\pi F(x)\sin x\mathrm{d}x=(\pi-0)F(\xi)\sin\xi,$$

则 $F(\xi)=0$，即 $F(0)=F(\xi)=F(\pi)$. 于是由罗尔定理知，存在点 $\xi_1\in(0,\xi)$，点 $\xi_2\in(\xi,\pi)$，使得 $F'(\xi_1)=F'(\xi_2)=0$，即 $f(\xi_1)=f(\xi_2)=0$.

31. 设函数 $F(x)=\int_{-1}^1|x-t|\mathrm{e}^{-t^2}\mathrm{d}t-\frac{1}{2}(\mathrm{e}^{-1}+1)$，讨论 $F(x)$ 在区间 $[-1,1]$ 上的零点个数.

解

$$\begin{aligned}F(x)&=\int_{-1}^x(x-t)\mathrm{e}^{-t^2}\mathrm{d}t+\int_x^1(t-x)\mathrm{e}^{-t^2}\mathrm{d}t-\frac{1}{2}(\mathrm{e}^{-1}+1)\\&=x\int_{-1}^x\mathrm{e}^{-t^2}\mathrm{d}t-\int_{-1}^x t\mathrm{e}^{-t^2}\mathrm{d}t+\int_x^1 t\mathrm{e}^{-t^2}\mathrm{d}t-x\int_x^1\mathrm{e}^{-t^2}\mathrm{d}t-\frac{1}{2}(\mathrm{e}^{-1}+1),\end{aligned}$$

$$\begin{aligned}F'(x)&=\int_{-1}^x\mathrm{e}^{-t^2}\mathrm{d}t+x\mathrm{e}^{-x^2}-x\mathrm{e}^{-x^2}-x\mathrm{e}^{-x^2}-\int_x^1\mathrm{e}^{-t^2}\mathrm{d}t+x\mathrm{e}^{-x^2}\\&=\int_{-1}^x\mathrm{e}^{-t^2}\mathrm{d}t-\int_x^1\mathrm{e}^{-t^2}\mathrm{d}t,\end{aligned}$$

对上式右边第二个积分作变量代换，令 $t=-u$，有

$$\int_x^1\mathrm{e}^{-t^2}\mathrm{d}t=-\int_{-x}^{-1}\mathrm{e}^{-u^2}\mathrm{d}u,$$

所以

$$F'(x)=\int_{-1}^x\mathrm{e}^{-t^2}\mathrm{d}t+\int_{-x}^{-1}\mathrm{e}^{-u^2}\mathrm{d}u=\int_{-x}^x\mathrm{e}^{-t^2}\mathrm{d}t=2\int_0^x\mathrm{e}^{-t^2}\mathrm{d}t.$$

当 $0<x\leqslant1$ 时，$F'(x)>0$；当 $-1\leqslant x<0$ 时，$F'(x)<0$. 所以 $F(x)$ 在 $[-1,0]$ 上单调减少，在 $[0,1]$ 上单调增加，且

$$\begin{aligned}F(-1)&=\int_{-1}^1(t+1)\mathrm{e}^{-t^2}\mathrm{d}t-\frac{1}{2}(\mathrm{e}^{-1}+1)\\&=2\int_0^1\mathrm{e}^{-t^2}\mathrm{d}t-\frac{1}{2}(\mathrm{e}^{-1}+1)>2\int_0^1\mathrm{e}^{-t}\mathrm{d}t-\frac{1}{2}(\mathrm{e}^{-1}+1)\\&=\frac{3}{2}-\frac{5}{2}\mathrm{e}^{-1}>0,\end{aligned}$$

$$
\begin{aligned}
F(0) &= \int_{-1}^{1} |t| \mathrm{e}^{-t^2} \mathrm{d}t - \frac{1}{2}(\mathrm{e}^{-1}+1) \\
&= 2\int_{0}^{1} t\mathrm{e}^{-t^2} \mathrm{d}t - \frac{1}{2}(\mathrm{e}^{-1}+1) \\
&= \frac{1}{2} - \frac{3}{2}\mathrm{e}^{-1} < 0,
\end{aligned}
$$

$$
\begin{aligned}
F(1) &= \int_{-1}^{1} \mathrm{e}^{-t^2} \mathrm{d}t - \int_{-1}^{1} t\mathrm{e}^{-t^2} \mathrm{d}t - \frac{1}{2}(\mathrm{e}^{-1}+1) \\
&= 2\int_{0}^{1} \mathrm{e}^{-t^2} \mathrm{d}t - \frac{1}{2}(\mathrm{e}^{-1}+1) > 0,
\end{aligned}
$$

由零点定理知，$F(x)$ 在区间$(-1,0)$ 与$(0,1)$ 上至少有两个零点；再由单调性知，$F(x)$ 有且只有两个零点.

第6章 定积分的应用

知识点总结

一、平面图形的面积

(1)X 型区域 $D=\{(x,y)\mid a\leqslant x\leqslant b,\varphi_1(x)\leqslant y\leqslant\varphi_2(x)\}$,则其面积为

$$A=\int_a^b\varphi_2(x)\mathrm{d}x-\int_a^b\varphi_1(x)\mathrm{d}x=\int_a^b[\varphi_2(x)-\varphi_1(x)]\mathrm{d}x.$$

易见此面积公式可以直接推广到 $\varphi_1(x)>\varphi_2(x)$ 的情形,此时 X 型区域的面积为

$$A=\int_a^b|\varphi_1(x)-\varphi_2(x)|\mathrm{d}x.$$

(2)Y 型区域 $D=\{(x,y)\mid c\leqslant y\leqslant d,\psi_1(x)\leqslant x\leqslant\psi_2(x)\}$,则其面积为

$$A=\int_c^d[\psi_2(y)-\psi_1(y)]\mathrm{d}y.$$

易见此面积公式可以直接推广到 $\psi_1(y)>\psi_2(y)$ 的情形,此时 Y 型区域的面积为

$$A=\int_c^d|\psi_1(y)-\psi_2(y)|\mathrm{d}y.$$

二、立体的体积

1. 平行截面面积为已知的立体的体积

设一立体介于垂直于 x 轴的两平面 $x=a,x=b(a<b)$ 之间,过$[a,b]$上任意一点 x 作垂直于 x 轴的截面,所得截面的面积为连续函数 $A(x)$,取 x 为积分变量,在$[a,b]$上任取区间微元$[x,x+\mathrm{d}x]$,用底面积为 $A(x)$,高为 $\mathrm{d}x$ 的柱体的体积作为此区间微元上对应的小体积的近似值,即体积微元为

$$\mathrm{d}V=A(x)\mathrm{d}x,$$

积分得到立体的体积为

$$V=\int_a^bA(x)\mathrm{d}x.$$

2. 旋转体的体积

(1) 由曲线 $y=f(x)$ 与直线 $x=a,x=b(a<b)$ 及 x 轴围成的曲边梯形绕 x 轴旋转一周所得到的旋转体的体积为

$$V=\pi\int_a^by^2\mathrm{d}x=\pi\int_a^bf^2(x)\mathrm{d}x.$$

(2) 由曲线 $x = g(y)$ 与直线 $y = c, y = d(c < d)$ 及 y 轴围成的曲边梯形绕 y 轴旋转一周所得到的旋转体的体积为

$$V = \pi\int_c^d x^2 \mathrm{d}y = \pi\int_c^d g^2(y)\mathrm{d}y.$$

(3) 由曲线 $y = f(x)$ 与直线 $x = a, x = b(a < b)$ 及 x 轴围成的曲边梯形绕 y 轴旋转一周所得到的旋转体的体积为

$$V = \int_a^b 2\pi x|y|\mathrm{d}x \quad (\text{层壳法}).$$

(4) 由曲线 $x = g(y)$ 与直线 $y = c, y = d(c < d)$ 及 y 轴围成的曲边梯形绕 x 轴旋转一周所得到的旋转体的体积为

$$V = \int_c^d 2\pi|x|y\mathrm{d}y \quad (\text{层壳法}).$$

三、平面曲线的弧长

(1) 直角坐标情形. 曲线方程为 $y = f(x)(a \leqslant x \leqslant b)$，弧长微元为

$$\mathrm{d}s = \sqrt{(\mathrm{d}x)^2 + (\mathrm{d}y)^2} = \sqrt{1 + y'^2}\,\mathrm{d}x,$$

所求光滑曲线的弧长为

$$s = \int_a^b \sqrt{1 + y'^2}\,\mathrm{d}x.$$

(2) 参数方程情形. 曲线方程为 $\begin{cases} x = \varphi(t) \\ y = \psi(t) \end{cases}(\alpha \leqslant t \leqslant \beta)$，弧长微元为

$$\mathrm{d}s = \sqrt{(\mathrm{d}x)^2 + (\mathrm{d}y)^2} = \sqrt{\varphi'^2(t) + \psi'^2(t)}\,\mathrm{d}t,$$

所求光滑曲线的弧长为

$$s = \int_\alpha^\beta \sqrt{\varphi'^2(t) + \psi'^2(t)}\,\mathrm{d}t.$$

(3) 极坐标情形. 曲线方程为 $\rho = \rho(\theta)(\alpha \leqslant \theta \leqslant \beta)$，弧长微元为

$$\mathrm{d}s = \sqrt{(\mathrm{d}x)^2 + (\mathrm{d}y)^2} = \sqrt{\rho^2(\theta) + \rho'^2(\theta)}\,\mathrm{d}\theta,$$

所求光滑曲线的弧长为

$$s = \int_\alpha^\beta \sqrt{\rho^2(\theta) + \rho'^2(\theta)}\,\mathrm{d}\theta.$$

四、变力沿直线做功

设一物体在力 $F(x)$ 的作用下沿 x 轴从点 a 移动到点 b，求变力做的功 W. 功微元为

$$\mathrm{d}W = F(x)\mathrm{d}x,$$

变力所做的功为

$$W = \int_a^b \mathrm{d}W = \int_a^b F(x)\mathrm{d}x.$$

五、抽水做功

从一容器中将水(或其他液体) 从某一水面抽出，即克服重力将每一薄层水抽出，再积分，

实际上是变力做功问题.若以抽水位置为 y 轴,水平向右为 y 轴正向,以水深为 x,竖直向下为 x 轴正向.利用微元法,取水的深度 x 为积分变量,在 $[a,b]$ 上任取一小区间 $[x,x+\mathrm{d}x]$,该小区间上对应的这一薄层水的重力为

$$G = mg = \rho Vg = \rho gA(x)\mathrm{d}x,$$

其中 ρ 为水(或其他液体)的密度,V 是薄层水的体积,g 为重力加速度,$A(x)$ 为横截面积,$\mathrm{d}x$ 为薄层水的厚度,则功微元为

$$\mathrm{d}W = mgx = \rho gxA(x)\mathrm{d}x,$$

抽水所做的功为

$$W = \rho g\int_a^b xA(x)\mathrm{d}x.$$

六、水的侧压力

在物理学中,水深 h 处的压强为 $p = \rho gh$(ρ 是水的密度,g 是重力加速度).当平板铅直地放置在水中时,平板一侧所受的压力为

$$P = \rho g\int_a^b x[f(x)-h(x)]\mathrm{d}x.$$

基 础 题

1.求由抛物线 $y=\sqrt{x}$ 与直线 $y=x$ 围成的平面图形的面积.

解 解方程组 $\begin{cases} y=\sqrt{x} \\ y=x \end{cases}$,得抛物线与直线的交点为(0,0)、(1,1),故所求图形面积为

$$A=\int_0^1(\sqrt{x}-x)\mathrm{d}x=\left(\frac{2}{3}x^{\frac{3}{2}}-\frac{x^2}{2}\right)\Big|_0^1=\frac{1}{6}.$$

2.求由曲线 $y=\frac{1}{x}$ 与直线 $y=x,x=\mathrm{e}$ 围成的平面图形的面积.

解 $y=\frac{1}{x}$ 与 $y=x$ 的交点为(1,1),$y=\frac{1}{x}$ 与 $x=\mathrm{e}$ 的交点为 $\left(\mathrm{e},\frac{1}{\mathrm{e}}\right)$,$y=x$ 与 $x=\mathrm{e}$ 的交点为(e,e),故所求图形面积为

$$A=\int_1^{\mathrm{e}}\left(x-\frac{1}{x}\right)\mathrm{d}x=\left(\frac{x^2}{2}-\ln x\right)\Big|_1^{\mathrm{e}}=\frac{1}{2}(\mathrm{e}^2-3).$$

3.求由抛物线 $y=x^2,y=2x^2$ 与直线 $y=1$ 围成的平面图形的面积.

解 解方程组 $\begin{cases} y=x^2 \\ y=2x^2 \end{cases}$,得两抛物线的交点为(0,0),$y=x^2$ 与 $y=1$ 的交点为(1,1)、(−1,1),$y=2x^2$ 与 $y=1$ 的交点为 $\left(\frac{\sqrt{2}}{2},1\right)$、$\left(-\frac{\sqrt{2}}{2},1\right)$.由对称性知,所求图形面积为

$$A=2\int_0^1\left(\sqrt{y}-\frac{\sqrt{y}}{\sqrt{2}}\right)\mathrm{d}y$$

$$= 2\left(1-\frac{1}{\sqrt{2}}\right)\int_0^1 \sqrt{y}\,\mathrm{d}y = \frac{4}{3}\left(1-\frac{1}{\sqrt{2}}\right)\cdot y^{\frac{3}{2}}\Big|_0^1$$

$$= \frac{2}{3}(2-\sqrt{2}).$$

4. 求由曲线 $y=\sin x, y=\cos x$ 与直线 $x=0, x=\frac{\pi}{2}$ 围成的平面图形的面积.

解　两曲线的交点为 $\left(\frac{\pi}{4},\frac{\sqrt{2}}{2}\right)$，故所求图形面积为

$$\begin{aligned} A &= \int_0^{\frac{\pi}{2}} |\sin x-\cos x|\,\mathrm{d}x \\ &= \int_0^{\frac{\pi}{4}} (\cos x-\sin x)\,\mathrm{d}x + \int_{\frac{\pi}{4}}^{\frac{\pi}{2}} (\sin x-\cos x)\,\mathrm{d}x \\ &= \int_0^{\frac{\pi}{4}} (\cos x-\sin x)\,\mathrm{d}x + \int_{\frac{\pi}{4}}^{0} \left[\sin\left(\frac{\pi}{2}-t\right)-\cos\left(\frac{\pi}{2}-t\right)\right]\mathrm{d}\left(\frac{\pi}{2}-t\right) \\ &= 2\int_0^{\frac{\pi}{4}} (\cos x-\sin x)\,\mathrm{d}x = 2(\sin x+\cos x)\Big|_0^{\frac{\pi}{4}} = 2(\sqrt{2}-1). \end{aligned}$$

5. 求摆线 $\begin{cases} x=a(t-\sin t) \\ y=a(1-\cos t) \end{cases}, a>0, 0\leqslant t\leqslant 2\pi$ 与 x 轴围成的平面图形的面积.

解　$A=\int_0^{2\pi a} y\,\mathrm{d}x = \int_0^{2\pi} a(1-\cos t)\,\mathrm{d}[a(t-\sin t)] = a^2\int_0^{2\pi}(1-\cos t)^2\,\mathrm{d}t = 3\pi a^2.$

6. 求椭圆 $\frac{x^2}{a^2}+\frac{y^2}{b^2}=1$ 的面积.

解　**方法一**　由对称性得，椭圆面积为其在第一象限部分的面积的 4 倍，于是

$$\begin{aligned} A &= 4\int_0^a [y-0]\,\mathrm{d}x = 4b\int_0^a \sqrt{1-\frac{x^2}{a^2}}\,\mathrm{d}x = 4b\int_0^{\frac{\pi}{2}} \sqrt{1-\sin^2 t}\,\mathrm{d}(a\sin t) \\ &= 4ab\int_0^{\frac{\pi}{2}} \cos^2 t\,\mathrm{d}t = 4ab\cdot\frac{1}{2}\cdot\frac{\pi}{2} = \pi ab. \end{aligned}$$

方法二　取参数方程 $\begin{cases} x=a\cos t \\ y=b\sin t \end{cases}, t\in\left[0,\frac{\pi}{2}\right]$，则

$$A = 4\int_0^a y\,\mathrm{d}x = 4\int_{\frac{\pi}{2}}^0 b\sin t\,\mathrm{d}(a\cos t) = -4ab\int_{\frac{\pi}{2}}^0 \sin^2 t\,\mathrm{d}t = \pi ab.$$

7. 过原点作曲线 $y=\mathrm{e}^x$ 的切线，该切线与曲线 $y=\mathrm{e}^x$ 及 x 轴围成的向 x 轴负向无限伸展的平面图形记为 D. 求 D 的面积 A.

解　设切点坐标为 $P(x_0,y_0)$，于是曲线 $y=\mathrm{e}^x$ 在点 P 的切线斜率为 $k=\mathrm{e}^{x_0}$，于是切线方程为 $y-y_0=\mathrm{e}^{x_0}(x-x_0)$，因为切线过原点，故 $y_0=\mathrm{e}^{x_0}x_0$，又因为 $y_0=\mathrm{e}^{x_0}$，所以 $x_0=1$，$y_0=\mathrm{e}$，即 $k=\mathrm{e}$，所以切线方程为 $y=\mathrm{e}x$，故平面图形的面积为

$$A=\int_0^{\mathrm{e}}\left(\frac{y}{\mathrm{e}}-\ln y\right)\mathrm{d}y = \left(\frac{y^2}{2\mathrm{e}}-y\ln y+y\right)\Big|_0^{\mathrm{e}} = \frac{\mathrm{e}}{2}.$$

8. 证明：由平面图形 $0\leqslant a\leqslant x\leqslant b, 0\leqslant y\leqslant f(x)$ 绕 y 轴旋转一周而成的旋转体的体积为

$$V=2\pi\int_a^b xf(x)\,\mathrm{d}x.$$

证明　如图 6-1 所示，在距原点 x 处取一底边长为 $\mathrm{d}x$ 的小曲边梯形 $ABCD$，易知它绕 y 轴

旋转一周而成的旋转体的体积 $dV=(2\pi x)\cdot f(x)dx$[长为 $2\pi x$,宽为 dx,高为 $f(x)$ 的长方体的体积],于是平面图形 $abmn$ 绕 y 轴旋转一周而成的旋转体的体积为

$$V=\int_a^b 2\pi x f(x)dx=2\pi\int_a^b xf(x)dx.$$

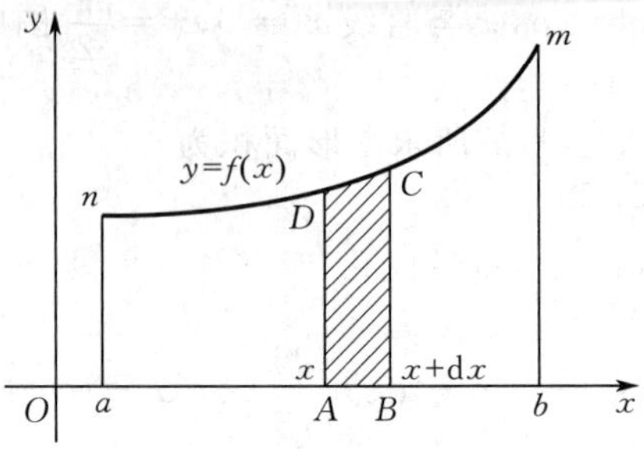

图 6-1

9. 设区域 $D=\left\{(x,y)\middle|y\leqslant\dfrac{4}{x},y\geqslant 1,x\geqslant 0\right\}$,求 D 绕 y 轴旋转一周而成的旋转体的体积.

解 所求体积为

$$V=\int_1^{+\infty}\pi x^2 dy=\int_1^{+\infty}\pi\frac{16}{y^2}dy=-16\pi\left.\frac{1}{y}\right|_1^{+\infty}=16\pi.$$

10. 求由曲线 $y=x^2$ 及 $y=2-x^2$ 围成的图形分别绕 x 轴和 y 轴旋转一周而成的旋转体的体积.

解 两曲线的交点为$(-1,1)$、$(1,1)$. 平面图形绕 x 轴旋转一周而成的旋转体的体积为

$$V_x=\int_{-1}^1[\pi(2-x^2)^2-\pi(x^2)^2]dx=2\pi\int_0^1(4-4x^2)dx=\frac{16}{3}\pi.$$

平面图形绕 y 轴旋转一周而成的旋转体的体积为

$$V_y=\int_0^1\pi(\sqrt{y})^2dy+\int_1^2\pi(\sqrt{2-y})^2dy=\pi\int_0^1 ydy+\pi\int_1^2(2-y)dy=\pi.$$

11. 求由曲线 $y=x^3$ 与直线 $x=2,y=0$ 围成的图形分别绕 x 轴和 y 轴旋转一周而成的旋转体的体积.

解 $y=x^3$ 与 $x=2$ 的交点为$(2,8)$. 平面图形绕 x 轴旋转一周而成的旋转体的体积为

$$V_x=\pi\int_0^2(x^3)^2dx=\pi\left.\frac{x^7}{7}\right|_0^2=\frac{128\pi}{7}.$$

平面图形绕 y 轴旋转一周而成的旋转体的体积为

$$V_y=2\pi\int_0^2 xydx=2\pi\int_0^2 x\cdot x^3dx=2\pi\left.\frac{x^5}{5}\right|_0^2=\frac{64\pi}{5},$$

或

$$V_y=\int_0^8\pi\cdot 2^2dy-\int_0^8\pi\cdot y^{2/3}dy$$

$$=32\pi-\left.\frac{3}{5}\pi y^{5/3}\right|_0^8=32\pi-\frac{3}{5}\cdot 32\pi=\frac{64\pi}{5}.$$

12. 求由曲线 $y^2=x,y=x^2$ 围成的图形绕 y 轴旋转一周而成的旋转体的体积.

解　$y^2=x$ 与 $y=x^2$ 的交点为(0,0)、(1,1). 平面图形绕 y 轴旋转一周而成的旋转体的体积为

$$V=\pi\int_0^1(\sqrt{y})^2\mathrm{d}y-\pi\int_0^1(y^2)^2\mathrm{d}y=\pi\left(\frac{y^2}{2}-\frac{y^5}{5}\right)\Big|_0^1=\frac{3\pi}{10}.$$

13. 求由曲线 $y=\mathrm{e}^x(x\leqslant 0)$ 与直线 $x=0,y=0$ 围成的图形绕 x 轴旋转一周而成的旋转体的体积.

解　所求体积为

$$V=\pi\int_{-\infty}^0(\mathrm{e}^x)^2\mathrm{d}x=\frac{\pi}{2}\mathrm{e}^{2x}\Big|_{-\infty}^0=\frac{\pi}{2}.$$

14. 求由曲线 $x^2+(y-5)^2=16$ 围成的图形绕 x 轴旋转一周而成的旋转体的体积.

解　所求体积为

$$\begin{aligned}V&=\pi\int_{-4}^4(5+\sqrt{16-x^2})^2\mathrm{d}x-\pi\int_{-4}^4(5-\sqrt{16-x^2})^2\mathrm{d}x\\&=20\pi\int_{-4}^4\sqrt{16-x^2}\,\mathrm{d}x=40\pi\int_0^4\sqrt{16-x^2}\,\mathrm{d}x\\&\xlongequal{\text{令 }x=4\sin t}640\pi\int_0^{\frac{\pi}{2}}\cos^2t\mathrm{d}t=640\pi\times\frac{1}{2}\times\frac{\pi}{2}=160\pi^2.\end{aligned}$$

15. 求由曲线 $y=\sin x(0\leqslant x\leqslant\pi)$ 和 x 轴围成的图形绕 y 轴旋转一周而成的旋转体的体积.

解　所求体积为

$$V=\int_0^\pi 2\pi xy\mathrm{d}x=\int_0^\pi 2\pi x\sin x\mathrm{d}x=2\pi^2.$$

16. 计算由摆线 $\begin{cases}x=a(t-\sin t)\\y=a(1-\cos t)\end{cases}(a>0)$ 的一拱与 x 轴围成的图形分别绕 x 轴和 y 轴旋转一周而成的旋转体的体积.

解　平面图形绕 x 轴旋转一周而成的旋转体的体积为

$$\begin{aligned}V_x&=\pi\int_0^{2\pi a}y^2\mathrm{d}x\\&=\pi\int_0^{2\pi}a^2(1-\cos t)^2\mathrm{d}[a(t-\sin t)]\\&=\pi a^3\int_0^{2\pi}(1-\cos t)^3\mathrm{d}t\\&=\pi a^3\int_0^{2\pi}(1-3\cos t+3\cos^2t-\cos^3t)\mathrm{d}t=5\pi^2a^3.\end{aligned}$$

平面图形绕 y 轴旋转一周而成的旋转体的体积为

$$\begin{aligned}V_y&=2\pi\int_0^{2\pi a}xy\mathrm{d}x\\&=2\pi\int_0^{2\pi}a(t-\sin t)a(1-\cos t)\mathrm{d}[a(t-\sin t)]\\&=2\pi a^3\int_0^{2\pi}(t-\sin t)(1-\cos t)^2\mathrm{d}t=6\pi^3a^3.\end{aligned}$$

17. 设 D 由曲线 $y=\sqrt{1-x^2}\,(0\leqslant x\leqslant 1)$ 与星形线 $\begin{cases}x=\cos^3t\\y=\sin^3t\end{cases}\left(0\leqslant t\leqslant\frac{\pi}{2}\right)$ 所围成，求 D 绕 x 轴旋转一周而成的旋转体的体积.

解　所求旋转体的体积为曲线 $y=\sqrt{1-x^2}\,(0\leqslant x\leqslant 1)$ 对应的旋转体的体积与星形线 $\begin{cases}x=\cos^3 t\\ y=\sin^3 t\end{cases}\left(0\leqslant t\leqslant\dfrac{\pi}{2}\right)$ 对应的旋转体的体积之差，于是

$$\begin{aligned}V&=\pi\int_0^1(1-x^2)\,\mathrm{d}x-\pi\int_0^1 y^2\,\mathrm{d}x\\&=\pi\int_0^1(1-x^2)\,\mathrm{d}x-\pi\int_{\frac{\pi}{2}}^0\sin^6 t\,\mathrm{d}(\cos^3 t)\\&=\frac{2}{3}\pi-3\pi\int_0^{\frac{\pi}{2}}\sin^7 t(1-\sin^2 t)\,\mathrm{d}t=\frac{18}{35}\pi.\end{aligned}$$

18. 设 D_1 由曲线 $y=2x^2$ 与直线 $x=a,x=2$ 及 x 轴所围成，D_2 由曲线 $y=2x^2$ 与直线 $x=a$ 及 x 轴所围成，其中 $0<a<2$.

(1) 求 D_1 绕 x 轴旋转一周而成的旋转体的体积 V_1；

(2) 求 D_2 绕 y 轴旋转一周而成的旋转体的体积 V_2；

(3) 当 a 为何值时，V_1+V_2 取最大值？并求出最大值.

解　(1) $V_1=\displaystyle\int_a^2\pi y^2\,\mathrm{d}x=\int_a^2\pi 4x^4\,\mathrm{d}x=\frac{128}{5}\pi-\frac{4}{5}\pi a^5$.

(2) $V_2=\displaystyle\int_0^a 2\pi xy\,\mathrm{d}x=\int_0^a 2\pi x\cdot 2x^2\,\mathrm{d}x=\pi a^4$.

(3) 总体积 $V(a)=V_1+V_2=\dfrac{128}{5}\pi-\dfrac{4}{5}\pi a^5+\pi a^4$，则 $V'(a)=4\pi a^3(1-a)$，令 $V'(a)=0$，得唯一驻点 $a=1$，所以当 $a=1$ 时，V_1+V_2 取最大值，最大值为

$$V(1)=\frac{128}{5}\pi-\frac{4}{5}\pi+\pi=\frac{129}{5}\pi.$$

19. 求曲线 $y^2=x^3$ 上相应于 $x=0$ 到 $x=1$ 的一段弧的长度.

解　方程 $y^2=x^3$ 两边对 x 求导，得 $2yy'=3x^2$，即 $y'=\dfrac{3x^2}{2y}$. 因此，所求弧长微元为

$$\mathrm{d}s=\sqrt{1+y'^2}\,\mathrm{d}x=\sqrt{1+\frac{9x^4}{4y^2}}\,\mathrm{d}x=\sqrt{1+\frac{9}{4}x}\,\mathrm{d}x,$$

于是所求弧长为

$$s=\int_0^1\sqrt{1+y'^2}\,\mathrm{d}x=\int_0^1\sqrt{1+\frac{9}{4}x}\,\mathrm{d}x=\frac{8}{27}\left(1+\frac{9}{4}x\right)^{\frac{3}{2}}\Bigg|_0^1=\frac{13\sqrt{13}-8}{27}.$$

20. 求曲线 $y=\displaystyle\int_{-\frac{\pi}{2}}^x\sqrt{\cos t}\,\mathrm{d}t$ 上相应于 $-\dfrac{\pi}{2}\leqslant x\leqslant\dfrac{\pi}{2}$ 的一段弧的长度.

解　由 $y'=\sqrt{\cos x}$，可得所求弧长为

$$\begin{aligned}s&=\int_{-\frac{\pi}{2}}^{\frac{\pi}{2}}\sqrt{1+y'^2}\,\mathrm{d}x\\&=\int_{-\frac{\pi}{2}}^{\frac{\pi}{2}}\sqrt{1+\cos x}\,\mathrm{d}x\\&=2\int_0^{\frac{\pi}{2}}\sqrt{1+\cos x}\,\mathrm{d}x=2\int_0^{\frac{\pi}{2}}\sqrt{2}\cos\frac{x}{2}\,\mathrm{d}x=4.\end{aligned}$$

21. 求星形线 $\begin{cases}x=\cos^3 t\\ y=\sin^3 t\end{cases}(0\leqslant t\leqslant 2\pi)$ 的长度.

解　由对称性得，星形线的弧长为其在第一象限部分的弧长的 4 倍，于是

$$s = 4\int_0^{\frac{\pi}{2}} \sqrt{[x'(t)]^2 + [y'(t)]^2}\,dt$$

$$= 4\int_0^{\frac{\pi}{2}} \sqrt{(-3\cos^2 t\sin t)^2 + (3\sin^2 t\cos t)^2}\,dt$$

$$= 4\int_0^{\frac{\pi}{2}} \sqrt{9\cos^2 t\sin^2 t}\,dt = 12\int_0^{\frac{\pi}{2}} \sin t\cos t dt = 6.$$

22. 求心形线 $\rho = a(1+\cos\theta)(a>0)$ 的全长.

解　由对称性得，心形线的弧长为其在 x 轴上方部分的弧长的 2 倍，于是

$$s = 2\int_0^{\pi} \sqrt{\rho^2(\theta) + [\rho'(\theta)]^2}\,d\theta$$

$$= 2\int_0^{\pi} \sqrt{a^2(1+\cos\theta)^2 + a^2\sin^2\theta}\,d\theta$$

$$= 2\sqrt{2}a\int_0^{\pi} \sqrt{1+\cos\theta}\,d\theta$$

$$= 4a\int_0^{\pi}\cos\frac{\theta}{2}d\theta = 8a.$$

23. 求摆线 $\begin{cases} x = a(t-\sin t) \\ y = a(1-\cos t) \end{cases}(a>0, 0\leqslant t\leqslant 2\pi)$ 的长度.

解　$$s = \int_0^{2\pi} \sqrt{[x'(t)]^2 + [y'(t)]^2}\,dt$$

$$= \int_0^{2\pi} \sqrt{a^2(1-\cos t)^2 + a^2\sin^2 t}\,dt$$

$$= \sqrt{2}a\int_0^{2\pi} \sqrt{1-\cos t}\,dt = 2a\int_0^{2\pi}\sin\frac{t}{2}dt = 8a.$$

24. 求悬链线 $y = \dfrac{e^{kx}+e^{-kx}}{2k}$（$k$ 为常数）在 $x=-b$ 与 $x=b$ 之间的一段弧的长度.

解　由题可知，$y' = \dfrac{e^{kx}-e^{-kx}}{2}$，则弧长微元为

$$ds = \sqrt{1+y'^2}\,dx = \sqrt{1+\frac{e^{2kx}-2+e^{-2kx}}{4}}\,dx = \frac{e^{kx}+e^{-kx}}{2}dx,$$

故所求弧长为

$$s = \int_{-b}^{b}\frac{e^{kx}+e^{-kx}}{2}dx = \frac{1}{2k}(e^{kx}-e^{-kx})\Big|_{-b}^{b} = \frac{e^{kb}-e^{-kb}}{k}.$$

25. 证明：正弦线 $y = a\sin x(0\leqslant x\leqslant 2\pi)$ 的弧长等于椭圆

$$\begin{cases} x = \cos t \\ y = \sqrt{1+a^2}\sin t \end{cases}\quad (0\leqslant t\leqslant 2\pi)$$

的周长.

证明　设正弦线的弧长为 s_1，则

$$s_1 = \int_0^{2\pi}\sqrt{1+y'^2}\,dx$$

$$= \int_0^{2\pi}\sqrt{1+a^2\cos^2 x}\,dx$$

$$= 2\int_0^{\pi} \sqrt{1+a^2\cos^2 x}\,dx,$$

设椭圆的周长为 s_2,利用椭圆的对称性,可得

$$\begin{aligned} s_2 &= 2\int_0^{\pi} \sqrt{[x'(t)]^2+[y'(t)]^2}\,dt \\ &= 2\int_0^{\pi} \sqrt{\sin^2 t+(1+a^2)\cos^2 t}\,dt \\ &= 2\int_0^{\pi} \sqrt{1+a^2\cos^2 t}\,dt = s_1, \end{aligned}$$

故原结论成立.

26. 求极坐标系下曲线 $\rho = a\left(\sin\dfrac{\theta}{3}\right)^3 (a>0, 0\leqslant\theta\leqslant 3\pi)$ 的长度.

解 因为 $\rho'(\theta) = a\sin^2\dfrac{\theta}{3}\cos\dfrac{\theta}{3}$,所以弧长微元为

$$\begin{aligned} ds &= \sqrt{[\rho(\theta)]^2+[\rho'(\theta)]^2}\,d\theta \\ &= \sqrt{a^2\sin^6\frac{\theta}{3}+a^2\sin^4\frac{\theta}{3}\cos^2\frac{\theta}{3}}\,d\theta \\ &= a\sin^2\frac{\theta}{3}\,d\theta, \end{aligned}$$

故所求弧长为

$$s = \int_0^{3\pi} a\sin^2\frac{\theta}{3}\,d\theta = 3a\int_0^{\pi}\sin^2 u\,du = \frac{3}{2}a\pi.$$

27. 有一圆台形蓄水池,其上、下底面的直径分别为 20 m、10 m,深 5 m,池内盛满了水,将池内的水全部抽出需要做多少功?

解 建立坐标系,如图 6-2 所示,则 A、B 两点的坐标分别为 $(0,10)$、$(5,5)$,直线 AB 的方程为 $y=10-x$,取水的深度 x(单位为 m)为积分变量,则 $x\in[0,5]$,在 $[0,5]$ 上任取一小区间 $[x,x+dx]$,该小区间上对应的薄层水所受的重力(单位为 kN)为

$$9.8\pi\cdot\mu(10-x)^2\,dx$$

其中 $\mu=10^3\ \text{kg/m}^3$ 是水的密度.功的微元为 $dW = 9.8\pi\mu x\cdot(10-x)^2\,dx$,于是所求功为

$$\begin{aligned} W &= \int_0^5 9.8\pi\mu x(10-x)^2\,dx \\ &= 9.8\pi\mu\left(50x^2-\frac{20x^3}{3}+\frac{x^4}{4}\right)\Big|_0^5 \\ &\approx 17\,638.7\ \text{kJ}. \end{aligned}$$

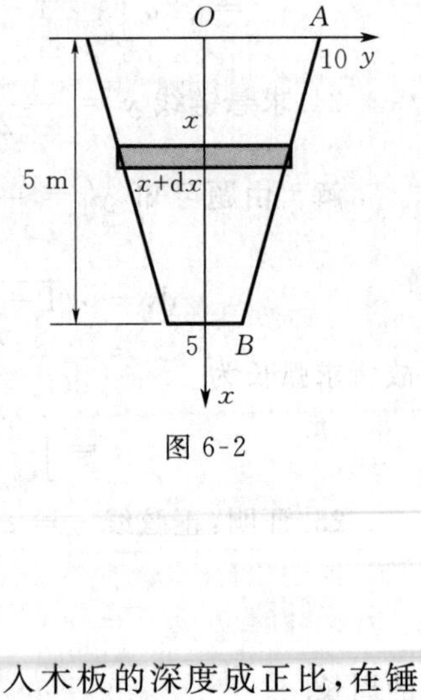

图 6-2

28. 用铁锤将一铁钉击入木板,设木板对铁钉的阻力与铁钉击入木板的深度成正比,在锤击第一次时,将铁钉击入木板 1 cm.如果铁锤每次锤击铁钉所做的功相等,问:锤击第二次时,铁钉又被击入多少?

解 设锤击第二次时,铁钉又被击入 h(单位为 cm),因木板对铁钉的阻力 f 与铁钉被击入木板的深度 x 成正比,即 $f=kx$,故功的微元为 $dW = f\,dx = kx\,dx$,于是锤击第一次做的功为

$$W_1=\int_0^1 kx\,dx=\frac{kx^2}{2}\Big|_0^1=\frac{k}{2},$$

锤击第二次做的功为

$$W_2=\int_1^{1+h} kx\,dx=\frac{kx^2}{2}\Big|_1^{1+h}=\frac{k}{2}[(1+h)^2-1]=\frac{k}{2}(2h+h^2).$$

已知铁锤每次锤击铁钉所做的功相等，即 $W_1=W_2$，所以有 $\frac{k}{2}=\frac{k}{2}(2h+h^2)$，即

$$h^2+2h-1=0,$$

解得 $h=-1+\sqrt{2}$，$h=-1-\sqrt{2}$（舍去）. 故锤击第二次时，铁钉又被击入 $\sqrt{2}-1$ cm.

29. 有一等腰三角形薄片，底为 8 cm，高为 6 cm，铅直地沉入水中，顶在上，底在下且与水面平行，而顶离水面 3 cm，试求它的一侧所受的水压力（水的密度为 $\mu=10^3\ \mathrm{kg/m^3}$）.

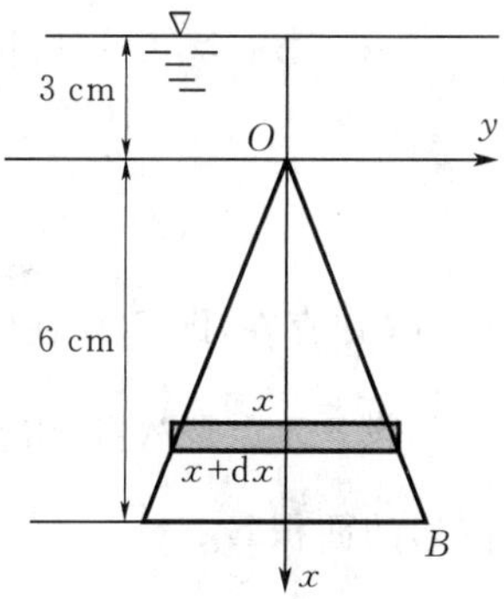

图 6-3

解　建立坐标系，如图 6-3 所示，则点 B 的坐标为 $(6,4)$，直线 OB 的方程为 $y=\frac{2x}{3}$，取水的深度 x（单位为 cm）为积分变量，则 $x\in[0,6]$. 在 $[0,6]$ 上任取一小区间 $[x,x+dx]$，该小区间上对应的水压力的微元为

$$dF=9.8\mu(x+3)\cdot\left(2\cdot\frac{2x}{3}\right)dx,$$

于是所求水压力为

$$W=\frac{4}{3}\cdot 9.8\mu\int_0^6 x(x+3)dx=\frac{4}{3}\cdot 9.8\cdot 10^3\cdot\left(\frac{x^3}{3}+\frac{3x^2}{2}\right)\Big|_0^6\approx 1.65\ \mathrm{N}.$$

综　合　题

1. 设 O 为原点，有三点 $A(1,0)$、$B(1,1)$、$C(0,1)$，记边长为 1 的正方形 $OABC$ 内位于曲线 $y=x^2+t$（t 为实数）下方图形的面积为 $S(t)$.

(1) 求 $S(t)$ 的表达式；

(2) $S(t)$ 在 $[-1,1]$ 上是否满足拉格朗日中值定理的条件？请说明理由.

解　(1) 当 $0\leqslant t<1$ 时，由 $\begin{cases}y=1\\ y=x^2+t\end{cases}$，解得 $x=\sqrt{1-t}$，所以

$$S(t)=\int_0^{\sqrt{1-t}}(x^2+t)dx+(1-\sqrt{1-t})\cdot 1=1-\frac{2}{3}(1-t)^{\frac{3}{2}};$$

当 $-1\leqslant t<0$ 时，由 $\begin{cases}y=0\\ y=x^2+t\end{cases}$，解得 $x=\sqrt{-t}$，所以

$$S(t)=\int_{\sqrt{-t}}^1(x^2+t)dx=\frac{1}{3}+t+\frac{2}{3}(-t)^{\frac{3}{2}};$$

当 $t<-1$ 时，$S(t)=0$；当 $t\geqslant 1$ 时，$S(t)=1$.

$$综上,有\ S(t)=\begin{cases}0, & t<-1\\ \dfrac{1}{3}+t+\dfrac{2}{3}(-t)^{\frac{3}{2}}, & -1\leqslant t<0\\ 1-\dfrac{2}{3}(1-t)^{\frac{3}{2}}, & 0\leqslant t<1\\ 1, & t\geqslant 1\end{cases}.$$

(2) 由(1) 知,$\lim\limits_{t\to 0^+}S(t)=\lim\limits_{t\to 0^-}S(t)=S(0)$,故 $S(t)$ 在 $t=0$ 处连续,所以 $S(t)$ 在$[-1,1]$上连续. 又

$$S'_+(0)=\lim_{t\to 0^+}\frac{S(t)-S(0)}{t}=\lim_{t\to 0^+}\frac{1-\frac{2}{3}(1-t)^{\frac{3}{2}}-\frac{1}{3}}{t}=1,$$

$$S'_-(0)=\lim_{t\to 0^-}\frac{S(t)-S(0)}{t}=\lim_{t\to 0^-}\frac{\frac{1}{3}+t+\frac{2}{3}(-t)^{\frac{3}{2}}-\frac{1}{3}}{t}=1,$$

所以 $S'(0)$ 存在,即 $S(t)$ 在$(-1,1)$内可导,故 $S(t)$ 在$[-1,1]$上满足拉格朗日中值定理的条件.

2. 设 n 为正整数,求由 y 轴、曲线 $y=n\cos nx$,以及该曲线在点$\left(\dfrac{\pi}{2n},0\right)$处的切线围成的平面图形的面积 S_n.

解 因为 $y'=-n^2\sin nx, y''=-n^3\cos nx<0, x\in\left[0,\dfrac{\pi}{2n}\right]$,所以 $y=n\cos nx$ 在$\left[0,\dfrac{\pi}{2n}\right]$上是单调减少的且其曲线是凸的,该曲线在点$\left(\dfrac{\pi}{2n},0\right)$处的切线方程为

$$y=-n^2\left(x-\frac{\pi}{2n}\right)=-n^2x+\frac{n\pi}{2},$$

则该切线均位于曲线在第一象限部分的上方. 故平面图形的面积为

$$\begin{aligned}S_n&=\int_0^{\frac{\pi}{2n}}\left[\left(-n^2x+\frac{n\pi}{2}\right)-n\cos nx\right]\mathrm{d}x\\&=\int_0^{\frac{\pi}{2n}}\left[\left(-nx+\frac{\pi}{2}\right)-\cos nx\right]\mathrm{d}(nx)\\&\xlongequal{令\ nx=u}\int_0^{\frac{\pi}{2}}\left[\left(-u+\frac{\pi}{2}\right)-\cos u\right]\mathrm{d}u\\&=\left(-\frac{u^2}{2}+\frac{\pi}{2}u-\sin u\right)\Big|_0^{\frac{\pi}{2}}=\frac{\pi^2}{8}-1.\end{aligned}$$

3. 已知曲线 L 的方程为$\begin{cases}x=t^2+1\\ y=4t-t^2\end{cases}(t\geqslant 0)$.

(1) 讨论 L 的凹凸性;

(2) 过点$(-1,0)$作 L 的切线,求切点(x_0,y_0),并写出切线方程;

(3) 求此切线与 L(对应于 $x\leqslant x_0$ 的部分)及 x 轴所围成的平面图形的面积.

解 (1) $\dfrac{\mathrm{d}y}{\mathrm{d}x}=\dfrac{\frac{\mathrm{d}y}{\mathrm{d}t}}{\frac{\mathrm{d}x}{\mathrm{d}t}}=\dfrac{4-2t}{2t}=\dfrac{2}{t}-1,$

$$\frac{\mathrm{d}^2 y}{\mathrm{d}x^2}=\frac{\mathrm{d}}{\mathrm{d}x}\left(\frac{2}{t}-1\right)=\frac{\mathrm{d}}{\mathrm{d}t}\left(\frac{2}{t}-1\right)\cdot\frac{\mathrm{d}t}{\mathrm{d}x}=-\frac{2}{t^2}\cdot\frac{1}{2t}=-\frac{1}{t^3},$$

所以当 $t>0$ 时，$\frac{\mathrm{d}^2 y}{\mathrm{d}x^2}<0$，故 L 是凸的.

(2) 设切点 (x_0,y_0)，对应的参数为 $t_0\geqslant 0$，则过点 $(-1,0)$ 作出的 L 的切线的斜率 k 满足

$$k=\frac{y_0-0}{x_0-(-1)}=\frac{4t_0-t_0^2}{t_0^2+2}=\left.\frac{\mathrm{d}y}{\mathrm{d}x}\right|_{t=t_0}=\frac{2}{t_0}-1,$$

于是 $t_0^2+t_0-2=0$，解得 $t_0=1$，$t_0=-2$(舍去)，所以切点为 $(2,3)$，斜率为 $k=1$，切线方程为 $y=x+1$.

(3) 当 $y=0$ 时，$t_1=0$，$t_2=4$，知 L 与 x 轴的交点分别为 $(1,0)$ 和 $(17,0)$，切线与 L(对应于 $x\leqslant x_0$ 的部分，即 $x\leqslant 2$) 及 x 轴所围成的平面图形的面积为

$$\begin{aligned}S&=\int_{-1}^{2}(x+1)\mathrm{d}x-\int_{1}^{2}y\mathrm{d}x\\&=\frac{9}{2}-\int_{0}^{1}(4t-t^2)\mathrm{d}(t^2+1)\\&=\frac{9}{2}-2\int_{0}^{1}(4t^2-t^3)\mathrm{d}t=\frac{7}{3}.\end{aligned}$$

4. 设 $a>0$，$0<b<1$，由曲线 $y=\mathrm{e}^x$ 与直线 $y=1$，$x=ab$ 围成的平面图形的面积记为 S_1，由曲线 $y=\mathrm{e}^x$ 与直线 $x=ab$，$y=\mathrm{e}^a$ 围成的平面图形的面积记为 S_2，若 $S_1=S_2$，求 $\lim\limits_{a\to 0^+}b$.

解
$$S_1=\int_0^{ab}(\mathrm{e}^x-1)\mathrm{d}x=(\mathrm{e}^{ab}-1)-ab,$$

$$S_2=\int_{ab}^{a}(\mathrm{e}^a-\mathrm{e}^x)\mathrm{d}x=\mathrm{e}^a(a-ab)-(\mathrm{e}^a-\mathrm{e}^{ab})=\mathrm{e}^a(a-1)-\mathrm{e}^a ab+\mathrm{e}^{ab},$$

由 $S_1=S_2$ 得

$$(\mathrm{e}^{ab}-1)-ab=\mathrm{e}^a(a-1)-\mathrm{e}^a ab+\mathrm{e}^{ab},$$

则

$$b=\frac{a\mathrm{e}^a-\mathrm{e}^a+1}{a(\mathrm{e}^a-1)}.$$

于是

$$\begin{aligned}\lim_{a\to 0^+}b&=\lim_{a\to 0^+}\frac{a\mathrm{e}^a-\mathrm{e}^a+1}{a(\mathrm{e}^a-1)}\\&=\lim_{a\to 0^+}\frac{a\mathrm{e}^a-\mathrm{e}^a+1}{a^2}=\lim_{a\to 0^+}\frac{\mathrm{e}^a+a\mathrm{e}^a-\mathrm{e}^a}{2a}=\frac{1}{2}.\end{aligned}$$

5. 设 $t\in[0,1]$ 为一常数，由曲线 $y=x^2$ 与直线 $x=0$，$y=t^2$ 围成的平面图形的面积记为 S_1，由曲线 $y=x^2$ 与直线 $y=t^2$，$x=1$ 围成的平面图形的面积记为 S_2，如图 6-4 所示. 问 t 取何值时，S_1 与 S_2 的和 S 最小?

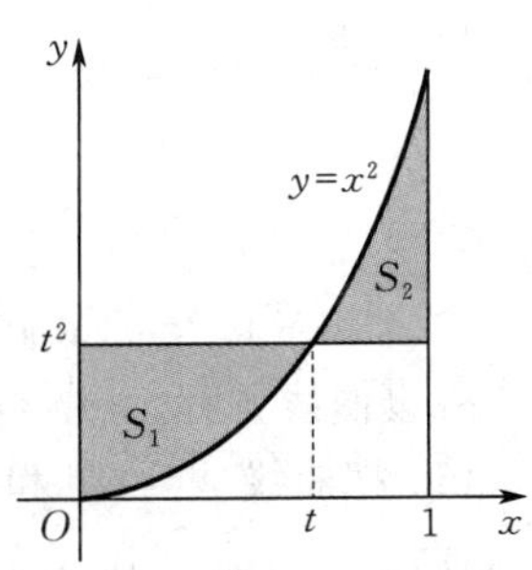

图 6-4

解　$S_1=\int_0^t(t^2-x^2)\mathrm{d}x=\left.\left(t^2x-\frac{x^3}{3}\right)\right|_0^t=\frac{2}{3}t^3,$

$S_2=\int_t^1(x^2-t^2)\mathrm{d}x=\left.\left(\frac{x^3}{3}-t^2x\right)\right|_t^1=\frac{2}{3}t^3-t^2+\frac{1}{3},$

于是 $S=S_1+S_2=\frac{4}{3}t^3-t^2+\frac{1}{3}$,令

$$\frac{\mathrm{d}S}{\mathrm{d}t}=4t^2-2t=0,$$

得驻点为 $t=\frac{1}{2}$,$t=0$(舍去).计算二阶导数,得

$$\left.\frac{\mathrm{d}^2S}{\mathrm{d}t^2}\right|_{t=\frac{1}{2}}=(8t-2)\big|_{t=\frac{1}{2}}=2>0,$$

故当 $t=\frac{1}{2}$ 时,S 有唯一的极小值$\frac{1}{4}$,此极小值就是 S 的最小值.

6. 设曲线 $y=1-x^2(0\leqslant x\leqslant 1)$ 与 x 轴、y 轴围成的图形被曲线 $y=ax^2$ 分为面积相等的两部分,其中 a 是大于零的常数,试确定 a 的值.

解 解方程组$\begin{cases}y=1-x^2\\y=ax^2\end{cases}(0\leqslant x\leqslant 1)$,得两曲线的交点为$\left(\frac{1}{\sqrt{a+1}},\frac{a}{a+1}\right)$,两部分图形的面积分别为

$$A_1=\int_0^{\frac{1}{\sqrt{a+1}}}(1-x^2-ax^2)\mathrm{d}x=\left[x-(1+a)\frac{x^3}{3}\right]\Bigg|_0^{\frac{1}{\sqrt{a+1}}}=\frac{2}{3\sqrt{a+1}},$$

$$A_2=\int_0^1(1-x^2)\mathrm{d}x-A_1=\left(x-\frac{x^3}{3}\right)\Bigg|_0^1-A_1=\frac{2}{3}-\frac{2}{3\sqrt{a+1}},$$

由题意知 $A_1=A_2$,即

$$\frac{2}{3\sqrt{a+1}}=\frac{2}{3}-\frac{2}{3\sqrt{a+1}},$$

解得 $a=3$.

7. 求心形线 $\rho=4(1+\cos\theta)$ 和直线 $\theta=0,\theta=\frac{\pi}{2}$ 围成的平面图形绕极轴旋转一周而成的旋转体的体积.

解 心形线的参数方程为

$$\begin{cases}x=4(1+\cos\theta)\cos\theta\\y=4(1+\cos\theta)\sin\theta\end{cases},$$

当 $\theta=0$ 时,$\rho=8$,即心形线与 x 轴的交点的直角坐标为(8,0),因此旋转体的体积为

$$\begin{aligned}V&=\int_0^8\pi y^2\mathrm{d}x=\pi\int_{\frac{\pi}{2}}^0 16(1+\cos\theta)^2\sin^2\theta\mathrm{d}[4(1+\cos\theta)\cos\theta]\\&=-64\pi\int_{\frac{\pi}{2}}^0(1+\cos\theta)^2\sin^2\theta(\sin\theta+2\cos\theta\sin\theta)\mathrm{d}\theta\\&=64\pi\int_0^{\frac{\pi}{2}}(1+\cos\theta)^2\sin^3\theta(1+2\cos\theta)\mathrm{d}\theta\\&=-64\pi\int_0^{\frac{\pi}{2}}(1+\cos\theta)^2(1-\cos^2\theta)(1+2\cos\theta)\mathrm{d}(\cos\theta)\\&=160\pi.\end{aligned}$$

8. 设曲线方程为 $y=\mathrm{e}^{-x}(x\geqslant 0)$.

(1) 把曲线 $y=\mathrm{e}^{-x}$ 和直线 $x=\xi(\xi>0)$ 及 x 轴、y 轴围成的平面图形绕 x 轴旋转一周,得一旋转体,求此旋转体的体积 $V(\xi)$,并求出满足 $V(a)=\frac{1}{2}\lim\limits_{\xi\to+\infty}V(\xi)$ 的 a 的值;

(2) 在此曲线上找一点,使过该点的切线与两个坐标轴所围的平面图形的面积最大,并求出该面积.

解　(1) 旋转体的体积为

$$V(\xi)=\pi\int_0^{\xi}y^2\mathrm{d}x=\pi\int_0^{\xi}\mathrm{e}^{-2x}\mathrm{d}x=\frac{\pi}{2}(1-\mathrm{e}^{-2\xi}),$$

则$\frac{1}{2}\lim\limits_{\xi\to+\infty}V(\xi)=\lim\limits_{\xi\to+\infty}\frac{\pi}{2}(1-\mathrm{e}^{-2\xi})=\frac{\pi}{4}$,于是

$$V(a)=\frac{\pi}{2}(1-\mathrm{e}^{-2a})=\frac{\pi}{4},$$

解得 $a=\frac{1}{2}\ln 2$.

(2) 设切点为(a,e^{-a}),则切线方程为 $y-\mathrm{e}^{-a}=-\mathrm{e}^{-a}(x-a)$,令 $x=0$,得 $y=(1+a)\mathrm{e}^{-a}$;令 $y=0$,得 $x=1+a$,所以切线与两个坐标轴所围成的平面图形的面积为

$$S(a)=\frac{1}{2}(1+a)^2\mathrm{e}^{-a},$$

于是

$$S'(a)=(1+a)\mathrm{e}^{-a}-\frac{1}{2}(1+a)^2\mathrm{e}^{-a}=\frac{1}{2}(1+a)(1-a)\mathrm{e}^{-a},$$

令 $S'(a)=0$,得 $a=1,a=-1$(舍去).计算二阶导数,得

$$S''(a)=-a\mathrm{e}^{-a}-\frac{1}{2}(1-a^2)\mathrm{e}^{-a},$$

于是 $S''(1)=-\mathrm{e}^{-1}<0$,所以 $S(1)=2\mathrm{e}^{-1}$ 为最大值,从而切点为$(1,\mathrm{e}^{-1})$.

9. 设 $x\geqslant 0$,求曲线 $y=\frac{1}{4}\int_0^2 x\sqrt{12-x^2t^2}\,\mathrm{d}t$ 的全长.

解　当 $x=0$ 时,$y=0$,故点$(0,0)$在曲线上,且有 $12-x^2t^2\geqslant 0$,其中 $0\leqslant t\leqslant 2$,所以 $0\leqslant x\leqslant\sqrt{3}$,于是

$$y=\frac{1}{4}\int_0^2 x\sqrt{12-x^2t^2}\,\mathrm{d}t\xlongequal{\text{令 }xt=u}\frac{1}{4}\int_0^{2x}\sqrt{12-u^2}\,\mathrm{d}u,$$

从而

$$y'=\frac{1}{4}\sqrt{12-4x^2}\cdot 2=\sqrt{3-x^2},$$

所以曲线的全长为

$$s=\int_0^{\sqrt{3}}\sqrt{1+y'^2}\,\mathrm{d}x=\int_0^{\sqrt{3}}\sqrt{4-x^2}\,\mathrm{d}x$$

$$\xlongequal{\text{令 }x=2\sin t}\int_0^{\frac{\pi}{3}}\sqrt{4-4\sin^2 t}\,\mathrm{d}(2\sin t)=\int_0^{\frac{\pi}{3}}4\cos^2 t\mathrm{d}t=\frac{2}{3}\pi+\frac{\sqrt{3}}{2}.$$

10. 求曲线 $r\theta=1$ 上相应于 $\theta=\frac{3}{4}$ 到 $\theta=\frac{4}{3}$ 的一段弧的长度.

解　由题可知,$r=\frac{1}{\theta}$,$r'=-\frac{1}{\theta^2}$,故

$$s=\int_{\frac{3}{4}}^{\frac{4}{3}}\sqrt{r^2+r'^2}\,\mathrm{d}\theta=\int_{\frac{3}{4}}^{\frac{4}{3}}\frac{1}{\theta^2}\sqrt{1+\theta^2}\,\mathrm{d}\theta$$

$$\xlongequal{\text{令 }\theta=\tan t}\int_{\arctan\frac{3}{4}}^{\arctan\frac{4}{3}}\frac{1}{\tan^2 t}\sqrt{1+\tan^2 t}\sec^2 t\mathrm{d}t$$

$$=\int_{\arctan\frac{3}{4}}^{\arctan\frac{4}{3}}\frac{1}{\tan^2 t}\sec^3 t\mathrm{d}t=\int_{\arctan\frac{3}{4}}^{\arctan\frac{4}{3}}\frac{1}{\sin^2 t\cos t}\mathrm{d}t$$

$$=\int_{\arctan\frac{3}{4}}^{\arctan\frac{4}{3}}\frac{\sin^2 t+\cos^2 t}{\sin^2 t\cos t}\mathrm{d}t=\int_{\arctan\frac{3}{4}}^{\arctan\frac{4}{3}}(\sec t+\cot t\csc t)\mathrm{d}t$$

$$=(\ln|\sec t+\tan t|-\csc t)\Big|_{\arctan\frac{3}{4}}^{\arctan\frac{4}{3}}$$

$$=\ln\left|\frac{5}{3}+\frac{4}{3}\right|-\frac{5}{4}-\ln\left|\frac{5}{4}+\frac{3}{4}\right|+\frac{5}{3}=\frac{5}{12}+\ln\frac{3}{2}.$$

11. 在摆线$\begin{cases}x=t-\sin t\\ y=1-\cos t\end{cases}$上求一点，将摆线第一拱的弧长分为 1∶3.

解　摆线全长为 $s=\int_0^{2\pi}\sqrt{[x'(t)]^2+[y'(t)]^2}\,\mathrm{d}t=\int_0^{2\pi}\sqrt{(1-\cos t)^2+\sin^2 t}\,\mathrm{d}t$

$$=\int_0^{2\pi}\sqrt{2-2\cos t}\,\mathrm{d}t=\sqrt{2}\int_0^{2\pi}\sqrt{2\sin^2\frac{t}{2}}\,\mathrm{d}t$$

$$=2\int_0^{2\pi}\sin\frac{t}{2}\mathrm{d}t=-4\cos\frac{t}{2}\Big|_0^{2\pi}=8.$$

将摆线第一拱的弧长分为 1∶3，有两种情况.

(1) 求一点(x_0,y_0)，使摆线从原点到点(x_0,y_0)的长为 2，并设其对应参数 t 为 t_0，于是

$$2=\int_0^{t_0}2\sin\frac{t}{2}\mathrm{d}t=-4\cos\frac{t}{2}\Big|_0^{t_0}=4-4\cos\frac{t_0}{2},$$

故 $\cos\frac{t_0}{2}=\frac{1}{2}$，即$\frac{t_0}{2}=\frac{\pi}{3}$，$t_0=\frac{2}{3}\pi$，对应于 $x_0=\frac{2}{3}\pi-\frac{\sqrt{3}}{2}$，$y_0=1-\left(-\frac{1}{2}\right)=\frac{3}{2}$，即所求的点为$\left(\frac{2}{3}\pi-\frac{\sqrt{3}}{2},\frac{3}{2}\right)$.

(2) 求一点(x_1,y_1)，使摆线从原点到点(x_1,y_1)的长为 6，并设其对应参数 t 为 t_1，于是

$$6=\int_0^{t_1}2\sin\frac{t}{2}\mathrm{d}t=-4\cos\frac{t}{2}\Big|_0^{t_1}=4-4\cos\frac{t_1}{2},$$

故 $\cos\frac{t_1}{2}=-\frac{1}{2}$，即$\frac{t_1}{2}=\frac{2}{3}\pi$，$t_1=\frac{4}{3}\pi$，对应于 $x_0=\frac{4}{3}\pi+\frac{\sqrt{3}}{2}$，$y_0=1-\left(-\frac{1}{2}\right)=\frac{3}{2}$，即所求的点为$\left(\frac{4}{3}\pi+\frac{\sqrt{3}}{2},\frac{3}{2}\right)$.